教育部高等学校软件工程专业教学指导委员会推荐教材

新一代人工智能产业技术创新战略规划教材　教育部产学合作协同育人项目成果

智能机器人

陈良 高瑜 孙荣川 ◉ 主编

U0277300

人民邮电出版社

北 京

图书在版编目（CIP）数据

智能机器人 / 陈良，高瑜，孙荣川主编. — 北京：
人民邮电出版社，2022.10
新一代人工智能产业技术创新战略规划教材
ISBN 978-7-115-58942-2

Ⅰ.①智… Ⅱ.①陈… ②高… ③孙… Ⅲ.①智能机
器人—教材 Ⅳ.①TP242.6

中国版本图书馆CIP数据核字(2022)第054225号

内 容 提 要

本书阐述了智能机器人的基本理论及实际应用。全书共9章，深入浅出地介绍了智能机器人的概念、架构，以及当今世界范围内典型的智能机器人；讲述了机器人运动过程的数学表示方法、机器人的传感器种类、机器人的通信方式和操作系统；对移动机器人的定位与建图技术进行了比较详细的讨论；在机器人的路径规划方面，给出了几种常见的分析方法，并详尽介绍了目前应用日益增多的机器人导航方法；同时，全面阐述了机器人视觉技术与机器人语音技术的常用算法及实际应用；最后两章内容包含智能机器人的设计案例，以及基于应用平台的实践开发。本书提供了丰富的教学资源，并配套编程实验，以提升学生的实际应用能力。

本书可作为高等院校人工智能、机器人工程、智能制造、电气工程及其自动化等专业的教材，也可供从事智能机器人研发的技术人员学习参考，还可作为机器人控制方向研究人员的参考用书。

◆ 主　　编　陈　良　高　瑜　孙荣川
　　责任编辑　祝智敏
　　责任印制　王　郁　陈　犇
◆ 人民邮电出版社出版发行　　北京市丰台区成寿寺路 11 号
　　邮编　100164　　电子邮件　315@ptpress.com.cn
　　网址　https://www.ptpress.com.cn
　　北京隆昌伟业印刷有限公司印刷
◆ 开本：787×1092　1/16
　　印张：15.5　　　　　　　　　2022 年 10 月第 1 版
　　字数：378 千字　　　　　　　2022 年 10 月北京第 1 次印刷

定价：59.80 元

读者服务热线：(010)81055256　印装质量热线：(010)81055316
反盗版热线：(010)81055315
广告经营许可证：京东市监广登字 20170147 号

机器人技术已广泛应用于制造业、服务业、农业、航空航天等众多领域，极大地提高了生产效率和人民的生活水平，推动了社会的发展并带来了巨大的经济效益。在当今人类的日常工作与生活中，各式各样的机器人无处不在：自动导航扫地机器人以极高的覆盖率清扫地面，汽车生产线上的机械手臂夜以继日地进行焊接组装，玉兔号月球车将中华民族的奔月神话变成现实，围棋机器人 AlphaGo 战胜了世界排名第一的人类棋手。

目前，各行各业对机器人的需求量不断增大，机器人的智能化水平也显著提升。我国智能机器人的研究工作起步较晚，但在国家的大力支持和科研人员的不懈努力下，在工业机器人和服务机器人方面已取得较好的成绩。为了满足国内智能制造与智能装备领域对机器人专业技术人才的需求，以及满足高校新工科专业建设要求，机器人工程、智能制造等本科专业在近几年应运而生。除此之外，许多传统的自动化相关专业也增加了机器人相关的课程，主要教学内容涉及机器人数学基础、机器人传感器、机器人操作系统、机器人定位与导航、机器人视觉、机器人语音等。机器人学是一门高度交叉的前沿学科，需要大量知识面广、应用性强的图书作为授课教材或重要参考书。本书包括机器人学的基础理论知识和应用实践案例，内容丰富，编排得当，可读性好，是一部适合本科生、研究生及研发人员阅读的机器人学著作。

本书共 9 章，介绍机器人的概况、数理基础、运动学、定位、建图、规划、感知、视觉、语音、编程、应用等内容。

第 1 章简述机器人的起源、发展、特点与分类，讨论了智能机器人的概念与架构，并列举了当今先进智能机器人的案例。

第 2 章讨论机器人的数学基础，包括空间质点的表示、二维位姿、三维位姿，以及齐次坐标变换，并介绍了机器人的感知系统、通信系统及操作系统。

第 3 章阐述机器人的定位方法，即航迹推算和位姿估计，基于扩展卡尔曼滤波方法分析了定位与建图的关系，并简述了机器人导航技术。

第 4 章涉及机器人路径规划方法的定义及分类，着重分析人工势场法中势场函数的建立，然后介绍栅格法中最常用的 A^* 算法和 D^* 算法，最后探讨移动机器人全覆盖路径规划方法。

第 5 章详细研究机器人同步定位与建图技术,包括基于激光雷达传感器的方法和基于视觉传感器的方法,并介绍了相关的数学算法、实现步骤及优化过程。

第 6 章主要介绍机器人视觉的基础知识与理论,包括视觉系统的组成、目标检测方法、视觉定位建图方法及深度学习在机器人视觉中的应用。

第 7 章主要讨论自然语言处理的发展历史,引出基于深度学习的全新技术框架,集中展示了该领域常用的深度学习模型,并介绍了语音识别和智能问答的应用案例。

第 8 章通过对激光雷达导航智能车、视觉导航智能车及服务机器人"小途"这 3 个应用案例的介绍,重点探讨了智能机器人的外观设计、软硬件设置、系统架构及场景应用。

第 9 章以科大讯飞的 AIUI 人机智能平台为基础,介绍机器人智能应用开发环境的搭建与配置,以及应用程序的编译与调试方法。本章通过语音交互智能应用、机器人导航智能应用、图像识别智能应用及综合实践案例,对智能应用软件的实施过程进行了全面阐述。

为了使读者更好地学习智能机器人相关的基础理论与软硬件知识,本书以培养机器人专业科研人才为目标,通过理论联系实际的形式,由浅入深地讲解了数理算法与编程应用。本书具有如下特色。

(1)为了适应机器人理论与技术的发展形势,本书在机器人传统知识基础上增加了当前流行的深度学习方法,重点阐述了深度学习在机器人视觉与机器人语言中的前沿应用,并列举了相关的英文文献供读者研究学习。

(2)本书理论严谨、内容精炼、系统性强,为了避免出现理论与应用脱节的问题,在最后两章重点介绍了智能机器人创新设计与应用开发实践内容,使读者在"推公式"的同时充分锻炼"编程序"的能力,真正达到学以致用的目标。

(3)本书内容丰富、涵盖面广,具有较强的可读性,不仅讨论了机器人学的基础理论、主流算法,介绍了机器人常用的传感器、软硬件架构,还包含机器人平台实践开发案例,使读者对智能机器人有一个连贯的认知过程。

本书由陈良、高瑜、孙荣川编写,由高瑜负责全面审核和统稿。本书在编写和出版过程中得到众多领导、专家、学生和朋友的热情帮助,在此特向有关领导、专家、师生,以及部分国内外机器人学著作和论文的作者致以衷心的感谢。

由于编者水平有限,书中难免存在表达欠妥之处,由衷地希望读者提出宝贵的修改建议。

编者 高瑜
2022 年春于苏州

目录
Contents

第1章　绪论 ⋯⋯⋯⋯⋯⋯⋯⋯ 1

本章学习目标 ⋯⋯⋯⋯⋯⋯⋯ 1
1.1 智能的概念 ⋯⋯⋯⋯⋯⋯ 1
1.1.1 人工智能的诞生 ⋯⋯⋯ 1
1.1.2 图灵测试 ⋯⋯⋯⋯⋯⋯ 2
1.2 机器人的概念 ⋯⋯⋯⋯⋯ 2
1.2.1 机器人的诞生 ⋯⋯⋯⋯ 2
1.2.2 机器人的种类 ⋯⋯⋯⋯ 3
1.3 智能机器人 ⋯⋯⋯⋯⋯⋯ 4
1.3.1 智能机器人的概念 ⋯⋯ 4
1.3.2 机器人的智能水平评价 ⋯ 5
1.4 智能机器人的架构 ⋯⋯⋯ 6
1.4.1 智能机器人的经典架构 ⋯ 7
1.4.2 智能机器人的网联云控架构 ⋯ 7
1.5 典型的智能机器人 ⋯⋯⋯ 9
1.5.1 波士顿动力机器人 ⋯⋯ 9
1.5.2 Pepper ⋯⋯⋯⋯⋯⋯ 10
1.5.3 AlphaGo ⋯⋯⋯⋯⋯⋯ 11
1.5.4 "小途" 机器人 ⋯⋯⋯ 12
1.5.5 好奇号火星车 ⋯⋯⋯⋯ 12
1.5.6 无人配送车 ⋯⋯⋯⋯⋯ 13
1.6 本章小结 ⋯⋯⋯⋯⋯⋯⋯ 14
1.7 习题 ⋯⋯⋯⋯⋯⋯⋯⋯⋯ 14

第2章　机器人基础 ⋯⋯⋯ 15

本章学习目标 ⋯⋯⋯⋯⋯⋯⋯ 15
2.1 机器人的运动描述 ⋯⋯⋯ 15

2.1.1 坐标系与位姿 ⋯⋯⋯⋯ 15
2.1.2 二维位姿 ⋯⋯⋯⋯⋯⋯ 17
2.1.3 三维位姿 ⋯⋯⋯⋯⋯⋯ 18
2.1.4 平移与旋转 ⋯⋯⋯⋯⋯ 21
2.2 机器人感知系统 ⋯⋯⋯⋯ 23
2.2.1 机器人传感器的特性 ⋯ 23
2.2.2 内部传感器 ⋯⋯⋯⋯⋯ 24
2.2.3 外部传感器 ⋯⋯⋯⋯⋯ 27
2.3 机器人通信系统 ⋯⋯⋯⋯ 29
2.3.1 有线通信 ⋯⋯⋯⋯⋯⋯ 29
2.3.2 无线通信 ⋯⋯⋯⋯⋯⋯ 30
2.4 机器人操作系统 ⋯⋯⋯⋯ 33
2.4.1 ROS 基础 ⋯⋯⋯⋯⋯⋯ 33
2.4.2 ROS 应用 ⋯⋯⋯⋯⋯⋯ 36
2.5 本章小结 ⋯⋯⋯⋯⋯⋯⋯ 39
2.6 习题 ⋯⋯⋯⋯⋯⋯⋯⋯⋯ 40

第3章　机器人定位与导航
⋯⋯⋯⋯⋯⋯⋯⋯⋯⋯⋯⋯ 41

本章学习目标 ⋯⋯⋯⋯⋯⋯⋯ 41
3.1 机器人定位技术 ⋯⋯⋯⋯ 41
3.1.1 航迹推算 ⋯⋯⋯⋯⋯⋯ 41
3.1.2 位姿估计 ⋯⋯⋯⋯⋯⋯ 43
3.2 机器人学中的地图 ⋯⋯⋯ 44
3.2.1 使用地图 ⋯⋯⋯⋯⋯⋯ 44
3.2.2 创建地图 ⋯⋯⋯⋯⋯⋯ 49
3.2.3 定位并建图 ⋯⋯⋯⋯⋯ 53
3.3 机器人导航技术 ⋯⋯⋯⋯ 56

3.3.1 反应式导航 ························· 56

3.3.2 基于地图的导航 ··················· 59

3.4 本章小结 ····························· 62

3.5 习题 ································· 62

第 4 章 **机器人路径规划** ·····63

本章学习目标 ···························· 63

4.1 路径规划概述 ······················· 63

4.1.1 路径规划的定义 ··················· 63

4.1.2 路径规划的分类 ··················· 64

4.2 人工势场法路径规划 ··············· 65

4.2.1 势场法概述 ······················· 65

4.2.2 势场函数的建立 ··················· 65

4.3 栅格法路径规划 ···················· 67

4.3.1 状态空间搜索 ····················· 67

4.3.2 A^*算法路径规划 ·················· 69

4.3.3 D^*算法路径规划 ·················· 71

4.4 全覆盖路径规划 ···················· 73

4.4.1 全覆盖路径规划问题 ·············· 73

4.4.2 单元分解法 ······················· 73

4.4.3 栅格地图法 ······················· 75

4.5 本章小结 ···························· 78

4.6 习题 ································ 78

第 5 章 **智能机器人 SLAM**

·····························79

本章学习目标 ···························· 79

5.1 机器人 SLAM ······················· 79

5.1.1 SLAM 的定义 ····················· 80

5.1.2 SLAM 数学描述 ··················· 81

5.2 机器人激光雷达 SLAM ············· 82

5.2.1 激光雷达 ························· 82

5.2.2 基于扩展卡尔曼滤波的 SLAM ···· 82

5.2.3 基于粒子滤波的 SLAM ··········· 85

5.2.4 基于图优化的 SLAM ············· 87

5.3 VSLAM 基础 ······················· 89

5.3.1 VSLAM 的概念 ··················· 89

5.3.2 特征提取 ························· 90

5.3.3 视觉里程计 ······················· 94

5.3.4 后端优化与建图 ··················· 96

5.3.5 回环检测与词袋模型 ·············· 97

5.4 本章小结 ··························· 100

5.5 习题 ······························ 101

第 6 章 **智能机器人视觉** ·····102

本章学习目标 ·························· 102

6.1 机器人视觉系统 ··················· 102

6.1.1 机器人视觉的含义 ··············· 102

6.1.2 机器人视觉系统的组成 ··········· 103

6.1.3 单目/双目机器人视觉系统 ········ 103

6.1.4 RGB-D 机器人视觉系统 ·········· 104

6.2 视觉目标检测方法 ················· 104

6.2.1 R-CNN ·························· 105

6.2.2 Fast R-CNN ····················· 106

6.2.3 Faster R-CNN ··················· 107

6.2.4 YOLO ··························· 109

6.3 VSLAM 方案 ······················ 110

6.3.1 ORB-SLAM2 ···················· 112

6.3.2 LSD-SLAM ····················· 114

6.3.3 RGB-D SLAM ··················· 116

6.4 深度学习在机器人视觉中的应用 ····116

6.4.1 回环检测 ························· 116

6.4.2 语义地图 ························· 118

6.4.3 三维重建 ························· 118

6.4.4 人脸识别 ························· 118

6.5 本章小结 ··························· 119

6.6 习题 ······························ 119

第 7 章 **智能机器人语音** ·····120

本章学习目标 ·························· 120

7.1 NLP 概述 ·························· 120

7.1.1 NLP 及其历史 ··················· 120

7.1.2 NLP 新技术框架 ················· 121

7.2 **NLP 的深度学习模型和方法** …… 122
7.2.1 递归神经网络 …………… 122
7.2.2 LSTM ……………………… 123
7.2.3 Word2Vec …………………… 124
7.2.4 ELMO ……………………… 125
7.2.5 Transformer ………………… 127
7.2.6 BERT ……………………… 129
7.3 **机器人语音技术 AIUI 开放平台** … 132
7.3.1 机器人语音技术概述 ……… 132
7.3.2 应用领域 …………………… 132
7.3.3 产品框架 …………………… 133
7.4 **机器人语音解决方案与应用实践** … 133
7.4.1 基于注意力机制的 LSTM 端到端
语音识别 …………………… 133
7.4.2 医疗智能问答机器人 ……… 141
7.5 **本章小结** ………………………… 147
7.6 **习题** ……………………………… 147

第8章 **智能机器人创新设计** ……… 148

本章学习目标 ……………………… 148
8.1 **激光雷达导航智能车设计案例** … 148
8.1.1 案例介绍 …………………… 148
8.1.2 方案设计 …………………… 148
8.1.3 软硬件设置 ………………… 151
8.1.4 调试与建图 ………………… 156
8.2 **视觉导航智能车设计案例** ……… 159
8.2.1 本体设计与制作 …………… 159
8.2.2 软件体系架构设计 ………… 161
8.2.3 自主避障方案 ……………… 166
8.2.4 视觉导航方案 ……………… 167
8.3 **服务机器人设计案例** …………… 169
8.3.1 服务机器人本体设计 ……… 170
8.3.2 服务机器人系统架构 ……… 171

8.3.3 服务机器人应用设计 ……… 173
8.3.4 服务机器人应用场景 ……… 174
8.4 **本章小结** ………………………… 175
8.5 **习题** ……………………………… 175

第9章 **机器人智能应用开发实践** ……… 176

本章学习目标 ……………………… 176
9.1 **机器人智能应用开发基础** ……… 176
9.1.1 应用开发平台 ……………… 176
9.1.2 应用开发环境的搭建与配置 … 177
9.1.3 智能应用的开发、编译与调试 … 180
9.2 **语音交互智能应用开发实践** …… 187
9.2.1 语音合成能力集成 ………… 187
9.2.2 语音识别与语义理解能力集成 … 191
9.2.3 语义交互综合应用实践 …… 203
9.3 **机器人导航智能应用开发实践** … 217
9.3.1 机器人地图的构建与导航点位 … 218
9.3.2 机器人底盘移动能力集成 … 221
9.3.3 智能导航应用 ……………… 222
9.4 **图像识别智能应用开发实践** …… 224
9.4.1 人脸识别能力集成 ………… 225
9.4.2 "人证合一"应用的实现 …… 229
9.5 **智能应用开发综合实践** ………… 231
9.5.1 综合开发流程 ……………… 231
9.5.2 综合应用需求 ……………… 231
9.5.3 综合应用的设计与集成 …… 231
9.5.4 综合应用的测试与发布 …… 238
9.6 **本章小结** ………………………… 239
9.7 **习题** ……………………………… 239

参考文献 ……………………………… 240

第1章 绪论

通常，人们把智与能视为两个相对独立的概念，即智慧与能力。当然，也可以把智能看成知识和智力的总和，前者是智能的前提和基础，后者是运用知识解决特定问题的能力。普通的机器人只能够按照人类规定的程序工作，虽然可以自动运行，但是无法像人类一样感知、识别、思考与推断。因此，如何使机器人拥有和人类一样的"智能"，是无数科学家的奋斗目标。时至今日，智能机器人尽管在整体上还无法达到与人类同等的水平，但是在某些特定的领域，它的工作能力甚至比人类更加出色。本章主要介绍智能机器人的起源、发展、种类及典型的案例。

本章学习目标

（1）了解人工智能的概念；

（2）了解机器人的概念；

（3）熟悉智能机器人的定义与架构；

（4）了解典型的智能机器人。

1.1 智能的概念

智能是人类与生俱来的能力，将智能赋予机器，是当代科学家和工程师孜孜以求的目标，开启了人工智能的漫漫征途。

1.1.1 人工智能的诞生

人工智能（artificial intelligence，AI）是当代科学技术皇冠上的明珠，被众多科学研究者和信息技术从业者视为"心头好"。事实上，人工智能并不是一门新技术，也不是当代信息社会的产物。人工智能根源于古老的数理逻辑和哲学思想，见微知著，从"弱人工智能"开始，不断汲取生物信息、电子信息、反馈控制等现代知识体系的精华，通过交叉融合，探索"通用人工智能"的终极之路。

1956 年，在美国汉诺斯小镇宁静的达特茅斯学院召开了一场夏季研讨会，John McCarthy、Marvin Minsky、Claude Shannon、Allen Newell、Herbert Simon 等科学家聚在一起，研讨的主题在当时看来很匪夷所思："用机器模仿人类学习及其他方面的智能"。会议足足开了两个月的时间，虽然没有形成实质性共识，但是诞生了一个新的词汇"artificial intelligence"，因此，现在学术界公认 1956 年为人工智能元年。

时至今日，关于人工智能仍然没有统一的定义。美国斯坦福大学人工智能研究中心的 Nils Nilsson 教授认为："人工智能是关于知识的学科——怎样表示知识，以及怎样获得知识并使用知识的科学。"而美国麻省理工学院的 Winston 教授给出的定义是："人工智能就是研究如何使计算机做过去只有人才能做的智能工作。"虽然说法不一，但都反映了人工智能的基本思想和基本内容，即人工智能是"研究、开发用于模拟、延伸和扩展人的智能的理论、方法和技术"。人工智能被认为是 21 世纪三大尖端技术（即基因工程、纳米科学、人工智能）之一。近 30 年来，人工智能的发展迅速，在众多领域广泛应用，并取得了丰硕的成果，人工智能在理论和实践上都已成为一个独立的学科分支。

1.1.2　图灵测试

如何衡量一台机器是否具有智能呢？这就需要回答一个基本问题：智能到底是什么？由于人类对自身智能的理解非常有限，对智能的形成机理也知之甚少，很难定义智能的白箱（white box）模型，因此只能给出评判智能的黑箱（black box）模型，其中著名的测试就是图灵测试。

图灵测试一词来源于图灵写于 1950 年的一篇论文《计算机器与智能》，是一项关于判断机器是否能够思考的著名测试，目的是测试某机器是否能表现出与人等价的智能。测试的具体方式是，测试者在与被测试者（一个人和一台机器）隔开的情况下，通过一些装置（如键盘）向被测试者随意提问。问过一些问题后，如果被测试者超过 30% 的答复不能使测试者确认出哪个是人、哪个是机器的回答，这台机器就通过了测试，并被认为具有人类的智能。在移动通信发达的今天，图灵测试可以被极大地简化，例如，当测试者通过即时通信软件（如微信、QQ）与远端的对象聊天时，如果无法分辨对方是人还是机器，就可以认为远端的被测对象具有智能。例如，微软的聊天机器人"小冰"具有较高的智能，其第七代产品已经具备全双工语音及多模态交互感官，实现了从"平等对话"向"主导对话"的跨越，已经接近在开放场景下突破图灵测试。

1.2　机器人的概念

机器人曾经是科幻小说中的概念，经过近 70 年的发展，机器人已经走进了人们的日常生活和生产中，并处于持续快速发展中。

1.2.1　机器人的诞生

机器人（robot）是自动控制机器的统称，robot 一词最早出现在 1920 年捷克作家 Karel Capek 的剧本《罗萨姆的万能机器人》中，剧中机器人 robot 这个词的本义是苦力，即剧作家笔下的一个具有人的外表、特征和功能的机器，是一种人造的劳力。这是人类关于机器人的最早设想。

在现代科学体系中，机器人是一个拥有自主权的系统，它存在于物理世界，能够对它所处的环境进行感知，为实现特定的目标采取特定的动作。广义上，机器人包括一切模拟人类行为、思想或者模拟其他生物的机械（如机器狗、机器猫等）。狭义上，对机器人的定义存在不同分类及争议，有些计算机程序甚至也被称为机器人。在当代工业中，机器人指能自动执行任务的人造机器装置，用以取代或协助人类工作。科幻小说中的高仿真机器人是整合控制论、机械电子、计算机与人工智能、材料学和仿生学的产物。目前科学界正在向此方向研究开发机器人。

最初的机器人只能在工厂做一些简单、单调的工作，就像 Capek 小说里描述的那样，早期的工业机器人仅是人类的"苦力"。1954 年，美国人 George Devol 制造出世界上第一台可编程的机器人（被认为是世界上第一台真正的机器人），并注册了专利。这种机械手能按照不同的程序从事不同的工作，因此具有通用性和灵活性。1959 年，Devol 与美国发明家 Joseph Engelberger 联手制造出第一台工业机器人 Unimate，随后成立了世界上第一家机器人制造公司 Unimation。由于 Engelberger 对工业机器人的研发和宣传，因此他被称为"工业机器人之父"。1962 年，美国 AMF 公司生产出工业机器人 Versatran（意思是万能搬运），其工作原理与 Unimate 相似。一般认为，Unimate 和 Versatran 是世界上最早的工业机器人，并掀起了全世界对机器人和机器人研究的第一波热潮。1978 年，美国 Unimation 公司推出通用工业机器人 PUMA，这标志着工业机器人技术已经完全成熟。目前主流的机器人发展历程如图 1.1 所示。

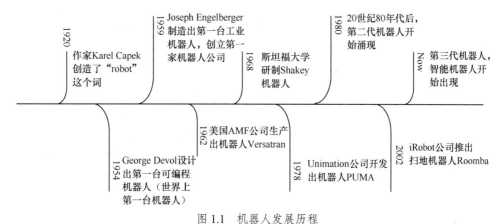

图 1.1　机器人发展历程

第一代机器人以机械臂为典型代表，运行事先已经编好的程序，无论外界环境怎么改变，它都不会改变动作。第二代机器人是带传感器的机器人，自身能对外界环境的改变做出一定的调整，最早的代表是 1968 年诞生于斯坦福大学的机器人 Shakey，目前我们日常生活中使用的扫地机器人也属于第二代机器人。第三代机器人是智能机器人，它利用各种传感器、测量器等获取环境信息，然后利用智能技术进行识别、理解、推理，最后进行规划决策，是能自主行动，实现预定目标的高级机器人。本书论述的主要是第三代机器人。

1.2.2　机器人的种类

关于机器人如何分类，国际上没有统一的标准，有的按负载量分类，有的按控制方式分类，有的按自由度分类，有的按结构分类，有的按应用领域分类。国际上的机器人学者，从应用环境出发将机器人分为两类：制造环境下的工业机器人和非制造环境下的服务与仿人形机器人。我国的机器人专家从应用环境出发，将机器人分为两类，即工业机器人和服务机器人，图 1.2 给出了这两类机器人的详细分类。

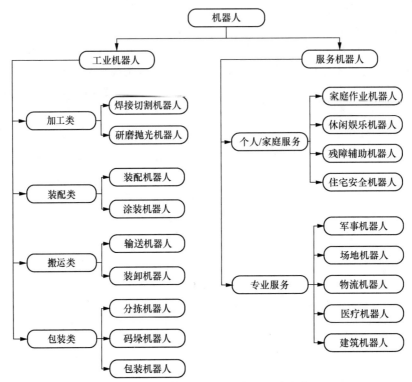

图 1.2　工业机器人和服务机器人的分类

所谓工业机器人，就是面向工业领域的多关节机械手或多自由度机器人。将工业机器人安装在工厂生产线，可以提高产品的质量与产量，而且对保障人身安全、改善劳动环境、减轻劳动强度、提高劳动生产率、节约原材料消耗，以及降低生产成本有重大的意义。

服务机器人是除工业机器人之外的、用于非制造业并服务于人类的各种先进机器人，包括用于个人/家庭服务领域的机器人、用于专业服务领域的机器人。近年来，有些细分领域的机器人发展得很快，有独立成体系的趋势，如残障辅助机器人、物流机器人、医疗机器人等。

1.3　智能机器人

智能机器人是新一代人工智能应用的重要领域之一，其概念、技术以及智能水平的评价标准都处于快速发展中。

1.3.1　智能机器人的概念

图灵曾经大胆预言真正具备智能机器的可行性。为此，科学家开始了制造智能机器的漫漫探索之路，智能机器人是智能机器的典型代表。智能机器人应该具备与人或其他生物相似的智能，如感知能力、规划能力、动作能力和协同能力，具有高度灵活性。智能机器人相较于一般机器人而言，具有感知周围环境的能力，并且能够在信息不充分及环境迅速变化的情况下完成动作和决策。智能机器人的应用场景随技术的不断发展而扩展，在诸如工农业发展、社会服务、军事等各个领域，智能机器人都有极大的发展空间和应用前景。

机器人之所以称为智能机器人，最重要的是因为它们具有相当发达的"大脑"。尽管它们的外表可能有所不同，但都应该是一个独特地进行自我控制的"活物"。当前，智能机器人一般是基于半导体技术的硅基生命体，这个硅基生命体的主要"器官"可能无法像人类那样微妙而复杂，但它们具备形形色色的内部信息传感器和外部信息传感器，如视觉、听觉、触觉、嗅觉。除具有传感器外，它们还有能作用于周围环境的执行机构（如各种伺服装置），具备手、脚、肌肉、触角、皮肤等特性。

赋予机器智能是人类孜孜以求的目标。遗憾的是，目前的智能机器人还处于"弱智能"状态，因为人类对物理世界和意识世界的理解依然非常模糊，引用 2020 年诺贝尔物理学奖获得者 Roger Penrose 教授在《皇帝的新脑：关于计算机、大脑和物理定律》一书中的一段话："人类意识是非算法的，因此不能被包括数字计算机在内的传统图灵机模拟。现代计算机采用的确定性模型，在大多数情况下只是简单地执行算法，主要用于模拟经典力学的有形世界，而不是无法估量的量子世界。"这段话发人深省，因为目前的教材（包括本书）讲授的正是基于经典物理定律和算法的有形机器，而智能机器人的终极形态或许是基于量子计算的无形智慧，因此智能机器人还需要一代代学者前赴后继地深入研究，这也是新一代人工智能学科体系需要讲授"智能机器人"课程的出发点。

1.3.2　机器人的智能水平评价

图灵测试给出了机器是否具有智能的定性准则，但没有给出评价机器智能水平的定量标准，这是一个值得深入研究的课题，目前已有学者做了一些开拓性的研究。

中国科学院未来智能实验室的石勇教授指出，人工智能定量评测的主要问题在于：所有的人工智能系统和所有生命体（特别是以人类为代表的生命体）都需要有一个统一的模型进行描述，只有这样才能在这个模型上建立智力测量方法并进行测试，从而形成统一的、可进行相互比较的智力发展水平评价结果。为此，石勇教授团队参考冯·诺依曼结构、戴维·韦克斯勒人类智力模型、知识管理 DIKW 模型等，从 2014 年开始发表论文建立"标准智能模型"，统一描述人工智能系统和人类的特征和属性，提出任何一个智能体都应具备知识的获取、知识的掌握、知识的创新和知识的反馈这 4 种能力，并以此为基础建立了世界人工智能系统智商评测量表和智能等级划分方法。根据上述模型和方法，对谷歌、百度、Siri、Bing 等主流人工智能系统的评测表明，其智商仍然大幅度低于人类 6 岁儿童的水平。这说明当前的人工智能还处于"弱人工智能"水平，人类社会距离"强人工智能"时代还很遥远。

回到智能机器人，编者参考自动驾驶的分级标准，给出机器人智能水平的分级评价标准，如表 1.1 所示，此表将机器人智能等级分为 L0～L4 这 5 个等级，同时标明了相应层级机器人在知识获取、知识反馈、知识应用、知识创新中的自主性，是完全依靠机器人自身还是完全或部分依赖人为操控。

L0：机器人没有任何自主性，完全依赖人为操控，如人工操作的工厂设备、遥控飞机等。

L1：机器人受预先编程的程序控制，如工厂中的机械臂、非标自动化设备等。

L2：机器人能够感知周围环境并反馈自身状态，如位姿、故障信息等，能够自主按程序运行，也可以通过网络进行远程人为操控，典型的如扫地机器人、大疆无人机等。

L3：机器人在特定场景和特定范围内可以实现高度的自适应，但其不具备自学能力，具备环境自适应性，但无法持续优化，典型的如百度自动驾驶物流车等。

L4：机器人完全自主，即使在复杂、开放的场景下，仍然可以独立生存、独立行动、自由地与其他智能体交互，适应环境并不断学习进化。遗憾的是，目前地球上还没有 L4 这样的机器人，目前最接近的可能是波士顿动力公司的 Atlas 双足机器人。

表 1.1　机器人智能水平的分级评价标准

机器人智能等级	名称	定义	知识获取	知识反馈	知识应用	知识创新
L0	人工操控机器人	由人类操控的机器和设备	人类	人类	人类	人类
L1	程序控制机器人	按照预先设置好的程序进行动作，有限地反馈自身状态，无法感知周围环境	人类/机器人	人类	人类	人类
L2	感知控制机器人	能够感知周围环境和反馈自身状态，能够联网和远程控制，但无法与人类直接交互	机器人	人类/机器人	人类	人类
L3	自适应机器人	在特定场景和范围，实现自适应，最大限度地保障自身独立和安全，但不具有学习能力	机器人	机器人	人类/机器人	人类
L4	完全自主机器人	具备在复杂场景下独立生存、独立行动和不断学习优化的机器	机器人	机器人	机器人	机器人

除学术研究外，我国的人工智能产业化、标准化体系也在加快推进，当前行业协会主要关注人工智能产品的智能化分级，选取最具代表性的智能音箱、智能客服、智能可穿戴产品、智能机器人等十几个方向，建立相应的评估评测指标，为产业发展提供科学有效的评价依据。以智能音箱为例，评价依据可以评估音箱的智能水平，比如在不同应用场景下的感知能力、交互能力等，考虑如语音唤醒的灵敏度、准确度，语音理解等性能指标。之所以要建立一套人工智能产品的分级评估体系，就是想对市场上种类繁多、能力各不相同的智能产品客观、公正地进行评测，并根据评估结果给出不同的等级，为用户提供可信赖的参考依据。例如，2018 年，苏州大学相城机器人与智能装备研究院联合中国家用电器研究院、科沃斯机器人股份有限公司、莱克电器股份有限公司、北京石头世纪科技有限公司、青岛塔波尔机器人技术有限公司、江苏美的清洁电器股份有限公司、戴森贸易（上海）有限公司、美国 iRobot 机器人公司共同制定了《家用扫地机器人智能水平评价技术规范》，该规范规定了扫地机器人智能分级和应用场景的定义、等级分类、技术要求，以及不同应用场景下扫地机器人的智能性能分级评价方法，填补了用户实际使用场景下扫地机器人智能性能程度的评价标准的空白。

1.4　智能机器人的架构

随着新一代信息技术的快速发展，智能机器人的架构也逐渐从传统经典架构向网联云控架构转变。

1.4.1 智能机器人的经典架构

智能机器人是一个机电一体化系统，更是一个人工智能系统。智能机器人的经典架构设计遵循感知-控制-执行的反馈控制框架，如图1.3所示。工作（被控）对象是机器人本体，一般由机械工程师开发设计；反馈控制部分主要包括传感器选型、电路设计、软件（算法）设计等，一般由电气电子类工程师开发设计。

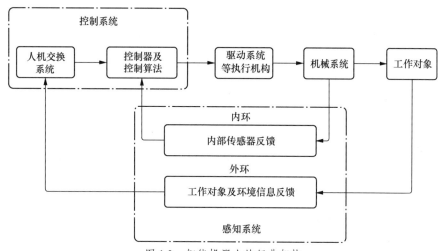

图 1.3　智能机器人的经典架构

机器人系统的复杂性在于，不仅要考虑本体的设计和控制，还要考虑与外部环境的交互，并通过机器学习提升环境适应性和自身智能性。因此，该经典架构是一个典型的双闭环控制系统。在内环，通过本体内部传感器（如编码器、陀螺仪、惯性传感器、红外传感器等）反馈机械本体的相关信息（如速度、偏角等），通过PID控制算法或者先进控制算法（如预测控制、自适应控制等）对机器人进行控制。内环是基础，目标是实现机器人自身的稳定和性能的优异，较少涉及机器人智能性和机器学习的研究内容。在外环，主要通过机器人的感知系统（如雷达、摄像头等）感知环境信息，通过人机交互系统和机器学习算法（如强化学习、迁移学习等）确定自身在环境中所处的位置，规划行进路线，并据此对内环进行监督控制。外环是高阶系统，目标是实现机器人的智能性，提高机器人的自主性。

基于所述的内外环双闭环架构，在工程上开发机器人时，嵌入式架构师一般会设计控制板和算法板两块电路板，前者对应内环控制，后者对应外环控制，两块电路板通过串口或其他方式进行通信。这是自2000年起至今智能机器人的主流开发架构，但在某种程度上已经不适应新一代信息技术的发展潮流。

1.4.2 智能机器人的网联云控架构

以物联网、云计算、深度学习等为代表的新一代信息技术的快速发展，推动了智能机器人架构的革新。新架构的核心是进一步突破机器人的智能瓶颈，向L3、L4级智能机器人迈进。为了让机器人具备通用智能，包括类人的感知和认知能力，类人的动作行为和类人的自然交互能力，同时最大限度地保障机器人的运行安全，需要构建机器人"新脑"。然而，由于机器人本体的计算能力有限，因此必须通过强大的云端计算能力给机器人赋能。

图 1.4 表示的是新一代智能机器人的网联云控架构，或者叫云-网-端结合的智能机器人系统架构。

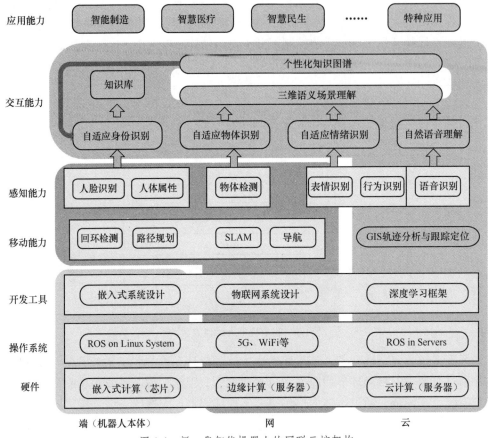

图 1.4 新一代智能机器人的网联云控架构

如图 1.4 所示，智能机器人的网联云控架构实现了云-网-端的一体化设计。

"端"是指机器人本体及本体自身的控制系统，一般可以根据图 1.3 的经典架构设计，同时具备新的时代特性。比如，在嵌入式开发中，嵌入式 AI 芯片正逐步取代传统嵌入式芯片，STM32、树莓派等常规嵌入式芯片都在向 AI 转型，英伟达 Jetson Nano、寒武纪思元系列、地平线征程系列、海思麒麟系列、苹果 M1 等新一代芯片为智能机器人提供 GPU 算力并引领新的开发理念。同时，Linux 系统下的 ROS 及其包括的对应算法开发也逐渐成为智能机器人的标配。总之，新一代人工智能技术与机器人本体的结合越来越紧密，机器人本体的智能性越来越高。

"网"主要指通过 WiFi、5G 及其他无线通信网络将机器人连接起来，实现机器人本体和云端大脑的连接。这是实现多机器人协作和群体智能的必然要求，同时可以为进一步提升机器人的感知能力和移动能力赋能。当前边缘计算（edge computing）正在兴起，云计算的部分功能进一步下放，这为提高机器人的实时性和安全性提供了保障。例如，同步定位和建图（simultaneous localization and mapping，SLAM）是智能机器人的基本技术之一，基于网联云控架构，通过边缘计算在"网"上执行的 SLAM 算法比在"端"上基于单 CPU 的算法要快十几倍。再如，基于网联云控架构可以显著提升机器人的感知和交互能力，利用云端的深度学习模型，语音识别和图像识别的智能水平已经超过了人类。

"云"主要指基于云存储、云计算的机器人大脑，该大脑包括机器人视觉系统、对话系统、决策系统和交互系统等（服务器端的 ROS），通过机器学习（主要依赖深度神经网络）不断训练进化，使得前端机器人本体智能随之提升。在此基础上，可以形成机器人的知识图谱、语义地图、情感理解等专家系统，并应用于各种智慧应用场景。因此，采用云-网-端结合的智能机器人系统架构具有更强的适应性和扩展性，并可以显著提升机器人的智能性。

基于所述的机器人网联云控架构，新一代智能机器人的设计和开发将逐步形成通用的层次化参考模型，从而实现模块化和标准化。这方面相关的工作都处于起步阶段，但产业界已经开展了探索性研究。例如，英特尔中国研究院提供了面向机器人 4.0 的基础通用参考平台 HERO。HERO 平台本质上采用的就是如图 1.4 所示的网联云控架构。底层是硬件计算平台，上层是软件层。机器人 3.0 部分包括基本感知和交互、运动导航、规划、操纵。机器人 4.0 部分支持自适应交互和持续学习，包括三维场景的语义理解和个性化的知识图谱。HERO 平台不仅可以提供基础的软硬件能力，并且可以基于该平台进一步扩展。例如，异构计算平台可以加入第三方硬件加速模块，知识图谱可以针对特定应用领域扩展该领域的通用知识图谱。自适应学习部分也可以加入更多的感知模块，增强已有的感知功能或补充新的感知功能。

1.5 典型的智能机器人

经过半个多世纪的发展，机器人的感知能力、运动能力和智能化水平都取得了长足的进步。下面介绍一些典型的智能机器人，它们在各自的应用场景下都有不俗的表现。

1.5.1 波士顿动力机器人

波士顿动力公司成立于 1992 年，创始人为马克·雷波特（Marc Raibert），该公司致力于研究机动性强、灵活性高的智能机器人。迄今为止，波士顿动力公司创造了众多具有神奇技术的机器人。例如，早期的 BigDog，一款四足步行机器人，可以适应丛林、山地及冰面等多种环境；Petman，一种和真人一般具有躯干和四肢的机器人，它的职能是为美军实验防护服装；双足步行机器人 Atlas，波士顿动力被 Google 公司收购后的巅峰之作；Handle，首款足式与轮式结合的机器人。下面对其中具有代表性的机器人做简要介绍。

BigDog，因形似机械狗被命名为"大狗"，是波士顿动力公司设计的四足机器人，如图 1.5 所示。这只机器狗能在战场上发挥重要作用，为士兵运送弹药、食物和其他军用物资。由汽油机驱动的液压系统能够带动四肢关节运动，自身质量为 235lb（1lb=0.454kg），负载为 340lb，行走距离为 30km。机身带有陀螺仪和加速度计组成的惯性测量单元，同时每条腿都配有力学与位置传感器，用来探测地面的高低变化，结合惯性测量单元的信息，机身搭载的计算机可以指挥每条腿的动作。例如，在崎岖不平的山地行走时，如果有一条腿比预期更早地碰到地面，计算机便会调整其他三条腿的运动维持平稳行走，当遇到外力干扰时，比如，机身受到猛烈撞击，计算机也会通过对四条腿运动的快速调整保持平衡而不摔倒，这一切都得益于先进的步态控制算法。虽然因为噪声较大的缺陷，"大狗"没能大规模应用于真实的战场，不过，波士顿动力公司在 2019 年推出的 SpotMini

机器人在 Big Dog 的基础上迈出了商业化和量产化的第一步，如图 1.6 所示。

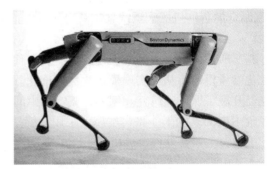

图 1.5　BigDog 机器人　　　　　　　图 1.6　SpotMini 机器人

　　Atlas，于 2013 年由波士顿动力公司基于 Petman 研发，是当今世界最先进的人形机器人（见图 1.7）。第 3 版 Atlas 身高 1.75m，体重 82kg，由头部、躯干和四肢组成，采用电源供电和液压驱动，基于内部传感器采集的位姿信号，步态控制算法能够实现与人类一样的双腿直立行走。机器人头部配备有立体照相机和激光雷达，可以通过扫描周围环境实现物体识别与障碍物规避。Atlas 的运动能力十分出色，除了在室外复杂环境下稳定行走、双手搬动货物，最新版机器人还能够完成双腿立定跳远、后空翻、软地面跑步，以及左右脚交替的三连跳跃等高难度动作，可以说，Atlas 在某种程度上已经具备了与人类同等的运动能力。

图 1.7　Atlas 机器人

1.5.2　Pepper

　　Pepper 是一款人形机器人，由日本软银集团和法国 Aldebaran Robotics 公司研发，如图 1.8 所示。与波士顿动力公司的机器人不同，Pepper 的优势不在于它的运动能力，而是通过对人类的表情和声音的识别，分析人类的情绪并进行互动交流。Pepper 的身高为 120cm，质量为 28kg，续航时间约为 12 小时，头部配备有麦克风、扬声器、两个 500 万像素的摄像头和一个 3D 摄像头，满足对图像与声音信息采集的要求。机器人通过视觉系统察觉人类的微笑、皱眉及惊讶，通过语音识别系统识别人类的语音语调，以及特定表现人类强烈感情的字眼，然后情感引擎将上述一系列面部表情、语音语调和特定字眼量化处理，通过量化评分最终作出对人类积极或者消极情绪的判断，并用表情、动作、语音与人类交流、反馈，甚至能够跳舞、开玩笑。Pepper 支持通过 WiFi 接入云端服务器，能够令它的识别系统在使用过程中不断升级，变得更加智能。同时，为了扩展其应用实现，Aldebaran Robotics 公司也公开发布了 SDK，开发者可以根据自己所想对机器人作部署和个性化设定。具备判读情感功能的个性化机器人，能极大满足消费者的社交体验。目前，Pepper 已经能够在银行、酒店、机场、大学等众多场景中为人类提供智能化咨询服务。

图 1.8　Pepper 机器人

1.5.3　AlphaGo

2017 年 5 月，在中国乌镇围棋峰会上，阿尔法围棋（AlphaGo）与世界排名第一的世界围棋冠军柯洁对战，以 3∶0 的总比分获胜，第一次实现了机器人战胜人类围棋世界冠军。AlphaGo 并没有实体，而是一个人工智能程序，由谷歌（Google）旗下 DeepMind 公司戴密斯哈萨比斯领衔的团队开发，其主要工作原理是深度学习。深度学习是指多层人工神经网络及其训练方法，在本书后面的章节会加以介绍。AlphaGo 的系统主要由以下几个部分组成：策略网络（policy network），基于当前给定的局面，预测下一个采样时刻的走棋；快速走子（fast rollout），目标和走棋网络一样，但在适当牺牲走棋质量的条件下，速度比前者快 1000 倍；估值网络（value network），基于当前给定的局面，估计是白子获胜还是黑子获胜；蒙特卡洛树搜索（Monte Carlo tree search，MCTS），把以上这 3 个部分连起来，形成一个完整的系统。与之前的围棋系统相比，AlphaGo 较少依赖围棋的领域知识，但还需要大量的人类围棋专家的棋谱作为样本，通过强化学习进行神经网络的训练。可以说，没有千年来众多棋手在围棋上的积累，就没有围棋 AlphaGo 的今天。然而，新一代的 AlphaGo Zero 在此基础上又有了质的提升，已经不需要棋谱数据，通过自我对弈的过程调整神经网路，将"策略网络"与"估值网络"合二为一，得到更高效的训练和评估，并且完胜之前的 AlphaGo 版本，可以说是目前最高水平的人工智能程序。

1.5.4 "小途"机器人

"小途"机器人是我国首台社区智能服务机器人（见图 1.9），由科大讯飞旗下公司研发生产，通过国家级机器人 CR 认证。基于科大讯飞先进的人工智能技术和"互联网+"思想，"小途"机器人具有人脸识别、语音识别等人机交互功能，凭借自然化、情感化的语音交互，秉承"用人工智能建设美好社会"的设计理念，可以为社区居民提供人性化的服务，通过装载摄像头、触摸屏、身份证阅读器、IC 插卡器、热敏打印机等外设，具备业务办理、咨询、接待、移动引导、闲聊等多种应用功能。此外，"小途"模块化的应用场景配置使其在其他如金融、教育、医疗、商业等多个领域都有广阔的应用前景。目前，"小途"机器人已经在政务大厅等场景投入使用，具体的系统架构及应用功能将在本书的第 8 章详细介绍。

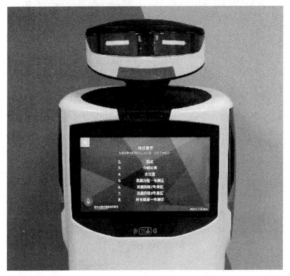

图 1.9 "小途"机器人

1.5.5 好奇号火星车

好奇号（Curiosity）火星车是美国国家宇航局研制的一台火星探测器，于 2011 年 11 月发射，2012 年 8 月成功登陆火星表面。它是美国第七个火星着陆探测器，第四台火星车，也是世界上第一辆采用核动力驱动的火星车（见图 1.10），其使命是探寻火星上的生命元素。该项目总投资 26 亿美元，是截至 2012 年最昂贵的火星探测项目。好奇号长约 3.1m，宽约 2.7m，高约 2.1m，质量约为 980kg，其着陆程序比较复杂，登陆舱在进入火星的大气层后，首先借助一个大降落伞把隔热板及后壳扔掉，以减慢下降速度，然后利用被称作"天空起重机（sky crane）"的推进器慢慢下降，在此过程中利用火星降落成像仪（mars descent imager）以每秒 5 帧的速度拍摄影像，帮助规划着陆地点和收集地质信息，最后起重机将利用电缆把该车放在火星表面后飞走。好奇号携带大量的科学仪器，可以将火星表面采集到的样本传送到探测器本体内进行分析，因此采用放射性同位素热电发生器作为能源，其性能大大优于太阳能电池板，足以为车辆移动及仪器提供充足能量。除了供电，热能也被用来维持探测器内部的温度，起到保护车身和仪器的作用。好奇号携带的仪器设备多达数十种，其中包括：环境检测设备（rover environmental monitoring station），检测火星上的天气情况，如大气压、湿度、紫外线、风速、风向、气温和地面温度；桅杆摄像装置（mast camera），包括一个长焦摄像机和一个广角摄像机，实现高清摄像和拍照，并且可以合成立体图像，用来观察探测器周围的地形；化学相机仪（chemistry and camera instrument），向目标物岩石发射激光脉冲，使其表面灼热并产生等离子体，通过分析等离子体的光谱判断目标物的化学成分，这种技术称为激光诱导击穿光谱分析；动态中子反射探测仪（dynamic albedo of neutons），包含一个装在后方的中子脉冲发生器，用来探测火星地表下的地下水和地下冰；还有辐射量测试仪（radiation assessment detector）、样品分析仪（sample analysis at mars）、化学和矿物分析仪（chemistry and mineralogy）等。

图 1.10　好奇号火星车

1.5.6　无人配送车

自动驾驶，又称无人驾驶、电脑驾驶，是依靠计算机与人工智能技术在没有人为操纵的情况下，完成安全、有效驾驶车辆的一项前沿科技。自动驾驶技术的内容包括定位与路径规划、环境感知、行为决策与控制。首先，通过全球定位系统与计算机技术协同工作，进行航线的设定，然后通过传感器感知环境，并由主控计算机处理具体事件与总体航行。在自动驾驶车辆中，主要的外部传感器为视觉摄像头和激光雷达，主控计算机负责收集所有传感器信息，并计算出控制策略，自动驾驶技术在车联网技术和人工智能技术的支持下，还能协调出行路线与规划时间，从而在很大程度上提高出行效率，并在一定程度上减少能源消耗。

无人配送车是自动驾驶技术与大型轮式移动机器人相结合的典型案例，从 2016 年开始，京东便开始着手无人配送车的研发工作，并率先发布了国内首个物流无人车。2016 年 9 月，京东无人配送车 1.0 版横空出世，并在当年"双十一"期间成功进行了包裹配送测试，之后又相继完成 2.0 版本、3.0 版本，以及 3.5 版本的研发工作。2019 年年底，京东无人配送车 4.0 正式面世，如图 1.11 所示。京东物流的无人配送车 4.0 集合之前的研究成果，可以自主完成最短路径规划，规避拥堵路段，并且在物流领域首次实现了 L4 级别自动驾驶。除已经具备高度可靠性和稳定性，更重要的是，依靠京东物流研发的自动驾驶云仿真平台可以大大加速自动驾驶技术在物流场景中的测试和验证周期，能够让技术得到高速的迭代与优化。

图 1.11　京东无人配送车 4.0

1.6　本章小结

本章首先介绍了人工智能的起源；然后结合机器人的诞生与发展给出智能机器人的概念、智能水平评价标准与经典架构，使读者对智能机器人与一般机器人的区别有一定的了解；最后介绍了该领域的一些典型案例，包括著名的波士顿动力机器人、围棋机器人AlphaGo、好奇号火星车，以及"小途"机器人等，使读者对智能机器人有更加直观的认识，为后续章节内容的学习指明了方向。

1.7　习题

1. 简述人工智能的概念。
2. 简述机器人的概念。
3. 简述智能机器人与一般机器人的主要区别。
4. 简述智能机器人的经典架构。
5. 简述发展智能机器人网联云控架构的必要性。
6. 结合日常工作与生活中的例子，描述一种智能机器人的应用场景。
7. 对比波士顿动力公司的大狗机器人，了解国内四足行走机器人的研发案例。
8. 通过查阅视频资料，了解更多人形机器人所具备的能力。
9. 在你所在城市寻找服务机器人的应用案例，亲自体验并总结其优点与缺点。
10. 了解我国的火星探测计划，以及我国"天问一号"火星车具备的主要功能。

第2章 机器人基础

准确地说，机器人学并不是一门新的学科，而是由诸多传统学科支撑形成的结合体。数学为机器人的空间移动提供描述工具，物理学对机器人在运动过程中的受力情况进行分析，控制学驱动机器人移动到指定的目的地，电子技术保障机器人硬件电路正常运作，计算机学是机器人软件编程的指导。本章主要介绍机器人的基础知识，包括运动的数学描述、机器人传感器、机器人的通信方式及机器人软件系统。

本章学习目标

（1）掌握二维位姿与三维位姿的概念，理解坐标系的旋转与平移两个基本运动方式；
（2）熟悉机器人系统常用的传感器；
（3）了解有线通信和无线通信这两种通信方式；
（4）了解机器人操作系统的基础知识。

2.1 机器人的运动描述

为了研究机器人的运动与控制，不仅要表示空间某点的位置，还需要表示物体的方位，这就要理解坐标向量、坐标系及坐标系变换等概念。

2.1.1 坐标系与位姿

空间中的一点可以被描述为一个坐标向量，而坐标向量必须在某一个参考坐标系内表示，最常见的如笛卡儿直角坐标系，由互相正交的坐标轴构成，它们的交点称为原点。因此，点、坐标向量与坐标系有对应的关系如图 2.1 所示。

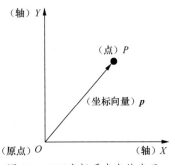

图 2.1　*X-Y* 坐标系中点的表示

设 $\hat{x}$、$\hat{y}$ 分别为 X 轴、Y 轴上的单位向量，如果 P 点在 X 轴和 Y 轴上的坐标值为（x，y），则坐标向量 p 可表示为：

$$p = x\hat{x} + y\hat{y} \tag{2.1}$$

为了区分不同的坐标系，我们在每个坐标系上添加不同的字母标记，如图 2.2 所示。其中，$^A p$ 为向量 p 在坐标系 $\{A\}$ 中的表示。

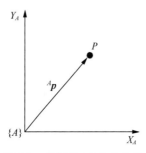

图 2.2　坐标系 $\{A\}$ 中的向量

任意 P 点的位置都能够用坐标系中的向量表示，同样，一个坐标系也能够在另一个坐标系中表示。不同的是，P 点只具备位置信息，而坐标系除了位置，还具备方向信息。引入新坐标系 $\{B\}$，其原点为坐标系 $\{A\}$ 中的 P 点，如图 2.3 所示。这里，$\{A\}$ 称为参考坐标系，$\{B\}$ 称为相对坐标系。所谓位姿，是一个坐标系位置与方向信息的总称，用符号 ξ 表示，位姿是相对而言的，因此，图 2.3 中，坐标系 $\{B\}$ 相对于坐标系 $\{A\}$ 的位姿可表示为 $^A\xi_B$。不难发现，$^A\xi_B$ 可以用位置向量 $^A p$ 结合角度 θ 表示，在 2.1.2 小节中将会详细讨论，此处暂时不展开介绍。

坐标系的相对位姿也可以进行合成，以图 2.4 中的情况为例，位姿 $^A\xi_C$ 可以表示为：

$$^A\xi_C = {}^A\xi_B \oplus {}^B\xi_C \tag{2.2}$$

式（2.2）中，符号"$\oplus$"表示合成。式（2.2）的含义为：坐标系 $\{C\}$ 在坐标系 $\{A\}$ 中的位姿，可以由坐标系 $\{B\}$ 在坐标系 $\{A\}$ 中的位姿与坐标系 $\{C\}$ 在坐标系 $\{B\}$ 中的位姿合成得到。

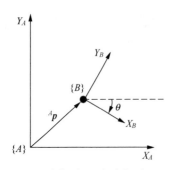

图 2.3　坐标系 $\{A\}$ 与坐标系 $\{B\}$

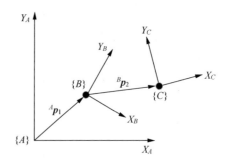

图 2.4　坐标系 $\{A\}$、坐标系 $\{B\}$ 与坐标系 $\{C\}$

接下来需要思考的问题是，如何运用数学方法对位姿的具体形态进行表示。下面讨论二维坐标系与三维坐标系这两种情况。

2.1.2 二维位姿

一个普通的二维空间可以用 $X\text{-}Y$ 坐标系表示，这是我们在高中数学中已经掌握的知识，那么，在 $X\text{-}Y$ 坐标系中如何表示位姿呢？这里先介绍两种坐标系的基本运动方式：旋转与平移。

首先创建一个坐标系 $\{E\}$，点 Q 的坐标用列向量表示为 $\begin{bmatrix} x_E & y_E \end{bmatrix}^{\mathrm{T}}$。然后，保持原点不变，将坐标系逆时针转动角度 θ，得到新坐标系 $\{B\}$，在新坐标系中，点 Q 的坐标变为 $\begin{bmatrix} x_B & y_B \end{bmatrix}^{\mathrm{T}}$，如图 2.5 所示。

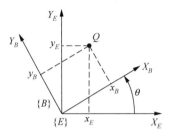

图 2.5　二维坐标系的旋转

根据平面几何知识可以得到：

$$x_E = x_B \cos\theta - y_B \sin\theta$$
$$y_E = x_B \sin\theta + y_B \cos\theta \tag{2.3}$$

写成向量形式为：

$$\begin{bmatrix} x_E \\ y_E \end{bmatrix} = {}_B^E\boldsymbol{R} \begin{bmatrix} x_B \\ y_B \end{bmatrix} \tag{2.4}$$

其中：

$$ {}_B^E\boldsymbol{R} = \begin{bmatrix} \cos\theta & -\sin\theta \\ \sin\theta & \cos\theta \end{bmatrix} \tag{2.5}$$

称为旋转矩阵，"$\boldsymbol{R}$"左上角的"E"代表原坐标系，左下角的"B"代表旋转之后得到的坐标系，该矩阵给出了同一点 Q 在不同坐标系中坐标向量之间的关系。

同时，从式（2.5）可以看出矩阵 $\boldsymbol{R}$ 为正交矩阵，即 $\boldsymbol{R}^{\mathrm{T}}\boldsymbol{R} = \boldsymbol{I}$，$\boldsymbol{I}$ 为单位矩阵。正交矩阵满足 $\boldsymbol{R}^{\mathrm{T}} = \boldsymbol{R}^{-1}$，于是从式（2.4）可以得到

$$\begin{bmatrix} x_B \\ y_B \end{bmatrix} = \left({}_B^E\boldsymbol{R} \right)^{-1} \begin{bmatrix} x_E \\ y_E \end{bmatrix} = \left({}_B^E\boldsymbol{R} \right)^{\mathrm{T}} \begin{bmatrix} x_E \\ y_E \end{bmatrix} = {}_E^B\boldsymbol{R} \begin{bmatrix} x_E \\ y_E \end{bmatrix} \tag{2.6}$$

除此之外，正交矩阵的每一列，等于坐标系 $\{E\}$ 的 X 轴、Y 轴上的单位向量在坐标系 $\{B\}$ 中的表示：

$$ {}^E\hat{\boldsymbol{x}}_B = {}_B^E\boldsymbol{R} \begin{bmatrix} 1 \\ 0 \end{bmatrix} = \begin{bmatrix} \cos\theta \\ \sin\theta \end{bmatrix}, \quad {}^E\hat{\boldsymbol{y}}_B = {}_B^E\boldsymbol{R} \begin{bmatrix} 0 \\ 1 \end{bmatrix} = \begin{bmatrix} -\sin\theta \\ \cos\theta \end{bmatrix} \tag{2.7}$$

即 ${}_B^E\boldsymbol{R} = \begin{bmatrix} {}^E\hat{\boldsymbol{x}}_B & {}^E\hat{\boldsymbol{y}}_B \end{bmatrix}$。同样，正交矩阵的每一行具有的含义显而易见。

从式（2.3）~式（2.7）中了解到，二维坐标系的旋转可以通过一个 2×2 的方阵实现，下面介绍一下坐标系的平移。

设坐标系 {E} 的 X 轴、Y 轴与坐标系 {A} 的 X 轴、Y 轴平行且方向一致，{E} 的原点位置在 {A} 中的坐标向量为 $t = \begin{bmatrix} x & y \end{bmatrix}^{\mathrm{T}}$，如图 2.6 所示，那么很容易得到点 Q 在 {A} 中的坐标为：

$$\begin{bmatrix} x_A \\ y_A \end{bmatrix} = \begin{bmatrix} x_E \\ y_E \end{bmatrix} + \begin{bmatrix} x \\ y \end{bmatrix} \tag{2.8}$$

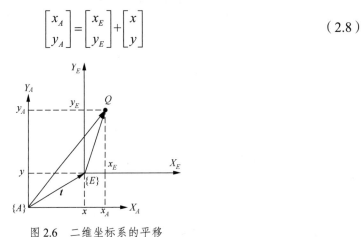

图 2.6　二维坐标系的平移

一旦确定旋转矩阵 $\boldsymbol{R}$ 或平移向量 $\boldsymbol{t}$，就可知道一个坐标系相对于另一个坐标系的方向或位置，换句话说，知道了一个坐标系相对于另一个坐标系的位姿。因此，位姿完全可以由 $\boldsymbol{R}$ 和 $\boldsymbol{t}$ 通过某种组合描述，2.1.4 小节将会具体讲解。

2.1.3　三维位姿

在 2.1.2 小节中，我们已经讨论了二维空间坐标系的位姿，三维坐标系本质上是在 X-Y 坐标系的基础上增加一个坐标轴 Z，它与 X 轴和 Y 轴正交，正轴方向根据右手定则确定。设与三维坐标系中 X-Y-Z 轴方向相同的单位向量为 $\hat{x}$、$\hat{y}$、$\hat{z}$，则任意一点 P 既可用它在每个坐标轴上的坐标值实数对 (x, y, z) 表示，也可用下面的向量形式表示：

$$\boldsymbol{p} = x\hat{x} + y\hat{y} + z\hat{z} \tag{2.9}$$

2.1.2 小节已经讨论了二维坐标系中的旋转与平移，下面在三维坐标系中考虑这两种运动方式。首先建立三维坐标系 {A}，如图 2.7（a）所示。分别以 Z_A、X_A、Y_A 轴为转轴，旋转 π/2 角度，可以得到的新坐标系，分别如图 2.7（b）、图 2.7（c）和图 2.7（d）所示。注意，此处的旋转动作定义为：用右手握住转轴（或向量），右手拇指指向坐标轴正方向（或向量箭头方向），其余手指弯曲后所指方向为角度增大的方向。

图 2.7 中，以坐标轴作为旋转轴旋转是一种特殊情况，下面讨论一般情况下三维坐标系的旋转是如何定义的。设一个三维旋转矩阵为 ${}^A_B\boldsymbol{R}$，式（2.5）中二维坐标系的旋转矩阵为 2×2 的方阵，因此这里的 ${}^A_B\boldsymbol{R}$ 为 3×3 方阵。首先建立坐标系 {E}，坐标系 {B} 由坐标系 {E} 通过旋转运动得到，它们的原点重合，如图 2.8 所示。

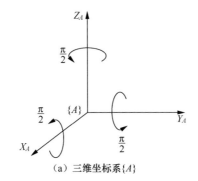

（a）三维坐标系{A}

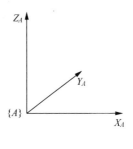

（b）以Z_A轴为旋转轴旋转π/2角度后

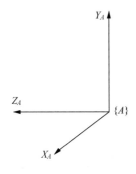

（c）以X_A轴为旋转轴旋转π/2角度后

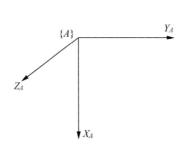

（d）以Y_A轴为旋转轴旋转π/2角度后

图 2.7　三维坐标系的旋转

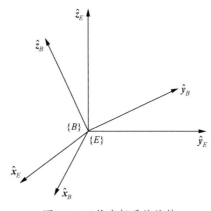

图 2.8　三维坐标系的旋转

图 2.8 中的坐标轴用单位向量表示，容易发现式（2.10）成立：

$$ {}^{E}\hat{\boldsymbol{x}}_B = {}^{E}_{B}\boldsymbol{R}\,{}^{B}\hat{\boldsymbol{x}}_B \,, \quad {}^{E}\hat{\boldsymbol{y}}_B = {}^{E}_{B}\boldsymbol{R}\,{}^{B}\hat{\boldsymbol{y}}_B \,, \quad {}^{E}\hat{\boldsymbol{z}}_B = {}^{E}_{B}\boldsymbol{R}\,{}^{B}\hat{\boldsymbol{z}}_B \tag{2.10} $$

由于：

$$ {}^{B}\hat{\boldsymbol{x}}_B = \begin{bmatrix} 1 \\ 0 \\ 0 \end{bmatrix}, \quad {}^{B}\hat{\boldsymbol{y}}_B = \begin{bmatrix} 0 \\ 1 \\ 0 \end{bmatrix}, \quad {}^{B}\hat{\boldsymbol{z}}_B = \begin{bmatrix} 0 \\ 0 \\ 1 \end{bmatrix} \tag{2.11} $$

可以得到：

$$\,_B^E \boldsymbol{R} = \begin{bmatrix} {}^E\hat{\boldsymbol{x}}_B & {}^E\hat{\boldsymbol{y}}_B & {}^E\hat{\boldsymbol{z}}_B \end{bmatrix} \tag{2.12}$$

这里引入数学中点积的概念，式（2.12）中 3 个列向量可表示为：

$$\,^E\hat{\boldsymbol{x}}_B = \begin{bmatrix} \hat{\boldsymbol{x}}_B \cdot \hat{\boldsymbol{x}}_E \\ \hat{\boldsymbol{x}}_B \cdot \hat{\boldsymbol{y}}_E \\ \hat{\boldsymbol{x}}_B \cdot \hat{\boldsymbol{z}}_E \end{bmatrix}, \quad {}^E\hat{\boldsymbol{y}}_R = \begin{bmatrix} \hat{\boldsymbol{y}}_B \cdot \hat{\boldsymbol{x}}_E \\ \hat{\boldsymbol{y}}_B \cdot \hat{\boldsymbol{y}}_E \\ \hat{\boldsymbol{y}}_B \cdot \hat{\boldsymbol{z}}_E \end{bmatrix}, \quad {}^E\hat{\boldsymbol{z}}_B = \begin{bmatrix} \hat{\boldsymbol{z}}_B \cdot \hat{\boldsymbol{x}}_E \\ \hat{\boldsymbol{z}}_B \cdot \hat{\boldsymbol{y}}_E \\ \hat{\boldsymbol{z}}_B \cdot \hat{\boldsymbol{z}}_E \end{bmatrix} \tag{2.13}$$

从式（2.13）中容易发现旋转矩阵 $\,_B^E\boldsymbol{R}$ 的另一种表现形式为：

$$\,_B^E\boldsymbol{R} = \begin{bmatrix} \left({}^B\hat{\boldsymbol{x}}_E\right)^{\mathrm{T}} \\ \left({}^B\hat{\boldsymbol{y}}_E\right)^{\mathrm{T}} \\ \left({}^B\hat{\boldsymbol{z}}_E\right)^{\mathrm{T}} \end{bmatrix} = \begin{bmatrix} {}^B\hat{\boldsymbol{x}}_E & {}^B\hat{\boldsymbol{y}}_E & {}^B\hat{\boldsymbol{z}}_E \end{bmatrix}^{\mathrm{T}} = \left(\,_E^B\boldsymbol{R}\right)^{\mathrm{T}} \tag{2.14}$$

于是得到：

$$\,_B^E\boldsymbol{R} = \,_E^B\boldsymbol{R}^{-1} = \left(\,_E^B\boldsymbol{R}\right)^{\mathrm{T}} \tag{2.15}$$

式（2.15）证明三维旋转矩阵是正交矩阵。以图 2.7 中的情况为例，分别以 X_A、Y_A 和 Z_A 为轴旋转角度 θ 的三维旋转矩阵可表示为：

$$\boldsymbol{R}_x(\theta) = \begin{bmatrix} 1 & 0 & 0 \\ 0 & \cos\theta & -\sin\theta \\ 0 & \sin\theta & \cos\theta \end{bmatrix}, \quad \boldsymbol{R}_y(\theta) = \begin{bmatrix} \cos\theta & 0 & \sin\theta \\ 0 & 1 & 0 \\ -\sin\theta & 0 & \cos\theta \end{bmatrix},$$

$$\boldsymbol{R}_z(\theta) = \begin{bmatrix} \cos\theta & -\sin\theta & 0 \\ \sin\theta & \cos\theta & 0 \\ 0 & 0 & 1 \end{bmatrix} \tag{2.16}$$

如果旋转动作是连续发生的，那么旋转顺序是不可交换的。例如，图 2.7（a）中的坐标系，以 X_A 为转轴旋转 $\pi/2$ 角度后得到图 2.7（c），继续以 Y_A 为转轴旋转 $\pi/2$ 角度后，可以得到图 2.9（a）。回到图 2.7（a）中，先以 Y_A 为转轴旋转 $\pi/2$ 角度得到图 2.7（d），继续以 X_A 为转轴旋转 $\pi/2$ 角度后，得到图 2.9（b）。显然，改变旋转顺序，得到的结果是完全不同的，从式（2.16）也很容易得到如下结果：

$$\boldsymbol{R}_x(\theta)\boldsymbol{R}_y(\theta) = \begin{bmatrix} \cos\theta & 0 & \sin\theta \\ (\sin\theta)^2 & \cos\theta & -\sin\theta\cos\theta \\ -\sin\theta\cos\theta & \sin\theta & (\cos\theta)^2 \end{bmatrix},$$

$$\boldsymbol{R}_y(\theta)\boldsymbol{R}_x(\theta) = \begin{bmatrix} \cos\theta & (\sin\theta)^2 & \sin\theta\cos\theta \\ 0 & \cos\theta & -\sin\theta \\ -\sin\theta & \sin\theta\cos\theta & (\cos\theta)^2 \end{bmatrix} \tag{2.17}$$

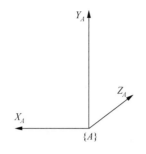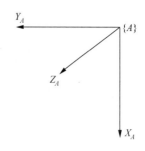

（a）以Y_A为转轴旋转π/2角度后　　　　　（b）以X_A为转轴旋转π/2角度后

图 2.9　三维坐标系的连续旋转结果

　　三维坐标系的平移运动比较简单，与图 2.6 所示的二维坐标系的平移情况相似。假设坐标系{E}的 X 轴、Y 轴、Z 轴与坐标系{A}的 X 轴、Y 轴、Z 轴平行且方向一致，{E}的原点位置在{A}中的坐标向量为$t = \begin{bmatrix} x & y & z \end{bmatrix}^{T}$，于是得到点 Q 在{A}中的坐标为：

$$\begin{bmatrix} x_A \\ y_A \\ z_A \end{bmatrix} = \begin{bmatrix} x_E \\ y_E \\ z_E \end{bmatrix} + \begin{bmatrix} x \\ y \\ z \end{bmatrix} \tag{2.18}$$

2.1.4　平移与旋转

　　前面讨论了在二维坐标系与三维坐标系中的旋转与平移运动，下面介绍两种运动的组合。首先考虑二维空间，基于图 2.5 创建坐标系{A}，使坐标系{E}的原点位置为$t = \begin{bmatrix} x & y \end{bmatrix}^{T}$，点 Q 在坐标系{A}与{B}中分别表示为${}^{A}q = \begin{bmatrix} x_A & y_A \end{bmatrix}^{T}$和${}^{B}q = \begin{bmatrix} x_B & y_B \end{bmatrix}^{T}$，如图 2.10 所示。设点 Q 在坐标系{E}中为${}^{E}q = \begin{bmatrix} x_E & y_E \end{bmatrix}^{T}$，容易得到：

$$ {}^{A}q = \begin{bmatrix} x_A \\ y_A \end{bmatrix} = \begin{bmatrix} x_E \\ y_E \end{bmatrix} + \begin{bmatrix} x \\ y \end{bmatrix} \tag{2.19}$$

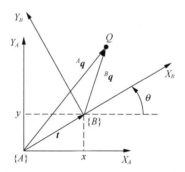

图 2.10　二维坐标系的旋转与平移

将式（2.4）代入式（2.19）可得：

$$\begin{bmatrix} x_A \\ y_A \end{bmatrix} = {}^{E}_{B}R \begin{bmatrix} x_B \\ y_B \end{bmatrix} + \begin{bmatrix} x \\ y \end{bmatrix} \tag{2.20}$$

这里将 2×1 的位置向量变换成等价的 3×1 列向量，式（2.20）可以写成：

$$\begin{bmatrix} x_A \\ y_A \\ 1 \end{bmatrix} = \begin{bmatrix} {}^E_B\boldsymbol{R} & \boldsymbol{t} \\ 0^{1\times2} & 1 \end{bmatrix} \begin{bmatrix} x_B \\ y_B \\ 1 \end{bmatrix} \quad (2.21)$$

注意式（2.21）中的"1"没有实际意义。因为坐标系 $\{E\}$ 由坐标系 $\{A\}$ 平移得到，所以旋转矩阵 ${}^E_B\boldsymbol{R}$ 可以写成 ${}^A_B\boldsymbol{R}$。通过引入新的齐次坐标向量：

$$ {}^A\overline{\boldsymbol{q}} = \begin{bmatrix} {}^A\boldsymbol{q} \\ 1 \end{bmatrix}, \quad {}^B\overline{\boldsymbol{q}} = \begin{bmatrix} {}^B\boldsymbol{q} \\ 1 \end{bmatrix} \quad (2.22)$$

重新整理式（2.22）可以得到：

$$ {}^A\overline{\boldsymbol{q}} = \begin{bmatrix} {}^A_B\boldsymbol{R} & \boldsymbol{t} \\ 0^{1\times2} & 1 \end{bmatrix}, \quad {}^B\overline{\boldsymbol{q}} = {}^A_B\boldsymbol{T}\,{}^B\overline{\boldsymbol{q}} \quad (2.23)$$

其中 ${}^A_B\boldsymbol{T}$ 称为齐次转换矩阵。可见，该矩阵包含坐标系旋转与平移两个基本运动方式，同时 ${}^A_B\boldsymbol{T}$ 可以用来代表相对位姿，如 ${}^A\xi_B - {}^A_B\boldsymbol{T}$，符号"－"表示两种表达方式是等价的。进一步考虑式（2.2）中的位姿合成，${}^A\xi_C = {}^A\xi_B \oplus {}^B\xi_C$ 等价于 ${}^A_C\boldsymbol{T} = {}^A_B\boldsymbol{T}\,{}^B_C\boldsymbol{T}$，也就是矩阵乘法：

$$ {}^A_B\boldsymbol{T}\,{}^B_C\boldsymbol{T} = \begin{bmatrix} {}^A_B\boldsymbol{R} & \boldsymbol{t}_1 \\ 0^{1\times2} & 1 \end{bmatrix} \begin{bmatrix} {}^B_C\boldsymbol{R} & \boldsymbol{t}_2 \\ 0^{1\times2} & 1 \end{bmatrix} = \begin{bmatrix} {}^A_B\boldsymbol{R}\,{}^B_C\boldsymbol{R} & {}^A_B\boldsymbol{R}\boldsymbol{t}_2 + \boldsymbol{t}_1 \\ 0^{1\times2} & 1 \end{bmatrix} \quad (2.24)$$

三维空间的位姿描述与二维空间类似，在图 2.8 的基础上增加坐标系 $\{A\}$，使坐标系 $\{E\}$ 和 $\{B\}$ 的原点在 $\{A\}$ 中的位置为 $\boldsymbol{t} = \begin{bmatrix} x & y & z \end{bmatrix}^T$，如图 2.11 所示。

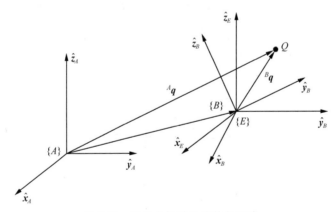

图 2.11　三维坐标系的旋转与平移

点 Q 在坐标系 $\{A\}$ 和 $\{B\}$ 中的位置向量分别为 ${}^A\boldsymbol{q}$ 和 ${}^B\boldsymbol{q}$，由式（2.14）和式（2.18）可以得到：

$$ {}^A\boldsymbol{q} = {}^E_B\boldsymbol{R}\,{}^B\boldsymbol{q} + \boldsymbol{t} \quad (2.25)$$

考虑等价的齐次变换可得：

$$ {}^A\overline{\boldsymbol{q}} = {}^A_B\boldsymbol{T}\,{}^B\overline{\boldsymbol{q}} \quad (2.26)$$

其中：

$$
{}^A\overline{\boldsymbol{q}} = \begin{bmatrix} {}^A\boldsymbol{q} \\ 1 \end{bmatrix}, \quad {}^B\overline{\boldsymbol{q}} = \begin{bmatrix} {}^B\boldsymbol{q} \\ 1 \end{bmatrix} \tag{2.27}
$$

分别为 4×1 的列向量，${}^A_B\boldsymbol{T}$ 是齐次转换矩阵，它综合了三维坐标系的旋转与平移，可以用来描述三维空间中的位姿，具体形式为：

$$
{}^A_B\boldsymbol{T} = \begin{bmatrix} {}^A_B\boldsymbol{R} & \boldsymbol{t} \\ 0^{1\times3} & 1 \end{bmatrix}, \quad {}^A_B\boldsymbol{R} = {}^E_B\boldsymbol{R} \tag{2.28}
$$

2.2 机器人感知系统

机器人是一种复杂的自动控制系统，可以不依赖人类的操纵，仅依靠人工智能技术自主完成特定的任务。同人类的感觉器官类似，机器人感知系统的作用是获取内部状态和周围环境信息，并转化为一定的数据格式传输给机器人的"大脑"，使其进行相应的处理。

2.2.1 机器人传感器的特性

机器人一般由执行机构、驱动装置、控制系统和检测装置等部分组成。执行机构即机器人本体，例如，日本本田技研工业株式会社研制的仿人形机器人 ASIMO（见图 2.12），其本体具备和人一样的头部、颈部、躯干、手臂、腰部、腿部等共 38 个自由度关节。以上执行机构需要相应的驱动装置使其运动，机器人使用的驱动装置主要依靠电力驱动，如伺服电机、步进电机等，除此之外，也采用液压、气动等驱动装置。驱动装置的输入信号从何而来，答案是控制系统。控制系统一般由上、下两级微型计算机组成，上位机负责系统的管理、通信、运动学和动力学计算，并向下级微机发送指令信息。下位机进行插补运算和伺服控制处理，并给每个自由度关节发送控制信号，实现给定的运动，同时向主机反馈信息。通常，机器人的控制方式主要有点镇定和轨迹跟踪两种，为了达到预期的控制效果，一般采用反馈控制，而控

图 2.12 ASIMO 机器人

制系统需要的反馈信息是通过实时检测机器人的运动及工作情况，或者机器人周围环境情况得到的，这里就要求机器人必须具备检测装置，即传感器。

传感器在机器人的控制中起了非常重要的作用，正因为有了传感器，机器人才具备了类似人类的知觉功能和反应能力。人的五种感觉器官分别是视觉、听觉、嗅觉、味觉、触觉，那么机器人传感器也应该具备这基本的五感。除此之外，人还可以感知方向、角度、距离等，具备这些能力的传感器对机器人来说也是必不可少的。

根据安装位置及检测对象的不同，机器人传感器可分为内部传感器和外部传感器两类。①内部传感器，一般安装在机器人本体内部，主要检测内部运动及工作的实时情况，如电机的转速、机器人的倾斜角度、移动时的加速度等。②外部传感器，一般安装在机器人本体表面，主要用来检测周围环境，使机器人能够获取外部信息，从而提升对环境的适应能力，如周围物体的颜色、障碍物的大小、位置及距离等。

图 2.13 列出了一些常见的传感器名称。

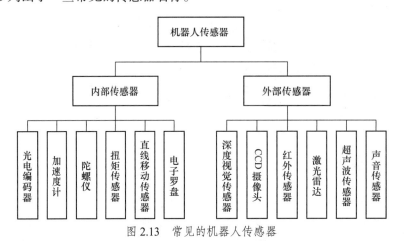

图 2.13 常见的机器人传感器

2.2.2 内部传感器

1．光电编码器

光电编码器是一种通过光电转换将输出轴上的机械几何位移量转换成脉冲或数字量的传感器。光电编码器的应用非常广泛，常用于电机转速和转动角度的测量，主要分为两种：增量式编码器和绝对式编码器。

增量式编码器主要由码盘和光电检测装置组成。码盘是在一定直径的圆盘上等分地开通若干个长方形孔，或者在透明的圆盘上以一定的角度间隔画上黑线。由于码盘与电动机同轴，电动机旋转时，码盘与电动机同速旋转，检测装置由发光二极管等电子元件组成，当码盘转动时，发射端发射出的光线被码盘有规律地交替遮挡，在接收端生成一系列脉冲信号。每转一圈产生的脉冲数直接决定该传感器的精度，通过计算每秒光电编码器输出脉冲的个数就能反映当前电动机的转速。一般的增量式编码器有 A、B 两路脉冲输出，它们的相位相差 90°，通过比较 A 相和 B 相哪个在前哪个在后，可以判断编码器的正、反转方向。此外，一些编码器还带有 Z 相输出，每一圈产生一个脉冲，可以用来获得零参考位。图 2.14 所示为一种带有 A、B、Z 三相输出、码盘为 2000 线的增量式编码器。

图 2.14 增量式编码器

绝对式编码器是直接输出数字量的传感器，在它的圆形码盘上沿径向有若干同心码道，每条码道上由透光和不透光的扇形区相间组成，码盘上的码道数就是它的二进制数码的位数，当码盘处于不同位置时，各光敏元件根据受光照与否转换出相应的电平信号，形成二进制数。这种编码器的特点是不需要像增量式编码器一样计算脉冲的个数，因为在任意位置都可读出一个与位置对应的固定数字码，相当于得到了一个角度值。

2．微机械陀螺仪/加速度计

物体在高速旋转时，由于角动量很大，旋转轴会一直稳定指向一个方向，基于这种原理制成的定向仪器就称为陀螺仪。因此，其稳定运行的前提是转速够快，或者转动惯量够大，否则，一个很小的力矩就会对指向造成影响。传统的陀螺仪是一种机械装置，广泛应用于航天与航海领域，其主要结构是将一个以极高角速度旋转的转子安装在一个万向坐标系内部，陀螺仪有两个平衡环，可以绕平面三轴作自由运动。

MEMS 是英文 micro-electromechanical system 的缩写，即微电子机械系统。MEMS 技术是建立在微米/纳米技术基础上的前沿技术，是指对微米/纳米材料进行设计、加工、制造、测量和控制的技术。它可将机械构件、光学系统、驱动部件、电控系统集成为一个整体单元的微型系统。微机械陀螺仪的工作原理与传统的陀螺仪不同，其主要利用科里奥利力，即旋转物体在有径向运动时所受到的切向力。最常见的方法是将一个角速度施加到振动的微型块上，产生科里奥利力会使微型块发生移动，这些位移可以通过电路检测为电容的变化，并最终转换为电压输出。

陀螺仪是一种测量物体角速度的传感器，物体线速度应该如何测量，这个问题是无法直接解决的，但是可以通过测量加速度，运用积分计算线速度。能够测量加速度的传感器称为加速度计，其理论基础就是牛顿第二定律，基于 MEMS 技术的加速度计可分为以下几类：压阻式微加速度计、电容式微加速度计、扭摆式微加速度计和隧道式微加速度计。其中，电容式微加速度计是灵敏度最高、使用最广泛的一种，其原理是利用微型块加速运动时，受到惯性作用反向移动，其位移会引起感应器间的电容变化，并最终转换为输出电压。

陀螺仪和加速度计的组合可应用于机器人的运动姿态检测领域，MPU-6000（6050）（见图 2.15）是全球首例整合性 6 轴运动处理组件，生产商是美国公司 InvenSense，该传感器内置 3 轴加速度计和 3 轴陀螺仪，解决了组合陀螺仪和加速度计的封装问题，是一款革命性的产品，传感器的特性与参数见表 2.1。

表 2.1   MPU-6000（6050）的特性与参数

陀螺仪的特性：

（1）以数字方式输出 X、Y、Z 轴角速率，有 4 种量程范围可以选择，分别为 ±250°/s、±500°/s、±1000°/s 和±2000°/s。

（2）FSYNC 引脚支持外部同步信号，包括图像、视频和 GPS 信号。

（3）集成 16 位 ADC 实现陀螺仪的同步采样。

（4）对温度变化稳定性较强。

（5）改善低频噪声性能。

（6）带有数字可编程低通滤波器。

（7）陀螺仪的工作电流：3.6mA。

（8）待命电流：5μA。

（9）工业级灵敏度校准。

加速度计的特性：

（1）加速度计的 4 种量程范围分别为±2g、±4g、±8g 和±16g。

（2）集成 16 位 ADC 可同时对加速度计进行采样，而无须外部多路复用器。

（3）加速度计的正常工作电流：500μA。

（4）低功率加速度计的模式电流：1.25Hz 时为 10μA，5Hz 时为 20μA，20Hz 时为 60μA，40Hz 时为 110μA。

（5）定向信号检测。

（6）用户可编程中断。

（7）用户自检。

芯片的特性：

（1）基于数字运动处理器（DMP）可实现 9 轴运动融合。

（2）辅助主 I²C 总线读取来自外部传感器（如磁强计）的数据。

（3）所有 6 个运动传感轴和 DMP 启用时的工作电流为 3.9mA。

（4）VDD 电源的电压范围为 2.375～3.46V。

（5）VLOGIC 参考电压支持多个 I²C 接口电压（如 MPU-6050）。

（6）便携式设备的最小和最薄 QFN 封装：4mm×4mm×9mm。

（7）加速度计与陀螺仪轴之间的最小交叉轴灵敏度。

（8）1024B FIFO 缓冲区通过允许主机处理器读取数据降低功耗爆发，然后进入低功耗模式，以便 MPU 收集更多的数据。

（9）数字输出温度传感器。

（10）用于陀螺仪、加速度计和温度传感器的用户可编程数字滤波器 10000g 耐冲击性。

（11）与所有寄存器通信时，I²C 为 400kHz 快速模式。

（12）与所有寄存器通信时，SPI 串行接口为 1MHz（仅限 MPU-6000）。

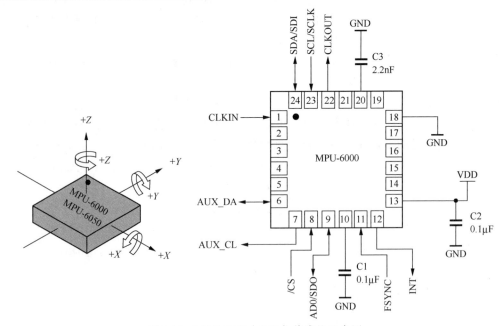

图 2.15　MPU-6000（6050）传感器示意图

　　MPU-6000（6050）芯片为 QFN 封装，读者在使用时可以直接采购图 2.16 所示的传感器模块，该模块的功能引脚说明见表 2.2。

图 2.16　MPU-6050 传感器模块

表 2.2　MPU-6050 模块的功能引脚说明

引脚名称	引脚说明
VCC	接直流电源正极，5V
GND	接地，0V
SCL	I^2C 时序接口
SDA	I^2C 双向数据接口
XDA	作为主机读取其他 I^2C 从机的数据接口
XCL	作为主机读取其他 I^2C 从机的数据接口
AD0	接 4.7kΩ电阻后，接地则 I^2C 地址为 0×68；悬空则 I^2C 地址为 0×69
INT	中断输出接口

MPU-6050 模块作为 I^2C 主机可以读取其他传感器数据，如 HMC5883L 磁阻传感器，将数据融合后可获得更加精确的姿态。

2.2.3　外部传感器

1．深度摄像头

Intel® RealSense™ Depth Camera D435 是一款可以实现立体跟踪的摄像头（见图 2.17），能够为各种应用场景提供高质量的深度图像，特别是它的广角视野非常适合机器人和虚拟现实等应用。这款小尺寸摄像头的射程可达 10m，配置有一个 RGB 视觉传感器、一个 IR（红外）发射器和两个 IR 成像器。摄像头采用"主动立体成像原理"，本质上就是模仿人类双眼的视差，通过发射一束红外光线，然后通过两个红外成像器接收红外光线在物体上的反射生成图像，最后用三角定位原理计算出包含三维深度信息的图像。同时，RGB 视觉传感器采集彩色图像，最终将彩色视频流与深度流对齐。小巧的机身可轻松集成到解决方案中，并配有 Intel RealSense SDK 2.0，支持各种操作系统和编程语言，能够从摄像头提取深度数据，并在选择的平台（Windows*、Linux*、Mac OS*等）中对数据进行解释。该 SDK 还提供开源示例代码和各种语言（包括 Python、Node.js、C#/.NET 和 C/C++）的包装器，还集成了 ROS、Unity、OpenCV、PCL 和 MATLAB 等第三方技术，以及其他英特尔实感技术工具。深度摄像头 D435 规格说明见表 2.3。

机器人基础／第2章

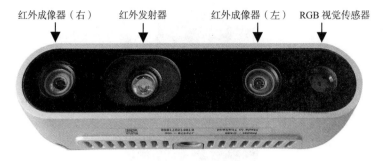

红外成像器（右）　　红外发射器　　红外成像器（左）　　RGB 视觉传感器

图 2.17　深度摄像头 D435

表 2.3　深度摄像头 D435 规格说明

Intel® RealSense™深度摄像头 D435 主要规格	
应用环境	室内和室外
深度技术	主动 IR 立体
主要组件	Intel® RealSense™视觉处理器 D4 Intel® RealSense™模块 D430
深度视野（横向×纵向×对角线）	91.2°×65.5°×100.6°
深度流输出分辨率	1280×720
深度流输出帧速率	90f/s
最小深度距离	0.2m
红外信号发射器功率	峰值为 425mW
图像传感器类型	全局快门
最大范围	10m，受校准、场地和光照条件影响
RGB 传感器的分辨率和帧速率	30f/s 时为 1920 像素×1080 像素
RGB 传感器视野（横向×纵向×对角线）	69.4°×42.5°×77°
摄像头的尺寸（长度×宽度×高度）	90mm×25mm×25mm
接口	USB 3.0；外部传感器同步连接器
挂接机构	一个 1/4-20 UNC 螺纹挂接点 两个 M3 螺纹挂接点

2．激光雷达

激光雷达是一种利用非接触激光测距技术的扫描式传感器，其工作原理与一般的微波雷达系统类似，首先向周围发射激光光束，然后收集反射回来的光束并与发射的光束比较，处理后得到二维或三维的点云数据，采用这项技术，可以准确地获取周围物理空间的环境信息，测距精度可达厘米级。因此，激光雷达广泛应用于汽车自动驾驶、移动机器人定位导航等领域。

市面上的激光雷达产品主要分为三角测距激光雷达和 TOF（飞行时间）激光雷达两种，三角法的原理并不复杂，由激光器发射的激光在遇到障碍物后反射，并由线性电荷耦合器件（CCD）接收。激光发射器和接收器之间存在一定的距离，由于光线是直线传播，因此不同距离的物体在 CCD 上的成像位置有所差异。运用平面几何中的三角公式，就能计算出被测物体的距离。目前，国内主流的三角测距激光雷达为 360°旋转测距，扫描频率为 5～15Hz，测量频率在 8000 次/秒左右，可以生成范围在 10～25m 障碍物的二维点云图，测量精度一般在 1%左右。图 2.18 为 SLAMTEC 公司生产的 PRLIDAR A3 激光雷达。

相比三角测距激光雷达，TOF 激光雷达的原理更加简单，激光器发射一个激光脉冲，并由计时器记录发射的时间，激光遇到障碍物反射后经接收器接收，此时计时器记录返回的时间。两个时间相减即得到光的"飞行时间"，结合光的速度很容易计算出障碍物的距离。TOF 激光雷达虽然原理简单，但是实现过程中有很多难点需要克服。首要困难是光的飞行速度太快，这就要求计时器的分辨率非常高。其次，对发射激光的质量与接收器端信号的处理方法也有较高的要求。国内销售的 TOF 激光雷达测量范围一般在 20～40m，测量精度在厘米级，数据采样频率最高可达 100kHz，销售价格较百元级别的三角测距激光雷达要高得多。图 2.19 为 SIMINICS 公司生产的 PAVO 激光雷达。

图 2.18　PRLIDAR A3 激光雷达

图 2.19　PAVO 激光雷达

2.3　机器人通信系统

通信系统可以实现机器人个体内部或者机器人个体之间的协调工作，从形态结构上可以分为有线通信和无线通信两种。

2.3.1　有线通信

有线通信最先被发明，狭义上现代的有线通信是指有线电信，即利用金属导线、光纤等有形介质传送信息的方式。光或电信号可以代表声音、文字、图像等。

串口通信是机器人中使用最广泛的一种有线通信方式，利用串行接口接收来自 CPU 的并行数据字符并将其转换为连续的串行数据流发送出去，同时也可将接收的串行数据流转换为并行的数据字符供给 CPU 的器件。一般将完成这种功能的电路称为串行接口电路。这种串口通信方式的概念非常简单，串口按位（bit）发送和接收字节（Byte）。尽管比按字节的并行通信慢，但是串口可以在使用一根线发送数据的同时用另一根线接收数据。它很简单并且能够实现远距离通信。比如，IEEE 488 定义并行通信状态时，规定设备线总长不得超过 20m，并且任意两个设备间的长度不得超过 2m；而对于串口而言，长度可达 1200m。典型地，串口用于 ASCII 码字符的传输。串口通信使用 3 根线完成，分别是数据地址线、数据发送、数据接收。由于串口通信是异步的，因此端口能够在一根线上发送数据的同时在另一根线上接收数据。串口通信最重要的参数是波特率、数据位、停止位和奇偶校验。对于两个进行通信的端口，这些参数必须匹配。

PC 上最常见的串行通信协议是 RS-232 串行协议，可用于许多用途，如连接鼠标、打印机或者调制解调器，同时也可以接工业仪器仪表。而各种微控制器（单片机）上采用的是 TTL 串行协议，两者电平不同，需要经过相应电平转换才能相互通信。图 2.20 为 Arduino Uno R3 开发板，硬件串口引脚为 RX(0)和 TX(1)，Arduino 的 USB 口通过转换芯片与串口引脚相连，该转换芯片会通过 USB 接口在 PC 上虚拟出一个用于 Arduino 通信的串口，单片机下载程序也是通过串口进行的。

如果想自己制作一个机器人系统，单片机通常作为下位机，负责底层控制，如读取旋转编码器数据、向电机驱动模块发送 PWM 信号等。图像处理、路径规划等复杂的计算则由上位机完成。由于机器人的外形、大小、尺寸受限制，所以不可能将 PC 使用的主板、CPU、内存等硬件植入机器人体内，因此上位机一般选择微型计算机，目前市面上比较流行的是英国慈善组织"Raspberry Pi 基金会"开发的 Raspberry Pi 卡片计算机，中文译名为树莓派。2019 年 6 月发布的最新版本为树莓派 4B，如图 2.21 所示，该卡片计算机搭载 1.5GHz 的 64 位四核处理器，带有 VideoCore V1 GPU 和可供选择的 1GB/2GB/4GB LPDDR4 内存，并配有两个 USB 3.0 接口和两个 USB 2.0 接口。

图 2.20　Arduino Uno R3 开发板

图 2.21　树莓派 4B

如果使用树莓派与 Arduino 进行通信，则有两种连接方式。第一种方式是我们已经讨论过的串口通信方式，只要将树莓派与 Arduino 的串口引脚用杜邦线按照下列方式连接，然后修改树莓派系统的配置文件就可以完成通信。

（1）树莓派的 RX 引脚—Arduino 的 TX 引脚；
（2）树莓派的 TX 引脚—Arduino 的 RX 引脚；
（3）树莓派的 GND 引脚—Arduino 的 GND 引脚。

第二种方法更简单，直接用 USB 线连接就能实现通信。具体实现过程这里不详细介绍，读者可自行查找相关资料。

2.3.2　无线通信

无线通信是指多个节点之间不需要通过导体或缆线连接而进行的远距离传输通信，目前机器人常用的无线通信技术主要有 ZigBee、WiFi、蓝牙和 2.4GHz 无线数传这几种。

ZigBee 无线通信技术是基于蜜蜂相互联系的方式而研发生成的一项应用于互联网通信的网络技术，由 IEEE 802.15 工作组提出，并由其 TG4 工作组制定规范。相较于传统网络通信技术，ZigBee 无线通信技术表现出更为高效、便捷的特征。作为一项近距离、低成本、低功耗的无线网络技术，ZigBee 无线通信技术适用于数据流量偏小的任务，它具有以下特点。

（1）低功耗。在低耗电待机模式下，2 节 5 号干电池可支持一个节点工作 6～24 个月，这是 ZigBee 最突出的优势。

（2）低成本。通过大幅简化协议和降低对通信控制器的要求，以 8051 的 8 位微控制器推算，全功能的主节点需要 32KB 代码，子功能节点至少需要 4KB 代码，而且 ZigBee 免协议专利费，每块芯片的价格大约为 2 美元。

（3）低速率。ZigBee 工作在 20～250kbit/s 的速率，分别提供 250kbit/s(2.4GHz)、40kbit/s(915 MHz)和 20kbit/s(868 MHz)的原始数据吞吐率，满足低速率传输数据的应用需求。

（4）近距离。相邻节点间的传输距离一般在 10～100m，在增加发射功率后可增加到 1～3km。如果通过路由和节点间通信组成网络，传输距离可以更远。

（5）短时延。ZigBee 具有较快的响应速度，一般从睡眠转入工作状态只需 15ms，节点连接进入网络只需 30ms，进一步节省了电能。

（6）高容量。ZigBee 可采用星状、片状和网状网络结构，由一个主节点管理若干子节点，一个主节点最多可管理 254 个子节点；同时，主节点还可由上一层网络节点管理，最多可组成 65000 个节点的大型网络。

（7）高安全。ZigBee 提供了三级安全模式，包括安全设定、使用访问控制清单防止非法获取数据和采用高级加密标准的对称密码。

（8）免执照频段。ZigBee 使用工业、科学、医疗（ISM）频段，如 915MHz（美国）、868MHz（欧洲）和 2.4GHz（全球）。

目前市面上很多厂商生产的 ZigBee 模块都使用美国德州仪器（TI）公司出品的 CC2530 射频芯片（见图 2.22），该芯片内部集成了增强型 8051 单片机及无线收发器，有 F32/F64/F128/F256 四种版本，分别具有 32KB/64KB/128KB/256KB 的闪存。CC2530 具有不同的运行模式，使得它尤其适应超低功耗要求的系统，提供了一个强大且完整的 ZigBee 解决方案。

图 2.22　CC2530 射频芯片

WiFi 是一个创建于 IEEE 802.11 标准的无线局域网技术，英文全称为 wireless fidelity，中文意思是无线保真，在无线局域网的范畴是指"无线相容性认证"，实质上是一种商业认证，同时也是一种无线联网的技术。WiFi 使用的频段为 2.4GHz，其最大优点是传输速度较快，一般可达 150Mbit/s。此外，WiFi 的可靠性较高，与有线以太网整合十分方便，组网成本较低，因此在民用领域用途广泛，手机、平板电脑、PC 等都支持 WiFi 功能。目前，全球 WiFi 芯片主要生产商有博通（Broadcom）、英特尔（Lantiq）、高通（Qualcomm）、美满（Marvell）和宽腾达（Quantenna），我国的 WiFi 模块生产商有华为、锐捷、联发科等，一般的 WiFi 模块都可以通过串口与单片机相连。

蓝牙是世界著名的 5 家大公司——爱立信（Ericsson）、诺基亚（Nokia）、东芝（Toshiba）、国际商用机器公司（IBM）和英特尔（Intel）于 1998 年 5 月联合宣布的一种无线通信技术，主要适用于短距离通信，能够在包括移动电话、PDA、无线耳机、笔记本电脑、相关外设等众多设备之间进行无线信息交换，有效地简化了移动通信终端设备之间的通信。蓝牙在全球通用的 2.4GHz ISM（即工业、科学、医学）频段工作，使用 IEEE 802.11 协议。蓝牙设备的最大发射功率分为 100mW、2.5mW 和 1mW 三种，传输距离为 0.1～10m。当两个设备通过蓝牙连接时，一个设备作为主机，另一个设备作为从机。例如，手机与蓝牙音箱配对时，手机作为主机，音箱则作为从机。蓝牙芯片的生产商有英国 CSR（2014 年被高通收购）、美国 TI、中国台湾瑞昱等。蓝牙模块和 WiFi 模块一样，都带有串口引脚，可以与单片机相连。

前面介绍的 Zigbee、WiFi 和蓝牙通信技术具有各自的优点，但是，如果只需要点对点的控制，使用这三种方式就显得大材小用，在这种情况下可以选择不带任何网络协议的普通 2.4GHz 无线数传方式，目前广泛用于遥控玩具领域的是基于 nRF24L01 芯片的模块，该芯片的生产商是挪威公司 Nordic，其引脚分布如图 2.23 所示。nRF24L01 芯片引脚说明见表 2.4。

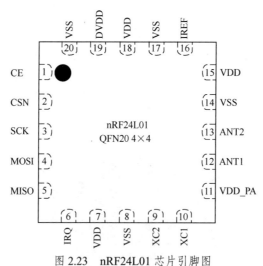

图 2.23　nRF24L01 芯片引脚图

表 2.4　nRF24L01 芯片引脚说明

引脚	定义	说明
1. CE	数字引脚输入	使芯片进入接收或发送模式
2. CSN	数字引脚输入	片选信号
3. SCK	数字引脚输入	时钟信号
4. MOSI	数字引脚输入	从机数据输入
5. MISO	数字引脚输出	从机数据输出
6. IRQ	数字引脚输出	中断引脚，低电平触发
7. VDD	供电	直流电源正极，1.9～3.6V

引脚	定义	说明
8. VSS	供电	接地，0V
9. XC2	模拟输出	晶体振荡器 2 脚
10. XC1	模拟输入	晶体振荡器 1 脚/外部时钟输入脚
11. VDD_PA	电源输出	给 RF 的功率放大器提供的+1.8V 电源
12. ANT1	天线	天线接口 1
13. ANT2	天线	天线接口 2
14. VSS	电源	接地，0V
15. VDD	电源	直流电源正极，1.9～3.6V
16. IREF	模拟输入	参考电流
17. VSS	电源	接地，0V
18. VDD	电源	直流电源正极，1.9～3.6V
19. DVDD	电源输出	去耦电路电源正极端
20. VSS	电源	接地，0V

2.4 机器人操作系统

所谓操作系统，一般指管理计算机软硬件资源的程序，需要进行处理系统资源配置、控制输入输出设备、存储或删除文件等工作，同时还会提供一个让用户与系统交互的界面，常见的操作系统如 Windows、Mac OS 及 Linux 等。如果管理对象发生改变，是否存在一种专为机器人量身定做的操作系统，下面将揭晓答案。

2.4.1 ROS 基础

开发机器人是一个复杂的系统工程，需要完成机械结构设计、电路设计、硬件驱动编写、设计通信方式、组装调试、设计控制算法等工作。随着机器人产业分工开始走向细致化、多层次化，如今的电机、底盘、激光雷达、摄像头、机械臂等元器件都有不同厂家专门生产。社会分工加速了机器人行业的发展，而各个部件的集成需要一个统一的操作系统，于是 ROS 应运而生。ROS 是机器人操作系统（robot operating system）的英文缩写，由斯坦福大学人工智能实验室（Stanford artificial intelligence laboratory）于 2007 年开发，2008年后，在 Willow Garage 公司的支持下与超过 20 多家研究机构联合开发。

ROS 是一个适用于机器人的开源操作系统，它提供了操作系统应有的服务，包括硬件抽象、底层设备控制、常用函数的实现、进程间消息传递及包管理。它也提供了用于获取、编译、编写及跨计算机运行代码所需的工具和库函数。

ROS 的主要目标是为机器人研究和开发提供代码复用的支持。ROS 是一个分布式的进程（也就是节点）框架，这些进程被封装在易于被分享和发布的程序包和功能包中。ROS也支持一种类似于代码存储库的联合系统，这个系统可以实现工程的协作及发布。这个设计可以使一个工程的开发和实现从文件系统到用户接口完全独立决策（不受 ROS 限制）。同时，所有工程都可以被 ROS 的基础工具整合在一起。

ROS 发行版本（ROS distribution）指 ROS 软件包的版本，其与 Linux 发行版本的概念类似。推出 ROS 发行版本的目的在于使开发人员可以使用相对稳定的代码库，直到其准备好将所有内容进行版本升级为止。因此，每个发行版本推出后，ROS 开发者通常仅对这一版本的 bug 进行修复，同时提供少量针对核心软件包的改进。截至 2019 年 10 月，ROS 已发行 12 个版本，2014—2018 年主要的版本名称、发布日期与生命周期见表 2.5。

表 2.5　ROS 系统的主要版本

版本名称	发布日期	生命周期	操作系统平台
ROS Melodic	2018 年 5 月	2023 年 5 月	Ubuntu 17.10, Ubuntu 18.04, Debian 9, Windows 10
ROS Lunar	2017 年 5 月	2019 年 5 月	Ubuntu 16.04, Ubuntu 16.10, Ubuntu 17.04, Debian 9
ROS Kinetic	2016 年 5 月	2021 年 4 月	Ubuntu 15.10, Ubuntu 16.04, Debian 8
ROS Jade	2015 年 5 月	2017 年 5 月	Ubuntu 14.04, Ubuntu 14.10, Ubuntu 15.04
ROS Indigo	2014 年 7 月	2019 年 4 月	Ubuntu 13.04, Ubuntu 14.04

　　ROS 的官方网页如图 2.24 所示，主页上直接有 Melodic 和 Kinetic 版本的下载按钮，也可以在菜单栏中选择"Getting Started"中的"Install"来选择其他版本下载。下面简单介绍一下在 Ubuntu 16.04 系统下 Kinetic 版本的安装步骤，读者也可以在百度中直接搜索"ROS Wiki"获取官方安装说明的链接地址。

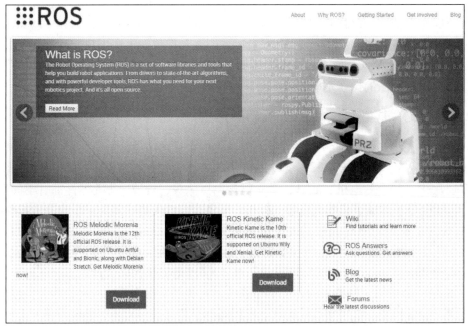

图 2.24　ROS 的官方网页

　　首先自行安装 Ubuntu 16.04 系统，作为全球范围内最流行的 Linux 开源系统，Ubuntu 为用户提供了功能丰富的桌面应用环境。镜像文件可以在其中文官方网站免费下载，安装完毕后，进入系统界面，如图 2.25 所示。在使用之前需要检查软件库配置，单击左方的"System Settings"按钮，打开"Software & Updates"，确保"Community maintained free and open source software（universe）""Proprietary drivers for devices（restricted）"和"Software restricted by copyright or legal issues（multiverse）"选项已被勾选，如图 2.26 所示。

图 2.25　Ubuntu 16.04 系统界面

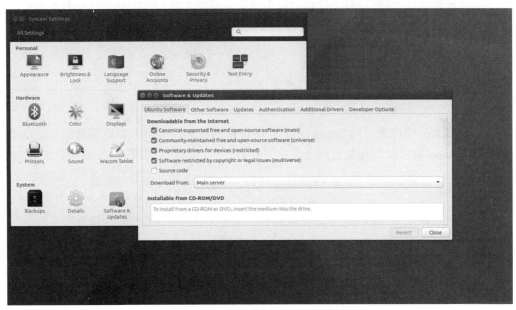

图 2.26　Software & Updates 界面

　　在桌面上右击，在快捷菜单中选择 "Open Terminal" 命令打开一个终端，所有 ROS 的安装步骤都依靠在终端内的符号 "$" 后输入代码指令完成。

　　首先，安装软件库：

```
sudo sh -c 'echo "deb http://packages.ros.org/ros/ubuntu $(lsb_release -sc) main"
> /etc/apt/sources.list.d/ros-latest.list'
```

　　然后设置密钥，目的是确认原始的代码没有在未经所有者授权的情况下被修改过：

```
sudo apt-key adv --keyserver 'hkp://keyserver.ubuntu.com:80' --recv-key
C1CF6E31E6BADE8868B172B4F42ED6FBAB17C654
```

在准备安装 ROS 前，需要升级软件，避免出现库版本和软件版本的错误，命令如下：

```
sudo apt-get update
```

下面介绍最简单的 ROS 安装方式，即桌面完整安装（desktop-full），安装内容包括 ROS、rqt 工具箱、rviz 可视化环境、机器人通用库（robot-generic libraries）、二维/三维仿真器（2D/3D simulators）、导航包（navigation）和二维/三维感知库（2D/3D perception）。输入下列命令后，ROS 会自行安装：

```
sudo apt-get install ros-kinetic-desktop-full
```

安装完成后，第一次启动前，需要对 rosdep 进行初始化和升级，这样可以解决系统依赖的一些问题：

```
sudo rosdep init
rosdep update
```

为了让 ROS 正常运行，系统需要知道可执行文件，以及其他命令的位置，可以运用"source"命令调用脚本直接配置环境，但是每次打开新的终端窗口，必须重新再次执行脚本配置全局变量和 ROS 安装路径，这样显得很麻烦。解决方法是：在.bashrc 文件的最后添加脚本，每次打开终端窗口，这个文件会自动加载命令行或终端配置。用以下命令添加脚本：

```
echo "source /opt/ros/kinetic/setup.bash" >> ~/.bashrc
```

然后让配置生效：

```
source ~/.bashrc
```

最后，安装一个命令工具 rosinstall，它可以帮助我们用一条命令安装其他包。这个工具是基于 Python 的，所以其安装命令为：

```
sudo apt install python-rosinstall python-rosinstall-generator python-wstool
build-essential
```

这一步之后整个 ROS 就全部安装完成了。这里介绍一下 ROS 的卸载方法，只使用下列一条命令就可以完成卸载：

```
sudo apt-get remove ros-kinetic-*
```

2.4.2　ROS 应用

下面讨论 ROS 的一些简单应用。首先介绍如何创建工作空间。所谓工作空间，就是一个文件夹，里面包含功能包、可编辑源文件和编译包。

```
mkdir -p ~/catkin_ws/src
cd ~/catkin_ws/src
```

可以发现，home 目录下多了一个名为"catkin_ws"的文件夹，虽然其中只有一个文件夹"src"，该文件夹中没有任何软件包，但是依然可以编译它：

```
cd ~/catkin_ws/
catkin_make
```

"catkin_make"命令在 catkin 工作空间中是一个非常方便的工具。现在可以发现多了两个文件夹，分别是"build"和"devel"。在"devel"文件夹里可以看到几个 setup.sh 文件。source 这些文件中的任何一个都可以将当前工作空间设置在 ROS 工作环境的最顶层。

接下来介绍如何使用 ROS 节点。节点就是 ROS 程序包中的一个可执行文件。节点可以使用 ROS 客户库与其他节点通信，可以发布或接收一个话题，也可以提供或使用某种服务。为了学习节点的知识，我们使用 ROS 中最简单的一个功能包"turtlesim"。

首先，在终端窗口中输入：

```
roscore
```

这是运行所有 ROS 程序前首先要运行的命令，然后窗口中会显示相关运行的信息，以

```
started core service [/rosout]
```

结束。此时打开一个新的终端窗口，输入命令：

```
rosnode list
```

显示

```
/rosout
```

这表示当前只有一个名为"rosout"的节点在运行，因为这个节点用于收集和记录节点调试输出信息，所以它总是在运行的。

下面要运行名为"turtlesim_node"的节点，需要用到"rosrun"命令，格式为：

```
rosrun [package_name] [node_name]
```

于是输入如下命令：

```
rosrun turtlesim turtlesim_node
```

弹出一个小窗口，窗口中间有一只小海龟，如图 2.27 所示。

图 2.27　turtlesim 窗口

此时打开一个新的终端，输入如下命令：

```
rosnode list
```

我们会看到：

```
/rosout
/turtlesim
```

这表明一个名为"turtlesim"的节点已经在运行。打开一个新的终端，输入如下命令：

```
rosrun turtlesim turtle_teleop_key
```

这里通过节点订阅的主题，按键盘的"←↑→↓"键，可以控制小海龟在窗口中移动，如图 2.28 所示。

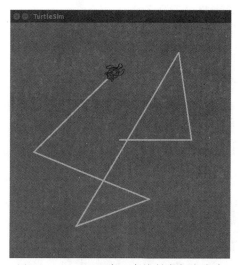

图 2.28　turtlesim 窗口中控制海龟的移动

rviz 是 ROS 中的图形化工具，下面介绍如何基于 turtlesim 的例子，用这个工具显示三维空间的坐标变化。首先，输入下列命令运行一个 launch 文件：

```
roslaunch turtle_tf turtle_tf_demo.launch
```

这是一个在 rqt_rviz 里展示 TF 可视化的示例，可以看到图 2.29 所示的窗口，里面有位置重叠的两只小海龟，按键盘的"←↑→↓"键可以控制其中一只小海龟移动，而另一只小海龟跟随移动。那么，如何在 rviz 中查看这两只海龟的坐标系？可以通过输入以下命令打开图形化操作界面：

```
rosrun rqt_rviz rqt_rviz
```

单击"Add"按钮添加"TF"树，在"Fixed Frame"选项里可以选择"turtle1"或者"turtle2"，即选择"海龟 1"或"海龟 2"的坐标系作为固定坐标系。此时回到启动 launch 文件的那个窗口，按"←↑→↓"键，可以看到图形界面地图中的坐标系运动，如图 2.30 所示。

通过以上简单的介绍，相信读者对 ROS 系统已经有了初步的了解，有兴趣的读者可以查阅相关书籍或购买学习套件，进一步了解 ROS 的强大功能。

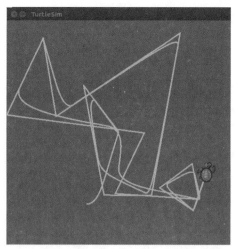

图 2.29　turtlesim 窗口中控制两只海龟的移动

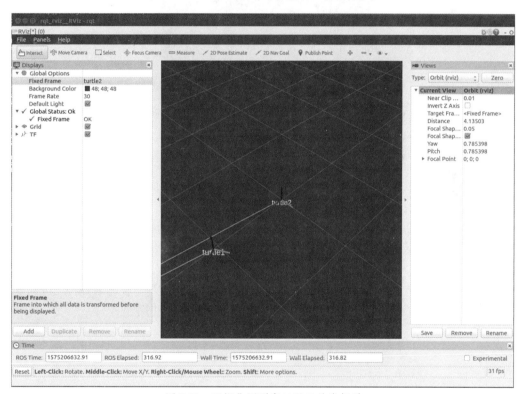

图 2.30　可视化图形窗口显示的坐标系

2.5　本章小结

本章介绍了机器人的数学基础，包括空间任意点在坐标系中的表示、二维与三维位姿、坐标系的旋转与平移，以及齐次变换矩阵的构建，为机器人运动学、动力学、控制建模提供了数学工具，同时列举了机器人系统中常用的传感器，讨论了机器人系统的通信方式，介绍了机器人开源系统 ROS 的安装方法及入门操作方法，使读者掌握机器人系统的数学理论和实际应用方面的知识，为后续章节内容的学习奠定基础。

2.6 习题

1. 设 $^Bp = \begin{bmatrix} 1 & 2 & 3 \end{bmatrix}^T$ 为向量 p 在坐标系 $\{B\}$ 中的表示，^A_BT 是齐次转换矩阵。

$$^A_BT = \begin{bmatrix} 0.866 & -0.5 & 0 & 11 \\ 0.5 & 0.866 & 0 & -3 \\ 0 & 0 & 1 & 9 \\ 0 & 0 & 0 & 1 \end{bmatrix}$$

试求向量 p 在坐标系 $\{A\}$ 中的表示 ^Ap，并说明坐标系 $\{A\}$ 经过何种运动能够变化为坐标系 $\{B\}$。

2. 分别以坐标系的 X 轴、Y 轴、Z 轴为旋转轴，设旋转角度为 θ，求对应的旋转矩阵。

3. 设三维坐标系下的旋转矩阵为 ^E_BR，试证明 $^E_BR = \left(^B_ER\right)^{-1} = \left(^B_ER\right)^T$。

4. 三维坐标系先以 Z 轴为转轴转动 $\frac{\pi}{4}$，再以 X 轴为转轴转动 $\frac{\pi}{6}$，最后以 Y 轴为转轴转动 $\frac{\pi}{3}$，求该齐次坐标转换矩阵。如果各轴的旋转角度不变，则旋转顺序为先 Y 轴，再 X 轴，最后 Z 轴，所得的齐次坐标转换矩阵是否一样？

5. 一台四旋翼飞行器，一般配备哪些内部传感器和外部传感器？它们分别有何种用途？

6. 简述增量式光电编码器的工作原理。

7. 根据安装位置及检测对象的不同，机器人传感器可分为哪两类？

8. MPU-6050 模块是否能用来测量偏航角、滚转角和俯仰角？如果可以，其中准确度最差的是哪个角？

9. 市面上的激光雷达产品主要分为哪两种？家用扫地机器人一般选用哪种激光雷达？

10. 机器人操作系统（ROS）需要在何种操作系统平台上使用？

第**3**章 | 机器人定位与导航

机器人的定位与导航是两个互相联系的问题。简单地说，机器人确定自己实际位置的过程，称为定位。而机器人被引导移动到指定位置的策略称为导航。本章将详细介绍机器人在移动过程中的位置计算、地图构建及导航方法。

本章学习目标

（1）了解两轮驱动小车的运动学模型；
（2）掌握航迹推算及位姿估计的具体方法；
（3）掌握定位与建图的基础理论；
（4）了解反应式导航和基于地图导航的区别。

3.1 机器人定位技术

目前世界范围内最常用的室外定位系统是全球定位系统（global positioning system，GPS），它依靠 24 颗卫星提供高精度无线电信号，它能在全球任何地方提供准确的地理位置。GPS 自问世以来，就以其全天候、全球覆盖、方便灵活吸引了众多用户，但是在室内、隧道、水下等无线电信号无法到达的环境，GPS 无法提供稳定的服务。下面介绍一种经典的定位方法——航迹推算。

3.1.1 航迹推算

航迹推算（dead reckoning）是基于机器人当前的位姿，利用预测速度、移动方向、运行时间等信息对下一时刻位姿进行估算的方法。想要实现航迹推算，第一步需要构建机器人在移动过程中的数学模型。图 3.1 为常见的两轮驱动小车俯视结构，驱动轮外半径为 r，由两个独立的电机驱动，两轮间轴长度为 L，设轴中心 P_c 与该小车的质心在地面的投影重合，前后配有两个支撑作用的万向轮保持车身平衡。图 3.1 中，全局坐标系为 xOy，小车的前进方向与 x 轴正方向的夹角为 θ，小车实时位置可由点 P_c 在坐标系中的位置表示，设列向量 $q = \begin{bmatrix} x & y & \theta \end{bmatrix}^{\mathrm{T}}$。$v$ 为小车前进方向的线速度，可根据左右驱动轮线速度 v_l、v_r 计算得到：

$$v = \frac{v_l + v_r}{2} \tag{3.1}$$

这里的线速度 v_1、v_r 可以通过安装在驱动电机轴上的光电编码器测量得到。图 3.1 中，ω 为偏离 x 轴正方向的角速度，可根据下面的式子计算得出：

$$\omega = \frac{v_r - v_1}{L} \tag{3.2}$$

也可以通过陀螺仪测量获得，由于实际情况下驱动轮和地面会产生一定的滑动，所以一般偏向于陀螺仪的测量值，或将两种数据互相融合后使用。

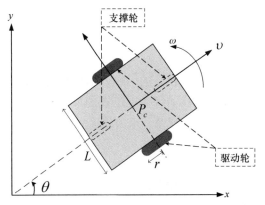

图 3.1　轮式移动机器人示意图

该系统的运动学模型可表示为：

$$\dot{\boldsymbol{q}} = \begin{bmatrix} \cos\theta & 0 \\ \sin\theta & 0 \\ 0 & 1 \end{bmatrix} \begin{bmatrix} v \\ \omega \end{bmatrix} \tag{3.3}$$

这里，"运动学"三个字表示该模型只描述机器人的运动速度，而不涉及引发运动的力与力矩。这里还可以写出另一个表达式 $\dot{y}\cos\theta - \dot{x}\sin\theta = 0$，其称为非完整约束，表明小车在与 v 方向垂直的方向上是不能产生移动的。显然，式（3.3）为连续时间模型，如果选取一个很小的时间间隔 T_s 作为采样周期，k 表示当前时刻，$k+1$ 表示下一时刻，将式（3.3）简单离散化后可以得到：

$$\boldsymbol{q}_{k+1} = \boldsymbol{q}_k + \begin{bmatrix} \cos\theta_k & 0 \\ \sin\theta_k & 0 \\ 0 & 1 \end{bmatrix} \Delta_k \tag{3.4}$$

其中 $\Delta_k = \begin{bmatrix} \Delta d_k & \Delta\theta_k \end{bmatrix}^{\mathrm{T}}$ 可以看作里程计的测量值，$\Delta d_k = T_s v_k$ 和 $\Delta\theta_k = T_s \omega_k$ 分别为一个采样周期内机器人前进的距离和角度的变化量。通过式（3.4），只要知道机器人的初始位置信息，结合光电编码器、电子罗盘、陀螺仪等传感器的测量数据，就可以计算出机器人的实时位置信息。需要注意的是，该方法的准确度会随着时间的推移变得越来越差，原因是多种误差的存在，如驱动轮半径不准、行驶过程中的轮胎打滑、陀螺仪数据的漂移、电子罗盘受到电磁干扰等。

除了式（3.4）所示的运动学模型，也可以给出机器人位姿的离散时间模型。设机器人在 k 时刻的初始位姿为：

$$\xi_k : \begin{bmatrix} \cos\theta_k & -\sin\theta_k & x_k \\ \sin\theta_k & \cos\theta_k & y_k \\ 0 & 0 & 1 \end{bmatrix} \quad (3.5)$$

因为采样周期 T_s 很小，所以在这段时间内位姿的变化可以看作先平移了 Δd，然后旋转了 $\Delta\theta$，于是得到：

$$\xi_{k+1} : \begin{bmatrix} \cos\theta_k & -\sin\theta_k & x_k \\ \sin\theta_k & \cos\theta_k & y_k \\ 0 & 0 & 1 \end{bmatrix} \begin{bmatrix} 1 & 0 & \Delta d_k \\ 0 & 1 & 0 \\ 0 & 0 & 1 \end{bmatrix} \begin{bmatrix} \cos(\Delta\theta_k) & -\sin(\Delta\theta_k) & 0 \\ \sin(\Delta\theta_k) & \cos(\Delta\theta_k) & 0 \\ 0 & 0 & 1 \end{bmatrix}$$

$$= \begin{bmatrix} \cos(\theta_k+\Delta\theta_k) & -\sin(\theta_k+\Delta\theta_k) & x_k+\Delta d_k\cos(\Delta\theta_k) \\ \sin(\theta_k+\Delta\theta_k) & \cos(\theta_k+\Delta\theta_k) & y_k+\Delta d_k\sin(\Delta\theta_k) \\ 0 & 0 & 1 \end{bmatrix} \quad (3.6)$$

3.1.2 位姿估计

3.1.1 小节已经提到由于里程计存在误差，因此利用式（3.4）进行航迹推算得到的实时位置是不准确的。幸运的是，我们可以利用估算的方法尽可能地改善计算结果，这里介绍一下卡尔曼滤波（Kalman filter）。在式（3.4）中增加里程计的随机测量噪声 $\boldsymbol{w}=\begin{bmatrix} w_d & w_\theta \end{bmatrix}^{\mathrm{T}}$，可以得到非线性模型 $\boldsymbol{q}_{k+1}=f(\boldsymbol{q}_k,\Delta_k,\boldsymbol{w})$，其中：

$$f(\boldsymbol{q}_k,\Delta_k,\boldsymbol{w})=\begin{bmatrix} x_k+(\Delta d_k+w_d)\cos\theta_k \\ y_k+(\Delta d_k+w_d)\sin\theta_k \\ \theta_k+(\Delta\theta_k+w_\theta) \end{bmatrix} \quad (3.7)$$

这里将里程计的噪声建模为 $\boldsymbol{w}=\begin{bmatrix} w_d & w_\theta \end{bmatrix}^{\mathrm{T}} \sim N(0,\boldsymbol{W})$，即均值为零的高斯随机变量，协方差矩阵 $\boldsymbol{W}$ 定义为

$$\boldsymbol{W}=\begin{bmatrix} \sigma_d^2 & 0 \\ 0 & \sigma_\theta^2 \end{bmatrix} \quad (3.8)$$

这是一个对角矩阵，表明前进距离与角度变化这两个误差之间是互相独立的。

下面详细讲解如何利用卡尔曼滤波得到最优的估算值。由于式（3.7）所示的系统模型为非线性，因此首先需要做一个局部线性近似：

$$\boldsymbol{q}_{k+1}=f(\boldsymbol{q}_{k|k},\Delta_k,0)+\boldsymbol{F}_q(\boldsymbol{q}_k-\boldsymbol{q}_{k|k})+\boldsymbol{F}_w\boldsymbol{w}_k \quad (3.9)$$

式（3.9）中，$\boldsymbol{q}_{k|k}$ 是当前时刻的最优估计值，$\boldsymbol{F}_q=\partial f/\partial\boldsymbol{q}$ 和 $\boldsymbol{F}_w=\partial f/\partial\boldsymbol{w}$ 为雅可比矩阵，在每一个迭代过程中被重新赋值。

定义一个预测误差：

$$\tilde{\boldsymbol{q}}_{k+1|k}=\boldsymbol{q}_{k+1}-\boldsymbol{q}_{k+1|k}=\boldsymbol{q}_{k+1}-f(\boldsymbol{q}_{k|k},\Delta_k,0) \quad (3.10)$$

可以得到：

$$\tilde{\boldsymbol{q}}_{k+1|k}=\boldsymbol{F}_q(\boldsymbol{q}_k-\boldsymbol{q}_{k|k})+\boldsymbol{F}_w\boldsymbol{w}_k=\boldsymbol{F}_q\boldsymbol{e}_{k|k}+\boldsymbol{F}_w\boldsymbol{w}_k \quad (3.11)$$

这是一个线性模型，下标"$k+1|k$"表示该变量是基于"k"时刻信息对"$k+1$"时刻的预测值。参照卡尔曼滤波的方程可以得到以下的预测方程：

$$q_{k+1|k} = f\left(q_{k|k}, \Delta_k, 0\right)$$
$$P_{k+1|k} = F_q P_{k|k} F_q^{\mathrm{T}} + F_w W F_w^{\mathrm{T}} \qquad (3.12)$$

这种方法称为扩展卡尔曼滤波（extended Kalman filter，EKF），具体推导过程这里不做展开介绍，值得注意的是，式（3.12）与标准线性卡尔曼滤波两个预测方程在形式上有所不同。首先，对于状态向量 q 的预测，仍然基于非线性模型式（3.7），因为当前时刻的噪声无法得知，所以假设 w 等于其均值 0。其次，协方差矩阵 P 的预测方程中 W 左右增加了雅可比矩阵 F_w 和 F_w^{T}。在这个航迹推算的例子中，目前我们只得到式（3.12）所示的两个预测方程，因为没有外部传感器对机器人的位姿进行测量，所以无法对预测状态 $q_{k+1|k}$ 进行修正，从而得到最优化的估计值。协方差矩阵 P 代表机器人预测位姿的不确定性，由于 $F_w W F_w^{\mathrm{T}}$ 这部分是正定的，这就表明不确定性 P 会不断增大。

3.2 机器人学中的地图

如果想解决航迹推算过程中位姿不确定性发散增长的问题，最有效的方法是观察周围环境中具有固定位置的特征物体，利用这些物体的信息对航迹推算结果进行修正，这就是通常所说的引入路标的概念。举一个很简单的例子，假设某人每走一步能够前进 0.5m，从 A 点运动到 B 点走了 100 步，如果不考虑方向偏移，利用航迹推算应该前进 50m。此时观察到起点 A 正好在 1 号路灯下方，终点 B 正好在 2 号路灯下方，1 号路灯与 2 号路灯的距离间隔为 45m，那么就可以利用路灯的信息（45m）对航迹推算结果（50m）进行修正，得到前进距离的最优化估计。机器人在运动过程中使用的地图，本质上就是包含了大量路标位置信息的数据集。

3.2.1 使用地图

首先假设机器人配置有外部传感器用于检测路标，这里选择 2.2.3 小节中介绍的三角测距激光雷达，那么测量得到的路标相对于机器人的位置信息可以表示为：

$$z_k = h(q_k, q_m, v_k) \qquad (3.13)$$

其中 $q_k \in \mathbf{R}^3$ 是机器人的位置状态向量，$q_m \in \mathbf{R}^2$ 是路标在全局坐标系中的位置信息，v 是传感器的测量误差。注意，q_k 是三维向量，因为该位置向量除了坐标信息 x、y，还包括姿态 θ（角度）信息，而 q_m 仅是地标的位置坐标信息。

下面讨论函数 h 的具体形式，通过激光雷达对路标的测量，得到与机器人之间的距离信息，以及方位信息：

$$z_{k+1} = \begin{bmatrix} \sqrt{\left(x_m - x_{k+1}\right)^2 + \left(y_m - y_{k+1}\right)^2} \\ \arctan \dfrac{y_m - y_{k+1}}{x_m - x_{k+1}} - \theta_{k+1} \end{bmatrix} + \begin{bmatrix} v_r \\ v_\alpha \end{bmatrix} \qquad (3.14)$$

其中 $\boldsymbol{z}_{k+1} = \begin{bmatrix} z_r & z_\alpha \end{bmatrix}^{\mathrm{T}}$ 为系统状态空间模型在 $k+1$ 时刻的输出向量，这里通过外部传感器测量得到，z_r 是路标相对机器人位置的距离，z_α 是相对机器人姿态的方位角。测量噪声向量为 $\boldsymbol{v}_k = \begin{bmatrix} v_r & v_\alpha \end{bmatrix}^{\mathrm{T}}$，满足高速随机分布 $\boldsymbol{v}_k \sim N(0, \boldsymbol{V})$，协方差矩阵 $\boldsymbol{V}$ 为对角矩阵：

$$V = \begin{bmatrix} \sigma_r^2 & 0 \\ 0 & \sigma_\alpha^2 \end{bmatrix} \tag{3.15}$$

表明距离和方位角的测量误差是相互独立的。

容易发现，这里遇到了和之前一样的问题，即式（3.14）为非线性的输出方程，运用和式（3.9）相同的线性化方法可以得到：

$$z_{k+1} = h(\boldsymbol{q}_{k+1|k}, \boldsymbol{q}_m, 0) + \boldsymbol{H}_q(\boldsymbol{q}_{k+1} - \boldsymbol{q}_{k+1|k}) + \boldsymbol{H}_v \boldsymbol{v} \tag{3.16}$$

其中 $\boldsymbol{H}_q = \partial h / \partial \boldsymbol{q}$，$\boldsymbol{H}_v = \partial h / \partial \boldsymbol{v}$ 均为雅可比矩阵：

$$\boldsymbol{H}_q = \begin{bmatrix} -\dfrac{x_m - x_{k+1|k}}{r} & -\dfrac{y_m - y_{k+1|k}}{r} & 0 \\ \dfrac{y_m - y_{k+1|k}}{r^2} & -\dfrac{x_m - x_{k+1|k}}{r^2} & -1 \end{bmatrix}, \quad \boldsymbol{H}_v = \begin{bmatrix} 1 & 0 \\ 0 & 1 \end{bmatrix}, \tag{3.17}$$

$$r = \sqrt{(x_m - x_{k+1|k})^2 + (y_m - y_{k+1|k})^2}$$

定义一个测量误差 $\tilde{\boldsymbol{z}}_{k+1} = z_{k+1} - h(\boldsymbol{q}_{k|k}, \boldsymbol{q}_m, 0) = \boldsymbol{H}_q(\boldsymbol{q}_k - \boldsymbol{q}_{k|k}) + \boldsymbol{H}_v \boldsymbol{v}$，其代表传感器实际测量值与传感器预测值之间的差。卡尔曼滤波正是利用这个向量修正预测状态 $\boldsymbol{q}_{k+1|k}$ 与状态不确定性矩阵 $\boldsymbol{P}_{k+1|k}$，这里还需要定义一个卡尔曼增益矩阵 $\boldsymbol{K}_{k+1}$：

$$\boldsymbol{K}_{k+1} = \boldsymbol{P}_{k+1|k} \boldsymbol{H}_q^{\mathrm{T}} (\boldsymbol{H}_q \boldsymbol{P}_{k+1|k} \boldsymbol{H}_q^{\mathrm{T}} + \boldsymbol{H}_v \boldsymbol{V} \boldsymbol{H}_v^{\mathrm{T}})^{-1} \tag{3.18}$$

现在可以修正预测方程（3.12）得到最优化估算值：

$$\begin{aligned} \boldsymbol{q}_{k+1|k+1} &= \boldsymbol{q}_{k+1|k} + \boldsymbol{K}_{k+1} \tilde{\boldsymbol{z}}_{k+1} \\ \boldsymbol{P}_{k+1|k+1} &= \boldsymbol{P}_{k+1|k} - \boldsymbol{K}_{k+1} \boldsymbol{H}_q \boldsymbol{P}_{k+1|k} \end{aligned} \tag{3.19}$$

从式（3.19）的第二个式子可以看出，因为减号的关系，协方差矩阵更新之后是有可能减小的，这就意味着，状态量的不确定性也会变小，表明利用地标测量值对航迹推算预测状态的修正是必要的。在下面例子中，我们将通过仿真程序讲解扩展卡尔曼滤波的具体应用。

首先假设机器人的最大线速度为 0.5m/s，最大角速度为 0.5rad/s，即在每个采样周期（0.1s）内最远前进 0.05m，航向角最多改变约 28.66°。里程计噪声设定为 $\sigma_d = 0.02\,\mathrm{m}$，$\sigma_\theta = 0.5°$，得到式（3.8）中的协方差矩阵 $\boldsymbol{W}$：

```
>> sigma_d=0.02; sigma_theta=0.5*pi/180;
>> W=diag([sigma_d sigma_theta].^2);
```

状态向量的预测方程式（3.7）可以使用下面的函数实现：

```
>> function [ state_next ] = state_step( state_k, delta_v, delta_theta)
>>     state_next=zeros(3,1);
>>     state_next(1)=state_k(1)+delta_v*cos(state_k(3));
>>     state_next(2)=state_k(2)+delta_v*sin(state_k(3));
```

```
>>         state_next(3)=state_k(3)+delta_theta;
>> end
```

输入 state_k、delta_v 和 delta_theta 分别为 q_k、Δd_k 和 $\Delta \theta_k$，该函数有以下 3 种用途：①在只有里程计的情况下，估计每一个采样时刻的状态向量；②模拟机器人的真实状态，此时里程计值可以设置为 delta_v(k)+normrnd(0,sigma_d)，delta_theta(k)+normrnd(0,sigma_theta)，即加上满足正态分布的随机噪声；③基于当前时刻的最优估计值，预测下一时刻的状态向量并等待优化修正。

式（3.12）中的预测协方差矩阵 P 由以下函数得到：

```
>> function [ P_next ] = P_step( P_k, delat_v, state_3,W )
>>         F_q=[1  0  -delat_v*sin(state_3);
>>              0  1  delat_v*cos(state_3);
>>              0  0  1                   ];
>>         F_w=[cos(state_3)    0;
>>              sin(state_3)    0;
>>              0               1];
>>         P_next=F_q*P_k*F_q'+F_w*W*F_w';
>> end
```

其中 P_k 是当前时刻协方差矩阵的最优估计，state_3 是当前时刻机器人角度 θ 的最优估计（"_3"表示向量 q 的第 3 个元素）。

接着考虑输出方程中的雅可比矩阵 H_q 和 H_v，设置地标：

```
>> Mark=[2;2];
```

机器人到地标距离的估计值为：

```
>> r_pre=((Mark(1)-state_opt_next(1))^2+(Mark(2)-state_opt_next(2))^2)^0.5;
```

这里的 state_opt_next 是用 state_step()函数预估的状态 $q_{k+1|k}$，于是雅可比矩阵为：

```
>> H_q=[-(Mark(1)-state_opt_next(1))/r_pre  -(Mark(2)-state_opt_next(2))/r_pre  0;
    (Mark(2)-state_opt_next(2))/r_pre^2 -(Mark(1)-state_opt_next(1))/r_pre^ 2-1];
>> H_v=[1 0;0 1];
```

由于没有外部传感器，因此实际测量值可以模拟表示为：

```
>> z_real=[((Mark(1)-state_next_real(1))^2+(Mark(2)-state_next_real(2))^2)^0.5;
           atan2(Mark(2)-state_next_real(2),Mark(1)-state_next_real(1))-state_
           next_real(3)]+[normrnd(0,miu_r);normrnd(0,miu_alfa)];
```

这里的 state_next_real 是通过 state_step()函数模拟得到的机器人真实状态，语句最后加上了满足正态分布的测量噪声。预估的测量值则为：

```
>> z_pre=[r_pre;
        atan2(Mark(2)-state_opt_next(2),Mark(1)-state_opt_next(1))-state_opt_next(3)];
```

于是可以得到卡尔曼增益矩阵：

```
>> K_next=P_opt_next*H_q'/(H_q*P_opt_next*H_q'+H_v*V*H_v');
```

这里的 P_opt_next 是通过 P_step()函数预估的 $P_{k+1|k}$。

最后，完成状态预估 $q_{k+1|k}$ 和协方差矩阵预估 $P_{k+1|k}$ 的优化修正：

```
>> state_next_opt=state_opt_next+K_next*(z_real-z_pre);
>> P_next_opt=P_opt_next-K_next*H_q*P_opt_next;
```

在每个采样周期内，里程计数值设为不超过最大值的随机数，仿真程序运行 200 个周期后，最优估计运动轨迹与模拟真实路径之间的距离与航向角度误差如图 3.2 所示。在相同情况下，仅依靠航迹推算方法得到的仿真结果如图 3.3 所示，可以看到，在没有用扩展卡尔曼滤波的情况下误差明显更大，而且呈现出发散扩大的趋势。在 200 个周期后，协方差矩阵 P 的最优估计值为：

```
>> P_next_opt
P_next_opt =
    0.0077    0.0102    0.0051
    0.0102    0.0152    0.0075
    0.0051    0.0075    0.0038
```

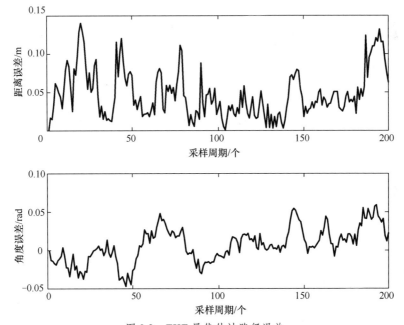

图 3.2　EKF 最优估计路径误差

该矩阵对角元素是状态向量 $q = \begin{bmatrix} x & y & \theta \end{bmatrix}^{\mathrm{T}}$ 中对应元素的估计方差，分别为 $\sigma_x^2 = 0.0077$，$\sigma_y^2 = 0.0152$，$\sigma_\theta^2 = 0.0038$，则概率密度函数的标准差分别如下：

```
>> sqrt(P_next_opt(1,1))
ans =
    0.0876
>> sqrt(P_next_opt(2,2))
ans =
    0.1231
>> sqrt(P_next_opt(3,3))
ans =
    0.0618
```

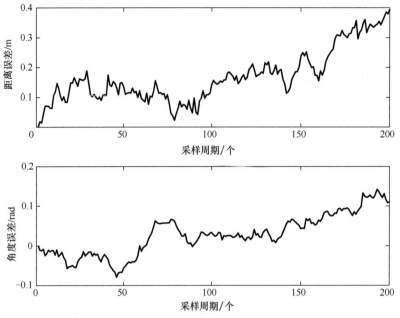

图 3.3　航迹推算方法估计路径误差

以 $\sigma_x = 0.0876$ 为例，说明机器人 x 轴坐标的不确定性有 68.27% 的可能性限制在 $\pm 0.0876\ \text{m}$，有 95.45% 的可能性限制在 $\pm 0.1752\ \text{m}$，有 99.73% 的可能性限制在 $\pm 0.2628\ \text{m}$。没有使用 EKF 而仅依靠里程计估计的情况下：

```
>> P_next
P_next =
    0.0809   -0.0081   -0.0075
   -0.0081    0.1022    0.0332
   -0.0075    0.0332    0.0152
```

可见对应的方差 σ_x^2、σ_y^2 和 σ_θ^2 更大。

除了对角元素，非对角元素表示两个不同变量的相关性。在 P_next_opt 矩阵中，$P(1,2) = P(2,1) = 0.0102$，表明变量 x 和 y 的不确定性是相关的。同理，$P(1,3) = P(3,1) = 0.0051$ 代表 x 和 θ 的相关性，$P(2,3) = P(3,2) = 0.0075$ 代表 y 和 θ 的相关性。

总结以上内容，容易发现 EKF 方法由"预测"和"优化修正"两部分构成，如图 3.4 所示。这里的卡尔曼滤波增益矩阵 $\boldsymbol{K}$ 至关重要，它实现了地标测量值对状态向量和协方差矩阵的修正，这也正是 EKF 方法相比于纯航迹推算方法的优势所在。另外，在上述例子中，我们只设定一个特征路标，如果有多个路标，可以依次将第 i 个路标测量值 $\boldsymbol{z}^i$ 代入图 3.4 对应的状态修正的方程。当然，还可以利用多种传感器的测量数据进行状态修正，如电子罗盘、加速度计、红外测距仪、摄像机等。只要提供每个传感器的测量输出方程 $H(\cdot)$ 和测量噪声协方差矩阵 $\boldsymbol{V}$，EKF 就可以完成剩余的所有工作。

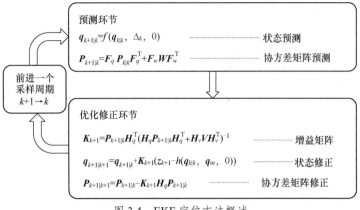

图 3.4　EKF 定位方法概述

3.2.2　创建地图

在 3.2.1 小节的例子中，我们假设地标的位置和身份信息都是已知的。在现实生活中，这样的情况很多，比如，在使用手机导航软件的时候，环境地图都是已经绘制完成的，我们要做的只是将其下载到存储设备就可以直接使用。但是存在这样一个问题，就是地图由谁制作。导航软件的地图可以由软件制造商完成，因为城市的道路、楼宇、景观等都是公共环境；如果机器人来到一个陌生的环境中，就需要在移动的过程中逐渐完成地图的绘制，下面考虑具体的方法与实施过程。

这里还是和 3.2.1 小节的例子一样，假设机器人配备外部传感器，能够测量地标相对于自身的距离和方位角。除此之外，假设环境中存在 N 个地标（或者叫作特征物体），并且机器人能够清楚地辨别每个地标的身份信息。这里还需要满足一个前提，就是机器人自身的位置是绝对准确的，当然这个假设在现实中很难做到。

现在的问题已经比较明显，需要估计的状态向量已经不再是机器人的位置与姿态，而变成了地标的位置坐标，于是定义以下的状态向量：

$$M=\left[\left(q_m^1\right)^{\mathrm{T}}\quad\left(q_m^2\right)^{\mathrm{T}}\quad\cdots\quad\left(q_m^i\right)^{\mathrm{T}}\right]^{\mathrm{T}}\qquad(3.20)$$

其中 $q_m^i=\left[x_m^i\quad y_m^i\right]^{\mathrm{T}}$ 表示第 i 个地标的位置向量，$i=1,2,\cdots,N$。可以看到，每探测到一个新的地标，向量 M 的维度就加 2，直到 $M\in\mathbf{R}^{2N}$，对应的协方差矩阵也变为 $P\in\mathbf{R}^{2N\times2N}$。

由于地标的位置是固定的，所以预测方程相对简单：

$$\begin{aligned}M_{k+1|k}&=M_{k|k}\\P_{k+1|k}&=P_{k|k}\end{aligned}\qquad(3.21)$$

然后，利用机器人的位姿和传感器的测量值计算地标的位置：

$$g\left(q,z\right)=\begin{bmatrix}x+z_r\cos\left(\theta+z_\alpha\right)\\y+z_r\sin\left(\theta+z_\alpha\right)\end{bmatrix}\qquad(3.22)$$

前面已经指出状态向量 M 的维度会随着地标的检测而不断增加，于是引入一个函数 $Y(\cdot)$，用来将现有的向量加长变成新的向量：

$$\boldsymbol{M}_{k|k}{}^{*} = Y(\boldsymbol{M}_{k|k}, \boldsymbol{z}_k, \boldsymbol{q}_{k|k})$$

$$= \begin{bmatrix} \boldsymbol{M}_{k|k} \\ g(\boldsymbol{q}_{k|k}, \boldsymbol{z}_k) \end{bmatrix} \qquad (3.23)$$

$$= \begin{bmatrix} \boldsymbol{M}_{k|k} \\ x_{k|k} + z_r \cos(\theta_{k|k} + z_\alpha) \\ y_{k|k} + z_r \sin(\theta_{k|k} + z_\alpha) \end{bmatrix}$$

新的地标位置坐标被加在向量的最后，该向量中地标的顺序就是它们被测量到的先后顺序。状态向量延长的同时，协方差矩阵也需要扩展，这里需要用到雅可比矩阵：

$$\boldsymbol{P}_{k|k}{}^{*} = \nabla Y_{M,z} \begin{bmatrix} \boldsymbol{P}_{k|k} & 0 \\ 0 & \boldsymbol{V} \end{bmatrix} \nabla Y_{M,z}{}^{\mathrm{T}} \qquad (3.24)$$

其中：

$$\nabla Y_{M,z} = \begin{bmatrix} \boldsymbol{I}^{n \times n} & 0^{n \times 2} \\ \dfrac{\partial g}{\partial \boldsymbol{M}} & \dfrac{\partial g}{\partial \boldsymbol{z}} \end{bmatrix} \qquad (3.25)$$

这里，n 表示向量 $\boldsymbol{M}$ 扩展前的维度。由于函数 $g(\cdot)$ 与扩展前的状态向量无关联，所以 $\partial g / \partial \boldsymbol{M} = 0$，于是得到：

$$\boldsymbol{P}_{k|k}{}^{*} = \begin{bmatrix} \boldsymbol{P}_{k|k} & 0 \\ 0 & \boldsymbol{G}_z \boldsymbol{V} \boldsymbol{G}_z{}^{\mathrm{T}} \end{bmatrix}$$

$$\boldsymbol{G}_z = \frac{\partial g}{\partial \boldsymbol{z}} = \begin{bmatrix} \cos(\theta_{k|k} + z_\alpha) & -z_r \sin(\theta_{k|k} + z_\alpha) \\ \sin(\theta_{k|k} + z_\alpha) & z_r \cos(\theta_{k|k} + z_\alpha) \end{bmatrix} \qquad (3.26)$$

之前在式（3.17）中求过雅可比矩阵 $\boldsymbol{H}_q = \partial h / \partial \boldsymbol{q}$，这是检测到的信息为相对于机器人状态的情况，如果相对于地标的状态，则可以得到另一个雅可比矩阵：

$$\boldsymbol{H}_{q_m} = \begin{bmatrix} \cdots 0 \cdots & \dfrac{\partial h}{\partial \boldsymbol{q}_m^i} & \cdots 0 \cdots \end{bmatrix} \qquad (3.27)$$

该矩阵中大部分元素为 0，因为该信息只依赖当前检测到的某一个地标，与其他地标无关。

下面详细讲解如何建立基于地标的地图。首先设定仿真步数与地标的个数：

```
>>Step_num = 100;
>>Feature_num = 6;
```

地图的大小设为"10"，随机生成 6 个地标，地标被限制在以原点为中心，边长是 10m 的正方形内：

```
>>Mapsize = 10;
>>Map = Mapsize*rand(2,Feature_num)-Mapsize/2;
>>MapList = zeros(Feature_num,2);
```

这里的 MapLlist 用来存储地标被检测到的顺序。机器人的所有相关参数与 3.2.1 小节中的设定一致，里程计的值被设成固定值，并用 state_step() 函数模拟机器人的移动路径：

```
>>delat_v=0.5;
>>delat_theta=0.1;
```

传感器对地标的检测由以下函数完成：

```
>> function [z,Feature_i] = Observation(Map,state_next_real,miu_r,miu_alfa)
>>   Feature_i = ceil(size(Map,2)*rand(1));
>>   Mark=Map(:,Feature_i);
>>   z=[((Mark(1)-state_next_real(1))^2+(Mark(2)-state_next_real(2))^2)^0.5;
       atan2(Mark(2)-state_next_real(2),Mark(1)-state_next_real(1))-state_next_
       real(3)]+[normrnd(0,miu_r);normrnd(0,miu_alfa)];
>> end
```

该函数从 Map 集合中随机抽取一个地标，得到式（3.22）中的测量值 z 和地标编号 Feature_i。

由于状态向量 M 和矩阵 P 的维度都伴随着地标的检测而增加，所以在每个周期开始时，需要判断当前检测到的地标是否已存在于 M 内，这里可以通过查看 MapList 矩阵实现。例如，第一次探测到的情况是 Feature_i=2，由于 MapList 的初值是 6×2 的全 0 矩阵，如果满足条件：

```
>>if( (MapList(Feature_i,1))==0)
```

则表示 2 号地标是第一次被检测，于是得到该地标的估计状态 M_i，并添加到地图状态向量 M_Est 中，实现式（3.22）和式（3.23）。

```
>>M_i = state_next_real(1:2)+ [z(1)*cos(z(2)+state_next_real(3));
        z(1)*sin(z(2)+state_next_real(3))];
>>M_Est = [M_Est;M_i];
```

下面实现式（3.24）～式（3.26）中协方差矩阵的扩展，nStates 表示扩展前的维度 n。

```
>> [Gq, Gz] = G_Jacs(state_next_real,z);
>>Yz = [eye(nStates), zeros(nStates,2);
        zeros(2,nStates)  ,      Gz];
>>P_Est = Yz*blkdiag(P_Est,V)*Yz';
```

雅可比矩阵通过以下函数计算获得，这里的"Gq"是 $\partial g/\partial q$，在式（3.25）中没有用到：

```
>>function [Gq,Gz] = G_Jacs(state_next_real, z);
>>x = state_next_real(1,1);
>>y = state_next_real(2,1);
>>theta = state_next_real(3,1);
>>zr = z(1);
>>zalfa = z(2);
>>Gq = [ 1   0   -zr*sin(theta + zalfa);
         0   1    zr*cos(theta + zalfa)];
>>Gz = [ cos(theta + zalfa)  -zr*sin(theta + zalfa);
         sin(theta + zalfa)   zr*cos(theta + zalfa)];
>>end
```

这里需要更新 MapList 矩阵：

```
>>MapList(Feature_i,:) = [length(M_Est)-1, length(M_Est)];
```

如果在一个新的采样时刻检测到 M 中已经存在的地标，则状态 M 与矩阵 P 不需要扩展，而是更新，先将地标从状态中提取出来，然后得到 z 的估算值：

```
>>FeatureIndex = MapList(Feature_i,1);
>>M_i = M_Pred(FeatureIndex:FeatureIndex+1);
>>zPred = [((M_i(1)-state_next_real(1))^2+(M_i(2)-state_next_real(2))^2)^0.5;
            atan2(M_i(2)-state_next_real(2),M_i(1)-state_next_real(1))-state_
next_real(3)];
```

最后计算式（3.27）的雅可比矩阵 H_{q_m}：

```
>> [Hq,hqm_i] = H_Jacs(state_next_real,M_i);
>> Hqm = zeros(2,length(M_Est));
>> Hqm(:,FeatureIndex:FeatureIndex+1) = hqm_i;
```

函数 H_Jacs() 可以计算 $\partial h / \partial q$ 及 $\partial h / \partial q_m^i$，这里仅用到后者。

```
>>function [Hq,hqm] = H_Jacs(xPred, xFeature)
>>   Hq = zeros(2,3);hqm = zeros(2,2);
>>   Delta = (xFeature-xPred(1:2));
>>   r = norm(Delta);
>>   Hq(1,1) = -Delta(1) / r;
>>   Hq(1,2) = -Delta(2) / r;
>>   Hq(2,1) = Delta(2) / (r^2);
>>   Hq(2,2) = -Delta(1) / (r^2);
>>   Hq(2,3) = -1;
>>   hqm(1:2,1:2) = -Hq(1:2,1:2);
>>end
```

最后，利用卡尔曼滤波更新状态向量和协方差矩阵：

```
>>K_next=P_Pred*Hqm'/(Hqm*P_Pred*Hqm'+V);
>>M_Est=M_Pred+K_next*(z-zPred);
>>P_Est=P_Pred-K_next*Hqm*P_Pred;
```

地图构建仿真结果如图 3.5 所示。地标的真实位置用 "+" 号表示，估计位置用 "O" 表示，实线为机器人的行走路径。可以看出，虽然存在测量噪声，但是估计位置与真实位置之间的误差还是比较小的。由于协方差矩阵总的不确定性可以通过 $\sqrt{\det(\boldsymbol{P})}$ 表示，因此我们绘制出在迭代更新的过程中，1～3 号地标状态不确定性的变化趋势，如图 3.6 所示。可以发现，通过 EKF 方法的运用，地标估计位置的不确定性是递减的，这里 $\boldsymbol{P}^j \in \mathbf{R}^{2\times2}$ 对应第 j 号地标。

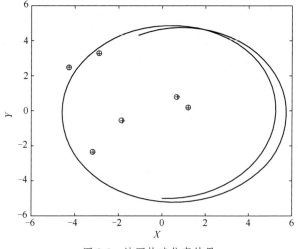

图 3.5　地图构建仿真结果

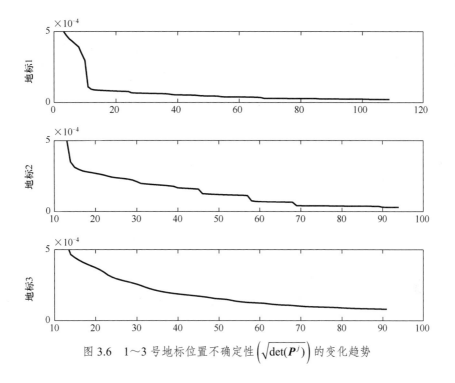

图 3.6　1~3 号地标位置不确定性 $\left(\sqrt{\det(\boldsymbol{P}^j)}\right)$ 的变化趋势

3.2.3　定位并建图

在 3.2.1 小节和 3.2.2 小节的两个例子中，运用 EKF 方法的前提是地标或者机器人之中至少有一个的位置是准确的，显然，这在现实情况中很难做到。我们通常面对的问题是机器人在移动过程中，既要能够较精确地确定自身的位置，又能同时创建由环境地标组成的地图，这在机器人研究领域称为同步定位与建图（simultaneous localization and mapping，SLAM）。要解决这个问题，需要将 3.2.1 小节和 3.2.2 小节两个例子中的方法融合到一起。

首先，新的状态向量由机器人当前位姿和已被探测到的地标状态组成：

$$\hat{\boldsymbol{q}}=\begin{bmatrix}\left(\boldsymbol{q}_k\right)^{\mathrm{T}} & \left(\boldsymbol{q}_m^1\right)^{\mathrm{T}} & \left(\boldsymbol{q}_m^2\right)^{\mathrm{T}} & \dots & \left(\boldsymbol{q}_m^i\right)^{\mathrm{T}}\end{bmatrix}^{\mathrm{T}}\in\mathbf{R}^{3+2\cdot i} \tag{3.28}$$

对应的协方差矩阵 $\hat{\boldsymbol{P}}$ 变为：

$$\hat{\boldsymbol{P}}=\begin{bmatrix}\boldsymbol{P}_q & \boldsymbol{P}_{qM} \\ \left(\boldsymbol{P}_{qM}\right)^{\mathrm{T}} & \boldsymbol{P}_M\end{bmatrix} \tag{3.29}$$

其中 $\boldsymbol{P}_q$ 是机器人位姿的协方差矩阵，$\boldsymbol{P}_M$ 是地标状态的协方差矩阵，$\boldsymbol{P}_{qM}$ 代表机器人与地标之间的状态关联矩阵。

在 3.2.1 小节已经得到机器人的预测方程，以及基于传感器测量值的修正方程（见图 3.4）。当检测到一个新的地标时，用来扩展协方差矩阵的 $\nabla \boldsymbol{Y}$ 有所变化：

$$\nabla \boldsymbol{Y}_{\hat{q}}=\begin{bmatrix}\boldsymbol{I}^{n\times n} & 0^{n\times 2} \\ \begin{bmatrix}\boldsymbol{G}_q & 0^{2\times(n-3)}\end{bmatrix} & \dfrac{\partial g}{\partial \boldsymbol{z}}\end{bmatrix} \tag{3.30}$$

其中

$$G_q = \frac{\partial g}{\partial \boldsymbol{q}_k} = \begin{bmatrix} 1 & 0 & -z_r \sin(\theta_k + z_\alpha) \\ 0 & 1 & z_r \cos(\theta_k + z_\alpha) \end{bmatrix} \qquad (3.31)$$

这是因为新地标的状态估计式（3.22）与机器人状态有关，而新的状态向量式（3.28）中包含 $\boldsymbol{q}_k$。

同样，式（3.27）所示矩阵也需要变化，因为根据新的状态向量，传感器观察到的信息和机器人位姿状态及地标的位置状态都有变化，因此：

$$H_{\hat{q}} = \begin{bmatrix} \dfrac{\partial h}{\partial \boldsymbol{q}_k} & \cdots 0 \cdots & \dfrac{\partial h}{\partial \boldsymbol{q}_m^j} & \cdots 0 \cdots \end{bmatrix} \qquad (3.32)$$

其中 $\partial h/\partial \boldsymbol{q}_k$ 可以由式（3.17）得到，雅可比矩阵 $\partial h/\partial \boldsymbol{q}_m^j$ 的位置对应地标坐标 $\boldsymbol{q}_m^j$ 在状态向量（3.28）中的位置。

下面在大小为 10m×10m 的方形范围内随机产生 20 个地标，机器人的起点设定为 $\begin{bmatrix} 0 & -10 & 0 \end{bmatrix}^T$，每个周期内设里程计为固定值 $\Delta d = 0.5$ 和 $\Delta \theta = 0.05$，里程计噪声和测量噪声分别为 $\sigma_d = 0.05$，$\sigma_\theta = 0.005$，$\sigma_r = 0.1$，$\sigma_\alpha = 0.0035$。与前一个例子不同的是，当前情况下状态向量 M_Est 的初值为机器人的起点位姿：

```
>>initial_state=[0;-10;0];
>>M_Est =initial_state;
```

在探测到新地标时，逐一添加至向量的尾部：

```
>>M_Est = [M_Est;M_i];
```

下面讨论协方差矩阵的扩展。这里，P_Est 的初值为机器人位姿协方差矩阵，设为：

```
>>initial_P=diag([0.01 0.01 0.005].^2);
>>P_Est =initial_P;
```

在前一个例子中，Gq（代表 $\partial g/\partial \boldsymbol{q}$）没有使用，而此时状态向量中已经包含了机器人的位姿信息，式（3.30）中的矩阵 $\nabla Y_{\hat{q}}$ 构建如下：

```
>>Yz = [eye(nStates), zeros(nStates,2);
        Gq  zeros(2,nStates-3) ,  Gz];
>>P_Est = Yz*blkdiag(P_Est,V)*Yz';
```

通过函数 H_Jacs() 计算 Hq（$\partial h/\partial \boldsymbol{q}$）及 Hqm_i（$\partial h/\partial \boldsymbol{q}_m^i$），可以得到式（3.32）中的雅可比矩阵 $\boldsymbol{H}_{\hat{q}}$。

```
>>Hq_qm = zeros(2,length(M_Est));
>>Hq_qm(:,FeatureIndex:FeatureIndex+1) = Hqm_i;
>>Hq_qm(:,1:3)=Hq;
```

经过 120 个周期，SLAM 的仿真结果如图 3.7 所示，其中，实线表示机器人的真实路径，"."表示机器人的估计位置，"+"表示地标的真实位置，"○"表示地标的估计位置。

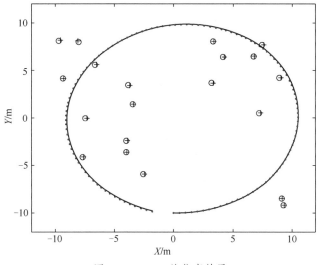

图 3.7   SLAM 的仿真结果

可以看到，运用 EKF 方法后，机器人估计位置的轨迹与实际路径之间的误差较小，地标的估计位置与真实位置也比较接近。图 3.8 中列举了 1～4 号地标对应的不确定性的变化情况，图 3.8 中，横轴的值代表该地标被检测到的次数。因为在仿真过程中每个采样周期内检测到的地标是随机抽取的，所以各个子图的横坐标范围有所差异。可以看到，在 120 个周期运行结束后，1 号地标仅被检测到 4 次，2 号地标最多被检测到 9 次。图 3.8 中，菱形代表 $\sqrt{\det(\boldsymbol{P}^j)}$ 的值，之前我们已经知道 $\boldsymbol{P}^j \in \mathbf{R}^{2\times2}$ 是对应 j 号地标的不确定性协方差矩阵，这里注意 $\boldsymbol{P}^j$ 存在于 P_Est 矩阵的对角线上，从第 4 行第 4 列位置开始共计 20 个大小为 2×2 的矩阵块，这些矩阵块按照被检测到的先后次序排列。从结果可以发现，1～4 号地标的不确定性都是递减的，这说明随着被检测到的次数的增加，地标的估计值越来越接近真实值。

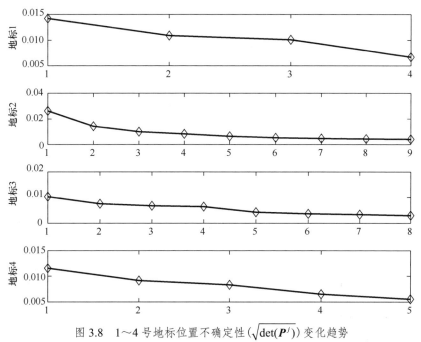

图 3.8   1～4 号地标位置不确定性（$\sqrt{\det(\boldsymbol{P}^j)}$）变化趋势

3.3 机器人导航技术

所谓导航，就是引导一个运载工具到达预定位置的方法。生活中最常见的是汽车导航（软件），通过利用 GPS 卫星导航系统或者我国自行研制的北斗卫星导航系统，能够在终端硬件（如手机）上进行定位，并引导车辆在城市或者乡间道路上行驶。同理，机器人导航也可以利用地图或路标，3.2.3 小节已经介绍了定位与建图，但是现在仍然存在一个问题，就是机器人沿着什么路径行走，从而到达预定位置。在城市地图中已经有了道路，而在机器人所处的地图中同样需要规划出道路，这就需要用到一些数学方法，这个过程称为路径规划。反之，假如出现无法建立地图的情况，机器人还可以依靠自身感觉和反应移动，比如，借助传感器探测前方是否有障碍物，改变方向沿着随机路径行走，这种方式称为反应式导航。下面主要对以上两种方法进行讨论。

3.3.1 反应式导航

如果机器人不能获取任何地图信息，同时也无法得知自身的位置，那么它还能有规律地移动并完成一定的工作任务吗？答案是肯定的，在实际生活中，最常见的例子就是扫地机器人。图 3.9 是一种最常见的扫地机器人的简单结构示意图，左右两个驱动轮由直流电机提供动力，前后两个支撑轮仅负责维持机身平衡。分布在前端的传感器主要有两种：免碰撞传感器与碰撞传感器。免碰撞传感器一般由一对红外线发射管与接收管组成，用来探测前方一定距离内是否有障碍物。碰撞传感器一般由微动开关构成，并与防撞条相连接，当机器人与障碍物接触时作出响应。另外，在机器人侧面还安装有沿墙传感器，通常选用位置敏感检测器（position sensitive detector，PSD），检测机器人一侧与墙壁的距离。

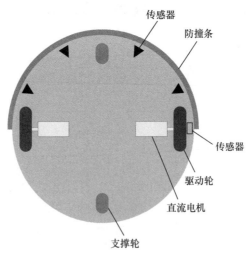

图 3.9　扫地机器人的结构图

下面讨论如何导航的问题。扫地机器人的工作目标是尽可能地将行走路径覆盖整个可行区域。以市面上不配备全局传感器（如激光雷达）的扫地机器人为例，主要有以下几种行走方式，如图 3.10 所示。

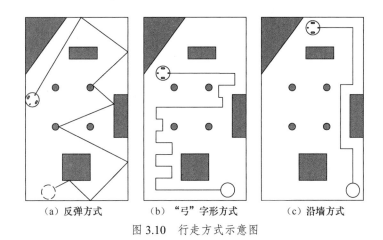

(a)反弹方式　　　　　（b）"弓"字形方式　　　　　（c）沿墙方式

图3.10　行走方式示意图

1．反弹方式

机器人保持左右驱动电机转速相同，实现直线行走。当前端免碰撞或者碰撞传感器触发，都表示遇到障碍物，此时依靠左右轮速度差改变机器人前进角度，然后继续直线行走。这种类似光遇到镜面反射的方式，其优点是可以让机器人有更大的概率能够进入整个可行区域的各个角落，提高清扫覆盖率。而其缺点是不同的直线路径间容易出现呈多边形的空白漏扫区域。

2．"弓"字形方式

首先，机器人保持直线行走，当遇到障碍物时，向左侧（或右侧）转动 90°，前进一小段距离后，再次左转（或右转）90°，然后继续直行。当再次遇到障碍物时，重复以上动作，最终实现对空白地面的往返梳状清扫。该方式需要机器人配备陀螺仪之类的角度传感器，用来对转动的角度进行测量，以保证来回直线路径尽可能地平行。其优点是能够减少路径之间的遗漏区域，针对大面积的空白区域，清扫过程表现得比较规整，缺点是降低了机器人进入某些角落区域的概率。

3．沿墙方式

此种行走方式一般作为以上两种方式的辅助方式，当机器人经过一段时间的反弹或"弓"字形清扫后，会试图沿着区域的外围进行清扫，此举的目的是对一些难以进入的角落或者墙边进行补漏，主要依靠机器人一侧的 PSD 传感器检测与墙面的距离并反馈，调节左右轮转速，使机器人在前进过程中与墙面保持平行。当然，此时机器人无法感知侧面的物体是墙体还是家具的底部边沿。

通过对以上三种方式的观察（见图 3.10），可以发现扫地机器人下一时刻的导航动作完全依赖当前时刻传感器的检测信号，而且所获得的信号类型相对简单，一般为电压的数字量或者模拟量，相比于激光雷达等传感器的点云数据，其处理过程十分简单，通常如STM32F108 系列的低端芯片完全能够胜任，这也体现出反应式导航的优势。下面用另一个例子进一步讨论。

智慧快递是近几年大学生机器人大赛的常见项目，其竞赛场地如图 3.11 所示。

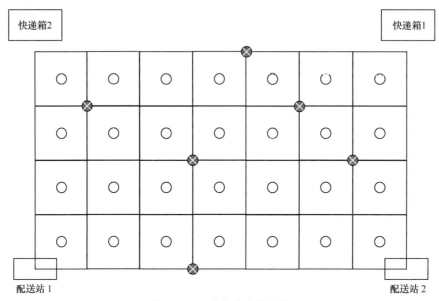

图 3.11 智慧快递竞赛场地

该场地主要由 5 条横向道路和 8 条纵向道路构成的 28 个方格组成，每个方格中央放置有直径≤66mm、高度≤300mm 的"建筑物"，道路是宽度为 30mm 的黑线，道路上共有 6 个地点随机摆放直径≤66mm、高度≤120mm 的障碍物（如"⊗"处），表示不能通行。2 队机器人在各自配送站携带好包裹后，自主移动至对应的投递区域并将包裹投入快递箱。道路上放置的障碍物保证不封锁所有通路。

该项目要求机器人能够自主循线行走，同时根据道路前方的障碍物改变方向，最后成功到达快递箱前方的投递区域。图 3.12 为一款参赛用车的简要结构，动力由 4 个直流减速电机提供，小车前方配备有 6～8 组光电循迹传感器，其基本原理是红外光线投射到黑色物体上时有部分被吸收，相比投射到白色物体上的情况，其反射回来的光量有所差异，这样就能检测地面黑线道路在车底部的位置，从而控制车身沿着道路行走。车前端的光电避障传感器主要用来检测道路是否存在障碍物，其基本原理是判断发射的红外光线是否遇到障碍物而反射，这样就能保证小车在道路不通时及时改变行进方向。小车中间两侧位置同样配置有循迹传感器，用来判断当前是否行至十字路口。在这个例子中，小车的行动除了依靠传感器信号，还需要借助一定的路径规划方案，否则无法在较短时间内准确到达投递区域。容易发现，因为场地的所有道路都是预知的，在保证小车不脱离黑线道路的前提下，能够依靠方向及经过交叉路口的计数进行定位，这在扫地机器人的例子中是无法实现的。也就是说，在智慧快递项目的竞赛过程中，主要依靠反应式导航方法，同时使用了简单地图。3.3.2 小节将重点讲解如何利用地图实现导航。

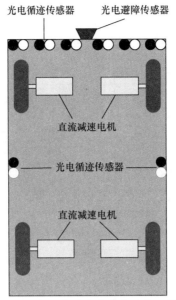

光电循迹传感器　　光电避障传感器

直流减速电机

光电循迹传感器

直流减速电机

图 3.12　智慧快递参赛用车的简要结构

3.3.2　基于地图的导航

　　假设没有手机导航，也不能乘坐任何交通工具，想在某城市中从 A 位置到达 B 位置，最好的方法是买一份地图，然后在地图上找到从 A 到 B 的最近路线。当然，地图上已经标明了能够行走的道路，我们要做的只是选择最优化的组合。如果把对象换成机器人，在 3.1 节和 3.2 节中我们已经讨论了如何定位与建图，在仿真例子中地标仅用一点的坐标表示，而实际的情况是地标通常为障碍物，并且在地图中占据了一定区域，如何表示可通行区域与障碍物区域成为新的问题。如果用一个多面体表示障碍物的大小，此种方法看似十分精确，但是会增大地图信息存储的压力，同时，在确定机器人与障碍物是否会碰撞时，计算更加复杂。一种存储简单并且易于计算的方法是将整个地图区域分割成若干个大小相同的方格，每个方格标记为 0 或 1，用 0 表示没有被障碍物占用，可以通行；用 1 表示被占用，无法通行。单元格的大小可以根据实际应用场景自行设定。当然，随着整个地图区域的扩大或者单元格面积的缩小，计算机需要的存储空间会增加。图 3.13 为一个多面体的障碍物在网格地图中的表示，占用网格填充为黑色，可以看到，即使有些网格面积没有被全部占满，我们依旧将其标记为 1，如果需要精确表示障碍物的边缘，就需要减小网格面积，这时相应的存储空间也会增加，这里需要设计者自行寻找一个平衡点。

　　下面介绍一种基础的路径规划方法——梯度法。首先，假设地图的大小为 20×25 的矩阵，即横轴方向有 25 个网格，纵轴方向有 20 个网格，这里将矩阵初始化为：

```
>>a=-2*ones(20,25);
```

所有元素的初始值都为-2，然后将障碍物位置设为-1，终点位置设为 0。

```
>>a(1:6,5)=-1*ones(6,1); a(10,2:8)=-1*ones(1,7); a(3:14,12)=-1*ones(12,1);
>>a(5,8:11)=-1*ones(1,4); a(6,16:23)=-1*ones(1,8); a(7:16,21)=-1*ones(10,1); i=20;
         j=10;
>>while i>=12
```

```
>>    a(i,j)=-1;
>>    i=i-1;
>>end
>>a(17,23)=0
```

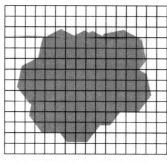
（a）障碍物在网格地图中的表示

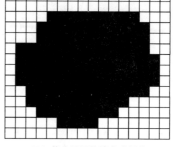
（b）将占用网格填充为黑色

图 3.13　多面体的障碍物在网格地图中的表示

得到的矩阵如图 3.14 所示，图中阴影部分为障碍物区域。

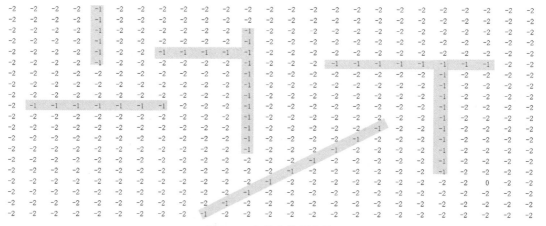

图 3.14　初始化地图矩阵

注意，梯度化过程只在可以通行区域进行，读者可以自行思考完成该部分程序，结果如图 3.15 所示。下面画出与地图矩阵对应的网格图，由于矩阵中元素的最大值为 $a(1,1)=46$，最小值为终点 $a(17,23)=0$，将 $a(1,1)$ 对应网格设为白色，$a(17,23)$ 对应网格设为黑色，其余每个网格填充成与其矩阵元素值大小对应的灰度值，同时障碍物用"⊠"表示，终点用"☆"表示，每个网格边长设为 50cm，得到图 3.16 所示的结果。

下面以终点为中心，将外层位置上的元素值以 1 为单位递增，得到表示梯度关系的矩阵，如图 3.15 所示。

我们设定图 3.15 中矩阵的 $a(3,3)$ 位置为起点，因为可行区域的梯度关系已经得到，此时要做的就是寻找一条道路，满足在前进过程中行经方格所对应的值始终是递减的。这种简单的路径规划策略很容易实现，只需依次搜索当前位置点 $a(i,j)$ 周围的 8 个方格，如图 3.17 所示。如果搜索到的方格为障碍物，则将其忽略，直到找到对应矩阵元素值最小的方格，然后将其作为新的位置点。重复以上工作，得到的结果如图 3.18 所示。可以看到，"⊡"表示的网格为规划后的路径。

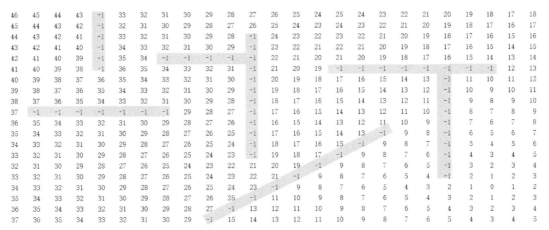

46	45	44	43	-1	33	32	31	30	29	28	27	26	25	24	25	24	23	22	21	20	19	18	17	18
45	44	43	42	-1	32	31	30	29	28	27	26	25	24	23	24	23	22	21	20	19	18	17	16	17
44	43	42	41	-1	33	32	31	30	29	28	-1	24	23	22	23	22	21	20	19	18	17	16	15	16
43	42	41	40	-1	34	33	32	31	30	29	-1	23	22	21	22	21	20	19	18	17	16	15	14	15
42	41	40	39	-1	35	34	-1	-1	-1	-1	-1	22	21	20	21	20	19	18	17	16	15	14	13	14
41	40	39	38	-1	36	35	34	33	32	31	-1	21	20	19	-1	-1	-1	-1	-1	-1	-1	-1	12	13
40	39	38	37	36	35	34	33	32	31	30	-1	20	19	18	17	16	15	14	13	-1	11	10	11	12
39	38	37	36	35	34	33	32	31	30	29	-1	19	18	17	16	15	14	13	12	-1	10	9	10	11
38	37	36	35	34	33	32	31	30	29	28	-1	18	17	16	15	14	13	12	11	-1	9	8	9	10
37	-1	-1	-1	-1	-1	-1	29	28	27	-1	17	16	15	14	13	12	11	10	-1	8	7	8	9	
36	35	34	33	32	31	30	29	28	27	26	-1	16	15	14	13	12	11	10	9	-1	7	6	7	8
35	34	33	32	31	30	29	28	27	26	25	-1	17	16	15	14	-1	9	8	7	6	-1	5	4	5	6
34	33	32	31	30	29	28	27	26	25	24	-1	18	17	16	15	-1	9	8	7	6	-1	4	3	4	5
33	32	31	30	29	28	27	26	25	24	23	-1	19	18	17	-1	9	8	7	6	5	-1	3	2	3	4
32	31	30	29	28	27	26	25	24	23	22	21	20	19	-1	9	8	7	6	5	4	-1	2	1	2	3
33	32	31	30	29	28	27	26	25	24	23	22	21	-1	9	8	7	6	5	4	3	2	1	0	1	2
34	33	32	31	30	29	28	27	26	25	24	23	-1	11	10	9	8	7	6	5	4	3	2	1	2	3
35	34	33	32	31	30	29	28	27	26	25	-1	11	10	9	8	7	6	5	4	3	2	1	2	3
36	35	34	33	32	31	30	29	28	27	-1	13	12	11	10	9	8	7	6	5	4	3	2	3	4
37	36	35	34	33	32	31	30	29	-1	15	14	13	12	11	10	9	8	7	6	5	4	3	4	5

图 3.15　梯度化地图矩阵

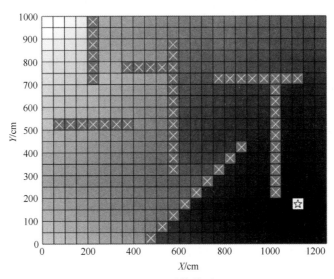

图 3.16　网格地图

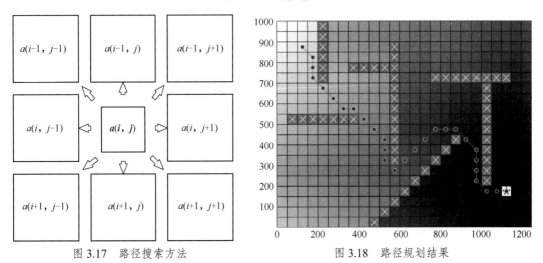

图 3.17　路径搜索方法　　　　　图 3.18　路径规划结果

上述导航算法充分利用了可行区域与占用区域的全局信息，除此之外，还有很多适用于机器人路径规划的算法，例如 D*算法，将占用网格推广为成本地图，通过寻找一条路径使得运行的总成本最低，在之后的章节中将会有相关的介绍。

3.4 本章小结

本章首先介绍了两轮驱动机器人的运动学数学模型和运用航迹推算估计位姿的方法。鉴于单纯依靠里程计进行推算时存在误差累积，进一步介绍了如何利用 EKF 并结合地图信息对结果进行修正。接着，着重分析了如何解决同步定位与建图的问题，仿真结果显示该方法能够抑制机器人估计位置与实际路径之间的误差，同时保证地标的估计位置与真实位置比较接近。最后，通过扫地机器人和智慧快递竞赛项目两个案例，简述了反应式导航方法的特点及应用，并进一步讨论了一种基于障碍物网格地图的导航方法——梯度法。

3.5 习题

1. 图 3.1 所示的两轮驱动小车运动学模型中，状态量和控制量分别是什么？
2. 试写出图 3.1 所示的两轮驱动小车在 k 时刻和 $k+1$ 时刻的位姿表达式。
3. 试解释什么是高斯随机变量。
4. 式（3.7）为离散化非线性运动学模型，试写出其局部线性近似模型式（3.9）中雅可比矩阵 F_q 和 F_w 的具体形式。
5. 完整的 EKF 方法由哪几个环节组成？每个环节包含哪些步骤？
6. 如果仅依靠预测方程式（3.12）进行位姿估计，会带来何种结果？
7. 简述如何用地图信息对预测方程式（3.12）的结果进行修正。
8. 简述市面上销售的配置激光雷达的扫地机器人采用的是何种导航方式。
9. 协方差矩阵 P 中的元素分别代表什么含义？
10. 网格地图是以什么形式进行存储与处理的？有什么优点？

第4章 机器人路径规划

路径规划技术作为机器人实现自主定位和路径导航的关键技术之一，是机器人领域的一个重要研究方向。随着科学技术的不断进步，路径规划的应用范围也不断扩展，其应用领域有：机器人导航避障、智能交通、无人机自主飞行、物流运输、GPS 卫星导航等。路径规划算法的应用范围广泛、种类繁多，如人工势场法、栅格法和全覆盖路径规划等。因此，路径规划算法得到广大研究人员的关注。

本章学习目标：

（1）理解路径规划的基本概念；
（2）掌握 A* 路径规划算法的原理；
（3）了解全覆盖路径规划的用途。

4.1 路径规划概述

路径规划问题的研究最早是由 18 世纪著名的哥尼斯堡"七桥问题"（seven bridges problem）引出的：在一个有两个小岛的小城镇，有 7 座连接两个小岛以及河岸的桥梁。那么怎样才能经过每座桥一次并且不遗漏任意一座桥梁呢？这就是著名的"七桥问题"。这个问题在世界范围得到了极大的关注，吸引了大量研究者进行探究。而后，由"七桥问题"衍生出"旅行商"问题（travelling salesman problem）以及其他相关问题。这些问题都可以抽象成一个由点和线构成的无向图，然后在图中以某点为起点不重复地遍历图中的其他节点并最终回到起点。这类问题均被证明是不能在多项式时间内进行求解的，即 NP-hard problem。由于这些问题的成功解决，以及将问题抽象为图进行解决的方法得到不断应用，一系列与之类似的问题被不断提出，也引发了人们对图论领域中路径规划问题的不断关注和深入研究。

4.1.1 路径规划的定义

路径规划是机器人研究领域的一个重要分支。机器人的最优路径规划问题，就是依据某个或某些最优准则（如工作代价最小、行走路线最短、行走时间最短等），在其工作空间中找到一条从起点到目标点的、能避开障碍物的最优路径，其本质是在几个约束条件下得到最优可行解的问题。

机器人路径规划要实现 3 个任务：机器人规划出一条从起点到目标点的路径；使机器人的路径绕开空间中的障碍物；优化机器人路径，使其尽可能达到更短、更平滑的要求。路径规划结果的优劣，影响机器人执行任务的效率。

4.1.2　路径规划的分类

按照机器人对周围环境信息的识别与对信息的掌握程度以及对不同种类障碍物的识别进行分类，可以将机器人路径规划分成 4 类：第 1 类，在已知的比较熟悉的环境中，根据静态障碍物的位置对机器人的路径进行规划；第 2 类，在未知的比较陌生的环境中，根据静态障碍物的位置对机器人的路径进行规划；第 3 类，在已知的比较熟悉的环境中，根据动态障碍物的运行状态对机器人的路径进行规划；第 4 类，在未知的比较陌生的环境中，根据动态障碍物的运行状态对机器人的路径进行规划。

根据机器人对周围环境的掌握能力不同，可以对路径规划技术进行划分：第 1 类，是在对周围环境信息已经验证的基础上对机器人的路径进行规划，称为全局路径规划；第 2 类是基于局部传感器信息对机器人的路径进行规划，称为局部路径规划。全局规划方法依照已获取的环境信息，给机器人规划出一条路径，通常可以寻找最优解，但是需要预先知道环境的准确信息，该方法存在计算量大的缺点。局部规划方法通过传感器收集机器人当前的局部环境信息，实时性较好，但是仅依靠局部信息有时会产生局部极点，无法保证机器人能顺利到达目的地。

根据路径应用目的的不同，如时间最优、路径最优、路径全遍历，将路径分为点对点的路径规划和全覆盖路径规划。点对点的路径规划指规划两点之间的路径。全覆盖路径规划是要找到一条能够遍历区域内的所有点，同时避开障碍物的路径，该方法要求较强的遍历性和低重复率，相关算法可以分为 3 类：随机遍历策略、沿边规划策略和漫步式探测路径规划。

常见的路径规划算法主要包括：对固体在退火过程中的各状态进行控制和模拟的模拟退火算法（simulated annealing，SA）、采用禁忌表提高搜索效率的禁忌搜索算法（tabu search，TS）、引入力学知识的虚拟人工势场法等；图形学衍生算法，如引入构形空间，将问题放入高维空间的 C-Space 法（configuration space，C-Space）、将空间进行分解并在得到的一系列小单元中进行问题求解的栅格法等；与仿生学相结合形成的智能仿生学算法，如对蚂蚁群体觅食活动规律进行仿真的蚁群算法（ant colony optimization，ACO）、与生物神经系统相结合模拟生物神经反馈系统的神经网络算法（neural network algorithm，NNA）、借用生物遗传学观点模拟适者生存的遗传算法（genetic algorithm，GA）等；一些具有很强搜索路径能力，并具有很好的搜索效率的路径规划算法，如寻找单源最短路径的著名算法——迪杰斯特拉算法（Dijkstra）、引入评价函数的启发式路径扩展式算法——A*（A-Star）等。每个算法都有自身设计的优点和缺点，适用于不同的范围和领域。因此，针对不同的应用环境和使用条件及环境约束等，应该选择适当的算法进行求解。随着对各种环境的不断研究和对应用的拓展，基于各类算法的改进算法不断被提出，各种改进算法也应用在具体的领域中，并取得较好的效果。

4.2 人工势场法路径规划

人工势场法的基本概念是将机器人或者机械手在周围环境中的运动设计成一种在人造引力场中的运动，目标位置对于机器人相当于一个吸引极点，而障碍物对机器人相当于一个排斥面，机器人在目标位置和障碍物两者"作用力"的合力效果下移动，该方法的难点是如何设计"引力场"。人工势场法进行避障具有较好的实时性和实用性，该方法可以较好地适应环境的变化，但存在类似于陷入局部最优解等许多难题。

4.2.1 势场法概述

人工势场法的具体实现方法为：首先，在机器人运行环境空间中构建一个人工虚拟势场，该势场由两部分组成，其中一部分是由目标点对机器人产生的引力场，方向为由机器人指向目标点；另一部分是由障碍物对机器人产生的斥力场，方向为由障碍物指向机器人。运行空间的总势场为引力场和斥力场一起叠加作用，从而通过引力和斥力的合力控制机器人的移动。

图 4.1 为人工势场法受力分析。目标点对机器人施加引力，机器人越靠近目标点，引力值 F_a 越大，引力方向指向目标点位置。障碍物对机器人施加斥力，机器人越靠近障碍物，斥力值 F_r 越大，斥力方向由障碍物指向机器人。

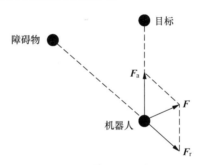

图 4.1　人工势场法受力分析

机器人的最终运动方向为引力和斥力的合力方向，如式（4.1）所示。

$$F = F_a + F_r \tag{4.1}$$

4.2.2 势场函数的建立

这里介绍一种经典的人工势场法势场函数。设给定二维坐标空间 $X_{max} \times Y_{max}$，则点 q 可表示为：$q = [x \; y]^T$，其中 $0 \leqslant x \leqslant X_{max}$，$0 \leqslant y \leqslant Y_{max}$。在虚拟势场中，目标点对机器人产生的引力势场函数被定义为 $U_{att}(q)$，目标点与机器人距离越远，势能越大，反之势能越小。障碍物对机器人产生的斥力势场函数被定义为 $U_{rep}(q)$，产生的势场大小与障碍物和机器人的距离有关，距离越远，则势能越小，反之势能越大。

1．引力函数

引力函数受机器人与目标点的距离影响，目标点与机器人的距离越远，其所受的势能越大；目标点与机器人的距离越近，其所受的势能越小。当机器人势能为零时，则表明机器人到达目标点位置。引力势函数表示为：

$$U_{att}(\boldsymbol{q}) = \frac{1}{2}\eta \left\| X - X_g \right\|^2 \tag{4.2}$$

其中，η 为正比例位置增益系数；X 为机器人现在的位置，X_g 为目标点的位置；$\left\| X - X_g \right\|^2$ 为机器人与目标点之间的相对距离的二范数，则由引力场产生的引力为：

$$\boldsymbol{F}_{att}(\boldsymbol{q}) = -\eta \left\| X - X_g \right\| \frac{\partial \left\| X - X_g \right\|}{\partial X} \tag{4.3}$$

机器人的引力的方向为机器人指向目标点。

2．斥力函数

斥力函数受机器人与障碍物的距离影响，当障碍物与机器人的距离越远时，其所受的排斥力越小；当障碍物与机器人的距离越近时，其所受的排斥力越大。当机器人势能为零时，则表明机器人已经脱离障碍物的影响范围，最大影响距离设定为 ρ_0。斥力势函数表示为：

$$U_{rep}(\boldsymbol{q}) = \begin{cases} \dfrac{1}{2}k\left(\dfrac{1}{(X-X_0)} - \dfrac{1}{\rho_0}\right)^2, & X - X_0 \leqslant \rho_0 \\ 0 & , X - X_0 > \rho_0 \end{cases} \tag{4.4}$$

其中，k 为正比例位置增益系数；ρ_0 为正常数，表示在机器人周围障碍物区域对机器人产生作用的最大距离；X_0 为路障的位置，则由斥力场产生的斥力的大小为：

$$F_{rep}(\boldsymbol{q}) = \begin{cases} k\left(\dfrac{1}{X-X_0} - \dfrac{1}{\rho_0}\right)\dfrac{1}{(X-X_0)^2}, & X - X_g \leqslant \rho_0 \\ 0 & , X - X_g > \rho_0 \end{cases} \tag{4.5}$$

机器人的斥力的方向为障碍物指向机器人。

3．全局势场函数

根据上述定义的引力场函数和斥力场函数，可以得到整个运行空间的全局势场函数，机器人的全局势场大小为机器人所受的斥力势场和引力势场之和，故全局势场总函数为：

$$U(\boldsymbol{q}) = U_{att}(\boldsymbol{q}) + U_{req}(\boldsymbol{q}) \tag{4.6}$$

机器人所受的合力为：

$$\begin{aligned} \boldsymbol{F}(\boldsymbol{q}) &= -\nabla U(\boldsymbol{q}) \\ &= \boldsymbol{F}_{att}(\boldsymbol{q}) + \boldsymbol{F}_{req}(\boldsymbol{q}) \end{aligned} \tag{4.7}$$

图 4.2 所示为人工势场法路径规划的结果示意图。已知起点、目标点和环境信息，请规划一条路径。

（a）地图

（b）路径规划结果

图 4.2　人工势场法路径规划的结果示意图

人工势场法实际上是试图使障碍物的分布情况及其形状等信息反映在环境的每一点的势场值中，机器人的运动由机器人当前的位置所承受的势场（即其梯度方向）决定。所以，它与全局规划相比具有计算量小、实时性好的特点。人工势场法在较为简单的环境中具有不错的路径规划能力，从起点到目标点的无碰撞路径可以简单快捷地生成。但是，一旦环境变得复杂，人工势场法就会出现相应的问题，如极限值点造成的局部最优解问题，即局部障碍物过多，从而引力与斥力抵消导致机器人判定此时合力为 0，生成局部最优解。

4.3　栅格法路径规划

栅格法在进行路径规划时采用栅格（grid）表示地图。环境地图 Map 由 n 个栅格 map_i 构成：

$$Map = \{map_1, map_2, map_3 \cdots, map_n\} \tag{4.8}$$

其中，map_i 的值为 -1、0 或 1，$map_i = -1$ 表示栅格为未知状态，$map_i = 0$ 表示栅格为空闲状态，$map_i = 1$ 表示栅格为占据状态。

栅格法将机器人规划空间分解成一系列的栅格单元，栅格的一致性和规范性使得栅格空间中的邻接关系简单化。赋予每个栅格一个通行因子后，路径规划问题就变成在栅格地图中寻求两个栅格节点间的最优路径问题。

4.3.1　状态空间搜索

状态空间搜索就是从初始状态到目标状态寻找路径的过程。由于过程中分支很多，主要是由求解条件的不确定性、不完备性造成的，这使得求解的路径很多，从而构成了一个图，也就是状态空间。问题的求解就是在这个图中找到一条从起点到目标点的路径。这个寻找的过程就是状态空间搜索，一般分为两类：深度优先搜索（depth first search，DFS）和广度优先搜索（breadth first search，BFS）。

1．深度优先搜索

深度优先搜索从起点出发，依次从它周围的各个邻近节点中先选取一个节点向下搜索，沿着一个顺序一直搜索，直至到达目标点。如果中间遇到障碍点，则返回上一节点选取另外一个邻近节点向下搜索。这个方法依据每条路径搜索完一个树的分支后，再搜索另一个分支，以搜索更接近目标点位置的路线，因此称为深度优先。其搜索过程是一个递归的过程，有一定的顺序。如图 4.3 所示，S 代表机器人的起点，G 代表机器人的目标点，采用四邻域扩展法（即只有四个可移动方向），并且按照正右、正下、正左、正上的顺序搜索。

图 4.3（a）表示机器人先向右移动，图 4.3（b）表示中机器人到达最右端，图 4.3（c）表示机器人开始向下移动，图 4.3（d）表示机器人到达目标点 G。

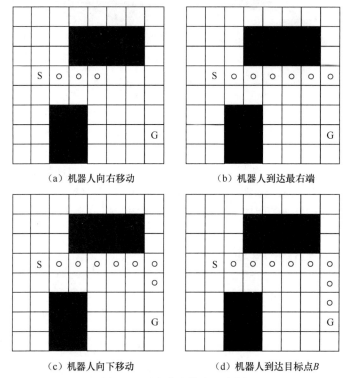

（a）机器人向右移动　　　　　　　（b）机器人到达最右端

（c）机器人向下移动　　　　　　　（d）机器人到达目标点*B*

图 4.3　深度优先搜索示意图

2．广度优先搜索

广度优先搜索从起点出发，先将最靠近起点周围的方向都走一遍，之后再进一步扩散搜索范围，直到找到目标点。一般用队列数据结构辅助实现广度优先搜索算法。如图 4.4 所示，S 代表机器人的起点，G 代表机器人的目标点。图 4.4（a）表示先将起点周边的栅格搜索一遍，图 4.4（b）和图 4.4（c）展示了当最近的一层搜索完之后再扩展到下一层的过程，直到找到目标点，如图 4.4（d）所示。

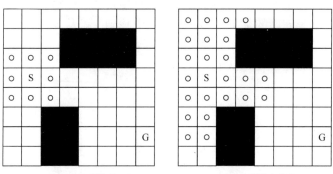

（a）初始搜索状态　　　　　　　　（b）第三次搜索状态

图 4.4　广度优先搜索示意图

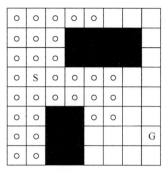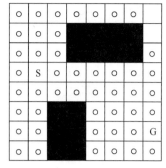

（c）第四次搜索状态　　　　　　　　（d）最终搜索状态

图 4.4　广度优先搜索示意图（续）

4.3.2　A*算法路径规划

A*算法属于具有鲜明启发式特征的搜索算法，因为其强大的灵活性，以及对不同路况超强的适应能力，所以在路径规划搜索中广受欢迎。A*算法通过全面评价各个节点的代价值，并把这些代价值进行比较，选取代价值最小的节点作为扩展节点，接着以此节点继续扩展下一个节点，直至目标点被选为扩展节点，从而产生从起点到目标点代价值最小的路径。

A*算法的评价函数为：

$$f(n) = g(n) + h(n) \tag{4.9}$$

其中，$f(n)$ 表示当前节点与初始节点，以及目标节点路径的估价函数；$g(n)$ 表示初始节点与当前节点 n 之间的真实代价；$h(n)$ 表示从当前节点 n 至目标节点路径的估算代价。

A*算法中，$h(n)$ 在评价函数中起关键性作用，决定了 A*算法效率的高低。若 $h(n)$ 的预算代价小于节点到目标点的真实代价，那么此时 A*算法同样可以达到搜索出最优路径的目的。$h(n)$ 越小，A*算法经过扩展得到的节点就会增加，此时的运行速率就会降低。若 $h(n)$ 的估算距离与真实代价相等，此时 A*算法就可以更快地寻找到最佳路径，此时的速率将最快。若 $h(n)$ 付出的代价高于某一节点与目标点的代价，此时可能无法寻找到最佳路径，但是速率却提升了。另一种情况是，若 $h(n)$ 比 $g(n)$ 大很多，此时 $g(n)$ 的作用基本被忽略，算法就变成了广度优先搜索算法。

A*算法结合具体路径规划要达到的目的，设计与之相适应的启发函数，从而使搜索方向更智能化地与目标状态越来越接近。A*算法的执行步骤如下所示。

（1）创建两个线性表，分别为 OPEN 表和 CLOSE 表，OPEN 表的作用是保存搜索过程中遇到的扩展节点，同时将这些节点按代价值的大小进行排序。CLOSE 表的作用是保存 OPEN 表中已扩展的代价值最小的节点。

（2）判断起点与目标点的输入有效性并验证两点是否重合。若输入无效或两点一致，则退出路径规划。

（3）计算起点启发函数 f 值，并将起点存入 OPEN 表中。

（4）将 OPEN 表中 f 值最小的节点取出，该节点作为规划路径的节点，并将该节点存入 CLOSE 表。

（5）若插入 CLOSE 表中的节点就是目标节点，则路径规划成功。逆向循环取出该节点的父节点（步骤（4）），形成路径，退出算法，否则，继续执行。

（6）获得该节点的所有可通行的节点，针对每一个可通行的节点做以下考察：

① 若 CLOSE 表存在该节点，则跳过该节点，不再考察。

② 若 OPEN 表不存在该节点，则通过启发函数计算该节点的 f、g、h 值，将该节点的父节点（步骤①）设置为规划路径的节点，并将该节点添加到 OPEN 表中。

③ 若 OPEN 表已经存在该节点，则重新计算 f、g、h 值，比较新旧 f 值的大小，若新计算的 f 值更小，则使用新计算的 f、g、h 值替换旧的一组值，并将父节点设置为规划路径的节点。

（7）若 Open 表不为空，则回到步骤（3），否则，寻径失败，起点与目标点之间没有可通行的路径。

接下来，在栅格地图中演示使用 A*算法进行路径规划的例子。如图 4.5（a）所示，先创建一个地图，地图中黑色的区域表示障碍物，已知起点 S 和目标点 G，规划一条从起点 S 到目标点 G 的路径。在本例中，横向和纵向移动一个栅格的代价为 10，对角方向移动一个栅格的代价为 14。在一个栅格中，左下角的值表示 g 值，右下角的值表示 h 值，左上角的值表示 f 值。图 4.5 中，箭头的指向为该栅格节点的父节点，此时 OPEN 表中有 1 个节点，CLOSE 表中有 0 个节点。图 4.5（b）为搜索与起点相邻的栅格，选出 f 值最小的节点并搜索该节点相邻的栅格，此时 OPEN 表中有 7 个节点，CLOSE 表中有 2 个节点。图 4.5（c）为继续选择 f 值最小的节点并搜索该节点相邻的栅格，此时 OPEN 表中有 9 个节点，CLOSE 表中有 3 个节点。图 4.5（d）～（g）为继续搜索得到的结果。最后，规划得到的路径如图 4.5（h）所示，从目标节点开始寻找父节点，直到到达起点节点。

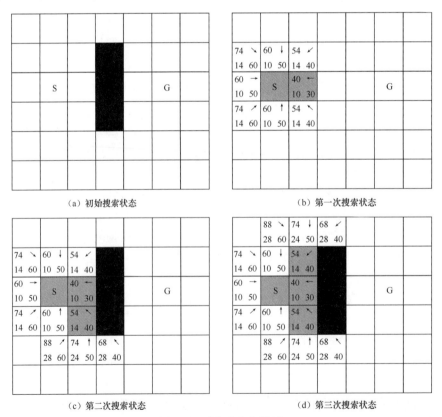

图 4.5　A*算法路径规划

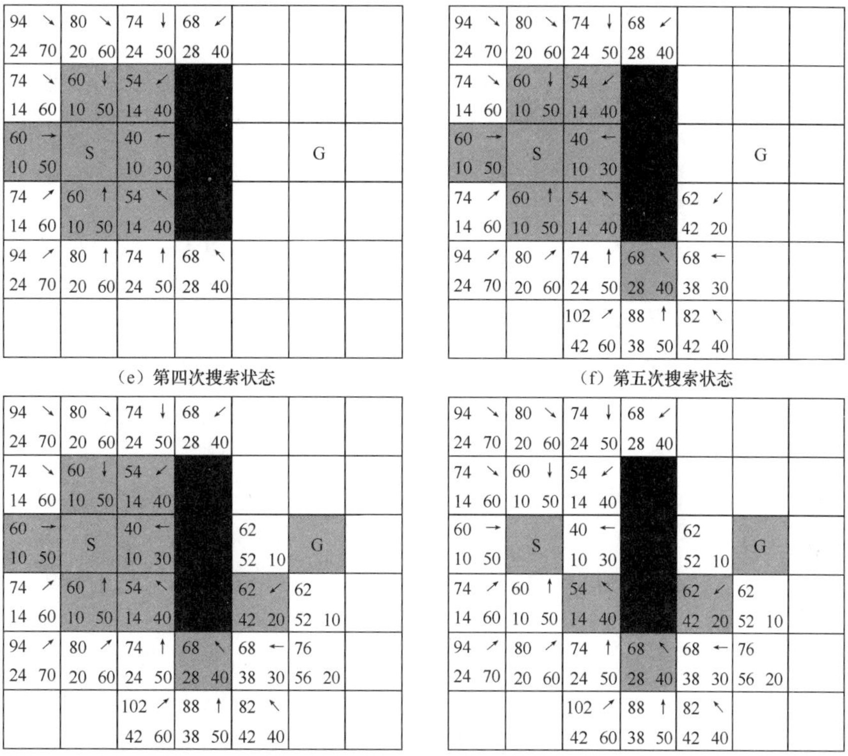

（e）第四次搜索状态　　　　　　　　（f）第五次搜索状态

（g）第六次搜索状态　　　　　　　　（h）最终搜索状态

图 4.5　A*算法路径规划（续）

4.3.3　D*算法路径规划

D*算法是一种高效的动态路径规划方法，是在 A*算法的基础上对二次路径规划进行改进而得到的启发式搜索算法。D*算法利用启发函数计算节点的代价估计值，每次选择具有最小代价估计值的节点作为最佳的扩展方向，并迭代循环计算周围节点的代价估计值。如果失败，则选择其他路径进行搜索，直到找到目标节点为止。当机器人在前进的过程中遇到动态障碍物时，D*算法利用路径规划已有的节点信息进行二次规划，重新找到从当前位置到目标位置的优化路径。A*算法是从起始节点开始扇形展开搜索，计算的是当前节点距离起始节点的路径长度，当进行二次路径规划时，前一次路径规划计算的节点信息作废。而 D*算法从目标节点开始扇形展开搜索，计算的节点信息为距离目标节点的路径长度，当进行二次路径规划时，此信息可以再次利用，减少了对相同数据的重复计算，提高了二次路径规划的效率。

D*算法的评价函数为：

$$f(n) = g(n) + h(n) \tag{4.10}$$

其中，$f(n)$ 表示初始节点与当前节点及目标节点三者的估价函数，$g(n)$ 表示从目标节点到当前扩展节点的路径代价，$h(n)$ 表示从节点 n 到初始节点的最短路径代价的估计值，一般选取曼哈顿距离。假设地图中有点 (x_n, y_n) 和点 (x_g, y_g)，则这两点的曼哈顿距离可表示为：

$$h(n) = |x_n - x_g| + |y_n - y_g| \qquad (4.11)$$

D*算法的实现步骤为：从目标节点开始遍历搜索，直到找到初始节点。分别创建 OPEN 表和 CLOSE 表两个空链表。D*算法的具体实施步骤如下：

（1）创建两个空链表 OPEN 表和 CLOSE 表。

（2）将目标节点加入 OPEN 表中。

（3）检测 OPEN 表是否为空，若空，则路径规划失败；若非空，则选择 OPEN 表中代价估计值最小的节点作为待扩展节点，并将待扩展节点加入 CLOSE 表中。若待扩展节点是初始节点，则路径规划结束，从初始节点开始沿着后向指针找到最优路径，算法结束；若待扩展节点不是初始节点，则以该节点为父节点，扩展该节点周围所有的子节点。

（4）对所有子节点进行如下操作。

① 计算子节点的 g 值。

② 判断子节点是否在 OPEN 表中，如果在，则比较子节点的新 g 值与 OPEN 表中保存的对应子节点旧 g 值的大小，若新 g 值小于旧 g 值，则更新 OPEN 表中对应子节点的 g 值，并将其父节点指针指向待扩展节点重新计算，并更新子节点的代价估计值 f；如果子节点不在 OPEN 表中，则进一步判断该子节点是否在 CLOSE 表中，若在，则判断该子节点的 g 值是否小于保存在 CLOSE 表中对应节点的旧 g 值，若小于，则将该子节点从 CLOSE 表中删除，并加入 OPEN 表中，更新该子节点在 OPEN 表中的 g 值，并将其父节点指针指向待扩展节点，同时重新计算并更新该子节点的 f 值。该节点判断完成后返回步骤（3）。

接下来演示使用 D*算法进行路径规划的例子。如图 4.6 所示，地图中黑色的区域表示障碍物，已知起点 S 和目标点 G，规划一条从起点 S 到目标点 G 的路径。图 4.6（a）为障碍物未发生变化的路径规划示意图，图 4.6（b）为障碍物发生变化后的路径规划示意图。由此可见，D*算法在发现路径中存在新的障碍物时，对于目标位置到新障碍物范围内的路径节点，新的障碍物是不会影响其到目标点的路径的，新障碍物只会影响物体所在位置到障碍物之间范围的节点的路径。这时通过新的障碍物周围的节点加入 OPEN 表中进行处理，然后向物体所在位置进行传播，能够最大程度地减少计算开销。

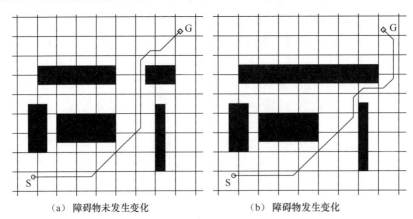

    （a）障碍物未发生变化   （b）障碍物发生变化

图 4.6 D*算法路径规划

4.4　全覆盖路径规划

4.4.1　全覆盖路径规划问题

根据规划方式不同，路径规划分为点到点的路径规划和全覆盖路径规划（Complete Coverage Path Planning，CCPP）。点到点的路径规划要求从一个给定的起点出发，规划出一条到任意目标点无碰撞的最优路径；全覆盖路径规划则要求规划出一条遍历给定环境中空闲区域的全覆盖路径。两种路径规划的对比如图 4.7 所示。

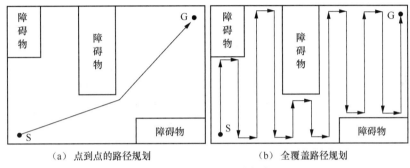

图 4.7　两种路径规划的对比

在机器人研究领域中，全覆盖路径规划是一个基础而活跃的话题。随着研究的深入和实际应用的需要，机器人全覆盖路径规划引起越来越多的重视。全覆盖路径规划问题与控制理论、机器人学等诸多领域有密切的联系，涉及理论、算法与应用等不同层次的研究。机器人全覆盖路径规划要求机器人以物理接触或者传感器感知的方式，遍历目标环境区域，并尽可能地满足覆盖时间短、重复路径少和未遍历区域小等优化目标。根本目标是解决以下 3 个问题。

（1）机器人如何遍历该区域内除障碍物以外的全部地方。

（2）在行走过程中如何避开所有障碍物。

（3）在遍历过程中如何避免重复遍历。

一般来说，全覆盖路径规划的结果可以由区域覆盖率、路径重复率及总行程这 3 类技术指标衡量。目前，比较成熟的全覆盖路径规划算法有单元分解法和栅格地图法等。

现实生活中，全覆盖路径规划技术有广泛的应用，从生活服务到农业生产，从资源勘探到军事侦察都有广泛的应用前景，具体包含以下 4 个方面。

（1）服务方面：室内外清洁、草坪修剪、铲除积雪、农林业的耕作等。

（2）军事方面：战区扫雷布雷、战场环境监测和巡逻等。

（3）安全方面：对受污染区域的安全监控、灾难现场救援等。

（4）资源方面：陆地、海底的地形测绘，外星探索，地理数据采集等。

4.4.2　单元分解法

单元分解法是一种基于空间分解地图的方法，首先需要将全部地图空间分解为一系列不相交的子区域，再按照一定的顺序依次对各个子区域进行遍历，进而完成对整个区域的遍历。这种化整为零，逐个攻克的思想有效降低了复杂环境下机器人遍历的难度。单元分解法的具体实现有多种方式，但是都需要经历以下几个步骤：区域分解、子区域衔接、子区域覆盖。

1．区域分解

区域分解法是将计算域分解为若干子域，分别求解再进行综合的一种数值计算方法。这种方法便于在各子域中运用适应其特点的数学模型、计算方法和格式，使总体解更符合实际，并有利于采用并行算法加快运算速度。在单元分解法中，主要的区域分解方法有梯形分解法（trapezoidal decomposition）、牛耕式分解法（boustrophedon decomposition）和Morse 分解法（Morse-based decomposition）等。

（1）梯形分解。梯形分解法是一种简单的单元分解法，通常用在二维环境中且环境中的障碍物一般为多边形。用一条竖直的垂线自左向右（自右向左）扫过目标区域，每当直线经过目标区域中多边形障碍物的一个顶点，便会产生一个子区域，通常被分解的每个子区域都是呈梯形，如图 4.8 所示。在每个子区域中，机器人仅需要通过简单的往返运动便可以完成覆盖，按照事先规划好的顺序依次遍历每个子区域，便可以完成对整个空间的全覆盖。

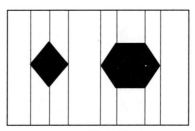

图 4.8　梯形分解法

（2）牛耕式分解。梯形分解的不足之处是会产生过多的子区域，从而造成许多不必要的往返运动。牛耕式分解法是对梯形分解法的改进。这种方法的思路是用一条垂线自左向右地扫过目标区域，当垂线的连通性发生改变时，生成新的区域，当连通性增加时，旧区域结束，两个或多个新的子区域生成；相反，连通性减少时，多个旧的子区域结束，新的子区域生成，如图 4.9 所示。牛耕式分解法有效减少了分解后子区域的数目，从而减少了覆盖过程中的重复率。但是，该算法仅适用于环境中的障碍物均为多边形的情况。

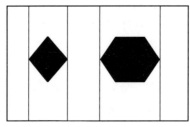

图 4.9　牛耕式分解法

（3）Morse 分解法。为了解决场景内存在不规则障碍物的情况，在牛耕式分解法的基础上提出了 Morse 分解法。该方法通过使用 Morse 函数计算与障碍物边界的切点，从而形成新的子单元，当选择的计算函数不同时，产生的子单元的形状也将不同。图 4.10（a）和图 4.10（b）分别为基于 Morse 函数 $h(x,y)=x$ 和基于 Morse 函数 $h(x,y)=y$ 的分解结果。

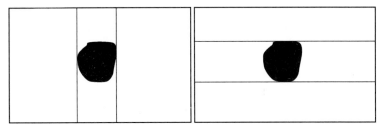

（a）基于函数 $h(x,y)=x$ 的分解结构　　（b）基于函数 $h(x,y)=y$ 的分解结构

图 4.10　Morse 分解法

该算法适用于基于传感器的全覆盖路径规划，机器人利用传感器信息在线地寻找障碍物关键点，可通过构造不同的 Morse 方程寻求最合理的区域分解方式。但是，该算法要求待覆盖区域中障碍物的边界为光滑曲线，否则将造成关键点的退化，给传感器的搜索增加难度。

2．子区域衔接

对目标区域进行划分后，便到了邻接图的建立阶段，即对各个子区域衔接的阶段。该阶段关系到机器人在整个遍历过程中覆盖的重复率和遗漏率的问题，因此，对衔接路径的有效规划能够明显地提高机器人全区域覆盖的效率。当前，全覆盖路径规划中邻接图衔接有基于改进旅行商问题的方法和蚁群优化方法等。

3．子区域覆盖

子区域覆盖是对整个目标区域进行全覆盖的缩小和简化，不同的是，对于静态环境而言，子区域内无障碍物。因此，对于子区域的覆盖，无须考虑避障的问题，重点是能够提高覆盖效率，即在最短的时间内以最短的路径覆盖各个子区域。

目前，采用区域分解法的研究中，对子区域的遍历普遍采用的是模板法。在目标区域进行划分之后，对子区域采用模板库中的某种模板进行遍历。区域分解法与遗传算法的结合优化机器人全覆盖路径成为一个研究方向。首先，通过分解算法将整个区域分为相邻的若干子区域；然后，通过遗传算法为各子区域寻找最优的覆盖路径，将总距离和总时间作为约束构成适应度函数。目前，大多数的研究方法只是简单地随便采用一种模板，对覆盖效率并未作过多研究，这使得机器人在全区域覆盖效率上还有很大的提升空间。

4.4.3　栅格地图法

栅格地图法全覆盖路径规划方法是指将整个环境分解为栅格地图（grid map）并进行对应的全覆盖路径规划。栅格地图具有直观、简明、易于创建的优点，而且主要位置信息由数组维护，便于与传感器信息融合。

如图 4.11 所示，栅格地图将环境空间分解为一系列互

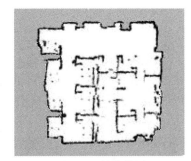

图 4.11　栅格地图

不重叠的大小相同的栅格，每个栅格都会分配一个概率值，表示其被障碍物占据的概率大小。栅格地图中的栅格有 3 种状态：空闲、占据和未知。栅格地图的优势在于创建和维护容易，尽量保留了全局环境的各种信息。

目前，栅格地图的全覆盖路径规划有基于波前算法、基于生成树算法，以及基于神经网络进行研究的方法。

1．基于波前算法的全覆盖路径规划

该方法首先需要在栅格地图上标记一个开始单元（start cell）和一个目标单元（goal cell），如图 4.12 中的 S 和 G 所示，并像波浪一样从目标单元开始扩散，给每个空闲单元格赋一个特殊的权值。具体做法是：将目标单元的权值设为 0，0 周边空闲单元的权值设为 1，1 周边空闲单元的权值设为 2，以此类推，直到开始单元也被赋上权值才停止。图 4.12 是一张基于栅格地图的波阵图。

S	8	8	8			8	8	8	8
8	7	7	7			7	7	7	7
8	7	6	6	6	6	6	6	6	6
8	7	6	5	5	5	5	5	5	5
8	7	6	5	4	4	4	4	4	4
8	7	6	5	4	3	3	3	3	3
8	7	6	5	4	3	2	2	2	2
8	7	6		4	3	2	1	1	1
8	7	7		4	3	2	1	G	1
8	8	8		4	3	2	1	1	1

图 4.12　基于栅格地图的波阵图

生成波阵图后，便可以开始栅格为起点规划覆盖路径，首先选择开始栅格周围权值最高的栅格，如果此时恰好有两个及两个以上权值相同且未被访问的栅格，则随机选取一个栅格；接着，以上一时刻选择的栅格为新的起点，再次寻找该栅格周围权值最大的栅格；不断重复以上步骤，直至到达目标点 G 为止。这个寻找覆盖路径的过程类似于使用伪梯度的方式，从起点逐渐递减至目标点。图 4.13 展示了在图 4.12 的基础上生成的一条覆盖路径，如图 4.13 中的蓝色线段所示。该覆盖算法最大的特点是起点和目标点可以根据实际需要任意设定，设定好之后按照生成的覆盖路径进行遍历，机器人可以高效地完成该区域的覆盖任务。

2．基于生成树算法的全覆盖路径规划

生成树覆盖算法（spanning tree coverage，STC）将待覆盖区域分成一系列大小相同的单元，舍掉被障碍物占据的单元，再将其中的空闲单元递归地分解成 4 个大小相同的子单元，子单元的尺寸与机器人机身或者机器人上的传感器的探测范围相当，在此基础上构造连接所有空闲单元的生成树，通过对生成树的访问实现对整个区域的全覆盖，如图 4.14 所示。

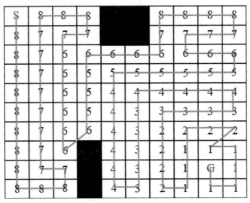

图 4.13　基于波阵图的覆盖路径

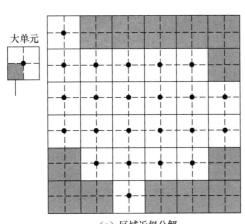

（a）区域近似分解

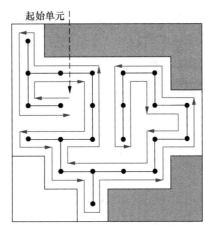

（b）空闲单元的生成树

图 4.14　生成树覆盖算法

目前，STC 算法已经发展出离线、在线的形式。无论机器人是否掌握目标区域的先验知识，都有适合的方法应对。尽管 STC 算法可以有效降低机器人覆盖过程中的重复率，但是会产生较多的转弯次数，降低机器人的工作效率。

3．基于神经网络的全覆盖路径规划

基于神经网络的全覆盖路径规划算法，是将神经网络模型与栅格地图路径规划相结合，其原理为：在栅格地图上，每个方格对角线的长度等于机器人的清扫半径，一个神经元对应一个栅格，每个神经元都与周围紧邻的 8 个神经元相连，如图 4.15 所示。

在路径规划开始时，将每个神经元的活性设为 E，覆盖过程中，使用机器人上的传感器探测局部环境，在被探测到的环境中，将被障碍物占据的神经元的活性设为 $-E$，被清扫过的神经元的活性设为 0。每一时刻，机器人总是朝着离其最近的活性单元移动，直到所有的空闲区域被覆盖完。尽管该算法可以在不需要环境的先验信息的情况下完成对目标区域的覆盖，也可以很好地应对环境中有动态障碍物的情况，但是，该算法缺乏全局规划性，常常导致重复率较高。

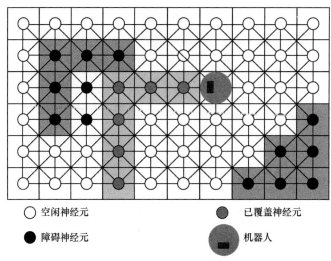

○ 空闲神经元　　　　　　● 已覆盖神经元

● 障碍神经元　　　　　　● 机器人

图 4.15　神经网络覆盖算法

4.5　本章小结

　　本章首先介绍了路径规划的基本概念和路径规划的分类，接着以人工势场法、栅格法和全覆盖路径规划为例，详细介绍路径规划方法的原理和细节。通过本章的学习，读者可以了解如何规划机器人移动的路径。

4.6　习题

1. 简述路径规划的定义。
2. 局部路径规划和全局路径规划的区别是什么？
3. 人工势场法的概念是什么？
4. 比较深度优先搜索和广度优先搜索的不同。
5. A^*算法的评价函数是什么？评价函数的每个部分表示什么意义？
6. 简述全覆盖路径规划的定义和应用。
7. 简述波前算法的扩散过程。
8. 创建一个地图，用人工势场法和 A^*算法规划从起点到目标点的路径，比较人工势场法和 A^*算法规划路径的不同，用 Python 实现。
9. 建一个地图，用 D^*算法规划从起点到目标点的路径，用 Python 实现。
10. 用 ROS 中的 Gazebo 仿真工具搭建仿真环境并构建环境地图，用 move_base 功能包实现起点到目标点的路径规划。

机器人在复杂的环境中执行任务时，机器人需要解决 3 个问题：我在哪，我周围的环境是什么样的，我要去哪，分别对应机器人定位，建图，自主导航与路径规划。首先需要解决建图问题，为了获得精确的地图，需要借助测量精度较高的外部传感器，同时，SLAM 技术常用于解决机器人建图与定位同步进行的问题。随着近年来理论研究与实际应用的不断发展，已经形成基于激光的 SLAM 和基于视觉的 SLAM 两大分支。

本章学习目标：

（1）了解 SLAM 的基本概念；
（2）了解激光 SLAM 和视觉 SLAM 的原理；
（3）掌握利用开源 SLAM 算法构建地图的方法。

5.1 机器人 SLAM

随着近几十年来机器人技术和产业化的快速发展，越来越多的机器人出现在人们生活的方方面面。工厂内，机械臂代替工人完成零件的装配工作，将劳动力从简单重复的体力劳动中解放出来，如图 5.1（a）所示；商场车站等场所，安保机器人协助特警完成秩序维护和危险排除等工作，如图 5.1（b）所示；医疗机器人在外科手术中应用，让医生把更多的精力放在对病理的分析上，并且减少病人由传统手术带来的痛苦，如图 5.1（c）所示；清洁机器人可以应用在家庭及公共场所，提高效率，让主人得到更多的休息，如图 5.1（d）所示。

（a）机械臂　　　　　　　　　　　　　　（b）安保机器人

图 5.1　不同类型的机器人

（c）医疗机器人　　　　　　　　　　　　　　（d）清洁机器人

图 5.1　不同类型的机器人（续）

　　智能机器人的工作环境大多是复杂的、危险的，这就意味着对机器人的智能化要求非常高，智能机器人必须具有足够强大的自主性。不难发现，在工业机器人和服务机器人领域，都需要机器人具备自主移动的能力。自主移动性能要求机器人具有在未知的环境中感知周围的环境特征、实时进行路径决策与规划及执行任务等多项任务综合的能力。

5.1.1　SLAM 的定义

　　当机器人运行在一个未知环境中，而且不能根据外界的设备提供环境模型和实时位姿信息时，就需要该机器人具备对环境的感知能力，并且根据环境信息确定自身位置来规划行进路线。SLAM 是指机器人根据自身携带的传感器感知周围环境来创建环境模型，根据已建立的地图进行自身定位，并且不断地通过状态估计构建并更新地图的同时更新自身位置的过程。因此，SLAM 算法是机器人具有自主工作能力的基础。

　　一般来讲，SLAM 系统通常包含多种传感器和多功能模块。目前，SLAM 的分类方法有很多种，较流行的分类方法是根据传感器的不同进行 SLAM 算法分类，可以分为基于激光雷达的 SLAM 和基于视觉的 SLAM（visual SLAM，VSLAM）；也可以根据 SLAM 的应用环境进行分类，如图 5.2 所示，分为静态环境 SLAM 和动态环境 SLAM。静态环境又可以根据地图表达形式的不同分为尺度地图、拓扑地图、混合地图。

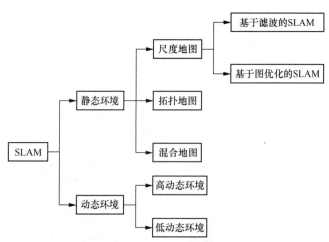

图 5.2　根据 SLAM 的应用环境分类

5.1.2 SLAM 数学描述

机器人如何实现同时定位与建图？SLAM 问题的本质是状态估计问题：如何通过带有噪声的测量数量估计机器人的位姿状态。同时，定位与建图过程可以总结为运动模型和测量模型两部分。运动模型描述的是机器人受控制系统而产生的运动，测量模型描述的是机器人根据自身携带的传感器获取周围的环境信息，为了更加科学和系统地求解这个过程，可以建立一个 SLAM 数学模型。

机器人的位姿需要用 6 个变量描述，包括机器人相对于外部坐标系的三维空间坐标（x、y、z）及 3 个欧拉角（横滚角、俯仰角、偏航角）。通常，机器人的运动被限制在某一平面上，此时机器人的位姿只需要用 3 个变量描述即可，包括机器人相对于外部平面坐标系的坐标及其方位角，机器人的位姿用向量 $[x\ y\ \theta]^{\mathrm{T}}$ 描述。

首先需要了解在运动过程中，机器人的位姿是如何变化的。假设一段时间内机器人在室内环境中移动，在运动过程中，每一时刻都有对应的机器人运动状态，可以根据机器人的内部传感器（如里程计）估算出机器人的状态，建立机器人的运动学模型。为了便于计算和理解，可以把时间用离散时刻表示，记为 $t = 1, 2, 3, \cdots, k$，与时间对应的机器人的状态记为 $x_1, x_2, x_3, \cdots, x_k$，其用来描述机器人的运动轨迹。在机器人由状态 x_k 运动至状态 x_{k+1} 时，位姿状态由机器人运动控制系统与噪声共同决定，构成运动方程：

$$x_{k+1} = f(x_k, u_{k+1}) + \omega_{k+1} \tag{5.1}$$

其中，x_k 是 k 时刻机器人的位姿信息，u_{k+1} 是机器人在 $k+1$ 时刻的运动控制，ω_{k+1} 是运动噪声。非线性函数 $f()$ 是系统的状态转移矩阵。

机器人通过观测模型对周围环境进行物理建模。目前，机器人使用较多的传感器主要有视觉传感器和激光测距仪两类，针对不同的场景和不同的精度需求，可以选择合适的传感器。

当机器人在 x_k 位置处通过第 j 个传感器观测到环境信息 y_j，产生观测数据 $z_{k,j}$ 时，可以用观测方程表示为：

$$z_{k,j} = h(x_k, y_j) + v_{k,j} \tag{5.2}$$

其中，x_k 是机器人的位姿状态信息，$v_{k,j}$ 是传感器的观测噪声，$h(x)$ 是抽象的测量函数，根据不同的传感器转换为不同的形式。

SLAM 本质上是对运动状态和观测状态进行估计的过程，理论上可以分为两类：基于滤波的 SLAM（Filter-based SLAM）算法和基于图优化的 SLAM（Graph-based SLAM）算法。基于滤波的 SLAM 算法根据对后验概率表示的不同，可以分为基于扩展卡尔曼滤波器的 SLAM（extended Kalman filter based SLAM，EKF-SLAM）、基于粒子滤波器的 SLAM（particle filter based SLAM，PF-SLAM）等。这类方法根据观测信息和运动信息结合贝叶斯原理与马尔可夫假设，对当前时刻的位姿和地图进行预测和更新。基于图优化的方法将 SLAM 算法分为前端和后端，前端通过顺序数据关联和回环检测构建位姿图，后端使用优化算法对位姿图进行全局优化。

5.2 机器人激光雷达 SLAM

5.2.1 激光雷达

机器人根据实现不同的功能需求搭载不同的传感器,相比于视觉传感器(如深度相机),激光雷达 SLAM 具有测量精确、测量距离远、可融合多传感器、受光线环境因素影响较小、能够生成便于导航的环境地图等优点。激光雷达分为 2D 激光雷达和 3D 激光雷达。2D 激光雷达为单线激光雷达,如图 5.3(a)所示,造价低廉,适用于室内环境。3D 激光雷达为多线激光雷达,如图 5.3(b)所示,具有扫描频率高,采样点密集的特点,常用于室外环境。在激光 SLAM 中,激光雷达作为观测模型的传感器感知周围的环境信息,惯性测量单元(inertial measurement unit,IMU)或者里程计(odometry)作为运动模型的传感器,配合完成 SLAM 过程。

(a) 2D激光雷达　　　　(b) 3D激光雷达

图 5.3　激光雷达

5.2.2 基于扩展卡尔曼滤波的 SLAM

基于扩展卡尔曼滤波的 SLAM 方法是 SLAM 问题的经典解决方案,其基本原理已在 3.2 节介绍过,本节重点阐述其中的数据关联(data association)问题。

SLAM 问题中,数据关联是将当前机器人观测到的传感器数据与地图中的物体一一对应的过程。只有有了数据关联的结果,SLAM 算法才能够利用观测数据与预测地图之间的新息(innovation)对系统状态进行更新。它是所有基于 EKF 的 SLAM 算法都必须要解决的一个问题。在 SLAM 问题中,错误的数据关联将会导致状态更新时地图中的物体得到不正确的更新,使地图出现扭曲,甚至会直接导致整个 SLAM 的结果发散到使算法无法继续下去的地步。因此,数据关联在 SLAM 问题中至关重要,只有有了正确的数据关联,SLAM 算法才能给出满意的结果。

传统上解决数据关联的方法都是基于特征地图,常用的方法有最近邻算法、联合相容分支界定算法、基于极大似然法的方法、多假设跟踪算法等,下面分别对这几种方法进行描述。

1. 最近邻算法

最近邻(nearest neighbor,NN)算法采用马氏距离(Mahalanobis distance)度量当前测量值中的某个特征与地图中某个特征的预测值之间的距离,并用一个阈值判断两者是否为同一特征。当两者之间的马氏距离小于该阈值时,则认为两者关联;否则,认为它们不关联。

不失一般性，假设在 k 时刻，系统的状态为 $X(k)$，状态估计及方差分别是 $\hat{X}(k\,|\,k-1)$ 和 $P(k\,|\,k-1)$。（$\hat{X}(k\,|\,k-1)$ 和 $P(k\,|\,k-1)$ 是 k 时刻经过运动学预测之后的状态估计，由于通常数据关联发生在运动学预测之后、测量更新之前，所以这里没有用测量更新之后的状态估计 $\hat{X}(k\,|\,k)$ 和方差 $P(k\,|\,k)$）。对于某一个特征 X_{f_j}，它的预测值 $\hat{z}_j$ 可以通过它的观测模型获得，$\hat{z}_j$ 的方差 $R^{P_j} = \boldsymbol{H}^j P(k+1\,|\,k) \boldsymbol{H}^{j\mathrm{T}}$。其中，$\boldsymbol{H}^j$ 为 X_{f_j} 的观测模型关于状态 $X(k)$ 的雅可比矩阵。

对于某一个测量值 z_i，其方差为 R_i。那么，测量值 z_i 与 X_{f_j} 之间的关系为：

$$v_{ij} = z_i - \hat{z}_j \tag{5.3}$$

测量值 z_i 与 X_{f_j} 之间的马氏距离为：

$$M_{ij} = v_{ij}^{\mathrm{T}} S_{ij}^{-1} v_{ij} \tag{5.4}$$

其中，$S_{ij} = R_i + R^{P_j} = R_i + \boldsymbol{H}^j P(k+1\,|\,k) \boldsymbol{H}^{j\mathrm{T}}$。

在获取第 i 个测量值和第 j 个预测值之间的马氏距离之后，NN 算法通常使用一个阈值 $\chi^2_{m,1-\alpha}$ 判断测量值与预测值是否对应于同一个物体。这里，m 为 v_{ij} 的维数，$1-\alpha$ 为置信系数，通常取为 95%，$\chi^2_{m,1-\alpha}$ 即自由度为 m、置信系数为 $1-\alpha$ 的卡方函数值。如果马氏距离 M_{ij} 小于 $\chi^2_{m,1-\alpha}$，就认为 z_i 是第 j 个路标的观测值，否则不是。

NN 算法整体流程简洁，计算速度快，是 SLAM 领域里最常用的一种数据关联算法。当观测到的物体不多并且机器人具有较高精度的运动学模型时，NN 算法能够快速给出正确的结果。但是，当观测到很多物体，并且这些物体之间的距离比较接近，或者机器人运动学模型的精度比较低的时候，NN 算法通常很难得到正确的关联结果。

2. 联合相容分支界定算法

联合相容分支界定算法（joint compatibility branch and bound，JCBB）采用联合相容检验准则判断所有观测值和局部地图中的特征之间的关联。相较于 NN 算法只使用独立相容性（individual compatibility，IC），也就是单个观测值和预测值之间的距离，该算法利用了预测状态之间的协相关性，综合考虑所有可能关联的联合相容性（joint compatibility，JC）挑选最佳数据关联，从而在机器人位姿估计出现较大偏差时能够避免错误的数据关联。

假设观测到的物体为 $O = \left\{ O_1\ O_2 \cdots O_{n_1} \right\}$，地图中的特征为 $F = \left\{ F_1\ F_2 \cdots F_{n_2} \right\}$。JCBB 算法用隐式测量函数（implicit measurement function）描述任意一个观测值 O_i 和地图中任意一个物体预测值之间的相容性。

隐式测量函数可以是任意一个距离函数，最简单的一种形式是观测值与测量值之间的差值：

$$f_{i,j} = z_i - h(X_r, X_{F_j}) \tag{5.5}$$

式（5.5）中，z_i 为 O_i 的测量值，$h\left(X_r, X_{F_j}\right)$ 为特征 F_j 的预测值。如果 O_i 和 F_j 对应同一个物体，那么 $f_{i,j}$ 应该趋于零。

与 NN 算法只比较单个观测值与预测值之间的马氏距离不同，JCBB 算法同时比较多个观测值和预测值之间的马氏距离。假设 $\left\{\left(O_{i_1}, F_{j_1}\right), \left(O_{i_2}, F_2\right), \cdots, \left(O_{i_k}, F_k\right)\right\}$ 为候选的一组数据关联，并且 $H_{i-1} = \left\{\left(O_{i_1}, F_{j_1}\right), \left(O_{i_2}, F_2\right), \cdots, \left(O_{i-1}, F_{j_{i-1}}\right)\right\}$ 为已经确认的数据关联。在为 O_i 选择与之关联的预测值时，JCBB 算法首先构造下面这样一个联合隐式测量函数：

$$\boldsymbol{f}_{H_i} = \begin{bmatrix} f_{H_i}(x,y) \\ f_{i,j_i}(x,y) \end{bmatrix} = \begin{bmatrix} f_{12,j_1}(x,y) \\ \vdots \\ f_{i,j_i}(x,y) \end{bmatrix} \approx \boldsymbol{h}_{H_i} + \boldsymbol{H}_{H_i}(x - \hat{x}) + \boldsymbol{G}_{H_i}(y - \hat{y}) \tag{5.6}$$

其中：

$$\boldsymbol{h}_{H_i} = f_{H_i}(\hat{x}, \hat{y}) = \begin{bmatrix} h_{H_{i-1}} \\ h_{i,j_i} \end{bmatrix} = \begin{bmatrix} h_{1j_1} \\ \vdots \\ h_{f_{i,j_i}} \end{bmatrix}$$

$$\boldsymbol{H}_{H_i} = \left.\frac{\partial f_{H_i}}{\partial x}\right|_{\hat{x}, \hat{y}} = \begin{bmatrix} H_{H_{i-1}} \\ H_{i,j_i} \end{bmatrix} = \begin{bmatrix} H_{1j_1} \\ \vdots \\ H_{f_{i,j_i}} \end{bmatrix}$$

$$\boldsymbol{G}_{H_i} = \left.\frac{\partial f_{H_i}}{\partial y}\right|_{\hat{x}, \hat{y}} = \begin{bmatrix} G_{H_{i-1}} \\ G_{i,j_i} \end{bmatrix} = \begin{bmatrix} G_{1j_1} \\ \vdots \\ G_{f_{i,j_i}} \end{bmatrix} \tag{5.7}$$

然后利用这个联合隐式函数计算 H_i 的联合相容性函数，用来衡量 O_1 到 O_i 之间所有关联对 $H_i = \left\{\left(O_{i_1}, F_{j_1}\right), \left(O_{i_2}, F_2\right), \cdots, \left(O_i, F_{j_i}\right)\right\}$ 之间的联合相容性：

$$\begin{aligned} \boldsymbol{C}_{H_i} &= \boldsymbol{H}_{H_i} \boldsymbol{P} \boldsymbol{H}_{H_i}^{\mathrm{T}} + \boldsymbol{G}_{H_i} \boldsymbol{S} \boldsymbol{G}_{H_i}^{\mathrm{T}} \\ D_{H_i}^2 &= \boldsymbol{h}_{H_i}^{\mathrm{T}} \boldsymbol{C}_{H_i} \boldsymbol{h}_{H_i} < \chi_{d,1-\alpha}^2 \end{aligned} \tag{5.8}$$

式（5.8）中，$\boldsymbol{C}_{H_i}$ 是联合新息的方差矩阵，$1-\alpha$ 是事先给定的置信水平，一般取 α 为 5%，d 为向量函数 f_{H_i} 的维数。通过比较 $D_{H_i}^2$ 与阈值 $\chi_{d,1-\alpha}^2$，就可以判断数据关联 H_i 是否为正确的数据关联。

JCBB 算法将地图中各个特征之间的协相关性引入数据关联，可以从整体上判断多个数据关联的总体效果，因而可以排除许多因几何距离比较近而引入的错误的关联假设，相比于 NN 算法，它的鲁棒性更强。

3．基于极大似然法的方法

极大似然法（maximum likelihood，ML）从概率最大化的角度提出了一个关于当前数据关联方案的概率函数，而最佳的数据关联是能够使该概率函数取极大值的那个数据关联。为了能够以数值的形式描述数据关联，令 n_k 为与当前测量值关联的预测值的下标的集合。

例如，n_k 中第 i 个元素为 j，就表示 O_i 与 F_j 关联。如果当前时刻地图中一共有 N 个物体，那么对于能够成功关联的物体，n_k 中对应元素的取值为 $1 \sim N$；如果测量值中存在一个或多个物体不能与地图中的物体关联，那么 n_k 中对应的值就为 $N+1, N+2, \cdots$。

记 n_k 为从起始时刻到 k 时刻所有的数据关联，$\hat{n}_k$ 为 k 时刻数据关联 n_k 的一种猜测。基于 ML 方法通过极大化如下这个概率函数获取最佳数据关联：

$$p(X_k \mid Z_{1:k}, u_{1:k}, \hat{n}^k) \tag{5.9}$$

这里，$\hat{n}^k$ 为 n_k 的估计值。在任意一个时刻，ML 方法通过选取能够使上述概率函数取极大值的 $\hat{n}_k$ 作为 k 时刻的最佳数据关联：

$$\begin{aligned} \hat{n}_k &= \arg\max_{n_k} p(X_k \mid Z_{1:k}, u_{1:k}, \hat{n}^{k-1}, n_k) \\ &= \arg\max_{nk} \int p(z_k \mid X_k, n_k) p(X_k \mid Z_{1:k-1}, u_{1:k}, \hat{n}^{k-1}, n_k) \mathrm{d}X_k \end{aligned} \tag{5.10}$$

4．多假设跟踪算法

前面提到的 NN、JCBB 及基于 ML 的算法都是用当前时刻的预测值与当前时刻的测量值进行关联，在路标比较密集的情况下，仅依靠当前时刻及之前的信息很难获得正确的数据关联。在这种情况下，可以同时保存各种可能的数据关联，通过之后一段时间采集到的数据对各种数据关联方案进行评价，最终获得正确的数据关联，这就是多假设跟踪（multi-hypothesis tracker，MHT）算法的基本原理。

基于 MHT 的数据关联算法通常都通过一个有限长度的时间窗口建立多个候选关联假设，假设的产生可以使用前面介绍的 NN、JCBB 等算法。然后，基于各个候选的数据关联独立进行 SLAM 过程，并用在窗口时间段内的观测值评价各个候选假设的优劣。随着时间的推移，错误的数据关联的评价会越来越低，直至被剔除，最终只有正确的数据关联才能被保存下来。

与其他数据关联算法相比，基于 MHT 的数据关联方法在某一时刻的数据关联不仅使用了该时刻及之前的信息，而且还延迟使用了该时刻之后的传感器信息，因而具有极高的准确性。但是，由于其同时维持了多种可能的数据关联方案，需要并行运行多个 SLAM 算法，由此带来存储量和计算量的迅速增加。所以，在实际应用中，该方法受到较大的限制。

5.2.3　基于粒子滤波的 SLAM

FastSLAM 是粒子滤波在 SLAM 中的应用。其将 SLAM 问题分解成两个部分：机器人运动轨迹的估计和基于轨迹的环境模型描述，如式（5.11）。使用粒子滤波对轨迹进行估计，每个粒子表示一种可能的轨迹；使用扩展卡尔曼滤波进行环境建模，根据每个粒子的轨迹估计及观测信息对环境进行描述，并根据观测信息对该粒子进行权重计算，评价粒子的好坏，则有：

$$p(X_{1:k}, X_l \mid Z_{1:k}, u_{1:k}) = p(X_{1:k} \mid Z_{1:k}, u_{1:k}) p(X_l \mid X_{1:k}, Z_{1:k}) \tag{5.11}$$

其中，$p(X_{1:k} \mid Z_{1:k}, u_{1:k})$ 表示根据观测信息和运动控制量对机器人位姿进行估计，$p(X_l \mid X_{1:k}, Z_{1:k})$ 表示根据机器人位姿及观测信息对环境特征的位置进行估计。

FastSLAM 可以分为 3 步：根据运动模型及轨迹的先验信息采样新位姿；用 EKF 对观测数据进行处理，对环境模型进行描述；根据观测信息计算粒子的权重，根据权重进行重采样。

1．采样新位姿

运动模型如式（5.11）所示，其中，对于 FastSLAM，X_k 只表示机器人的位姿。根据贝叶斯原理和马尔可夫假设，将运动模型表示成递归形式，如式（5.12）所示。

$$
\begin{aligned}
p\left(X_{1:k} \mid Z_{1:k}, u_{1:k}\right) &= \eta p\left(Z_k \mid X_{1:k}, Z_{1:k-1}, u_{1:k}\right) p\left(X_{1:k} \mid Z_{1:k-1}, u_{1:k}\right) \\
&= \eta p\left(Z_k \mid X_k\right) p\left(X_{1:k} \mid Z_{1:k-1}, u_{1:k}\right) \\
&= \eta p\left(Z_k \mid X_k\right) p\left(X_k \mid X_{1:k-1}, Z_{1:k-1}, u_{1:k}\right) p\left(X_{1:k-1} \mid Z_{1:k-1}, u_{1:k}\right) \\
&= \eta p\left(Z_k \mid X_k\right) p\left(X_k \mid X_{1:k-1}, u_k\right) p\left(X_{1:k-1} \mid Z_{1:k-1}, u_{1:k-1}\right)
\end{aligned}
\tag{5.12}
$$

其中，$p\left(X_{1:k-1} \mid Z_{1:k-1}, u_{1:k-1}\right)$ 表示 $k-1$ 时刻粒子群的分布。通过式（5.12）及运动模型，即可根据上一时刻的粒子群分布和运动控制量估计下一时刻的粒子群分布。

2．环境模型的建立

环境模型的建立使用 EKF 算法，并且在已知机器人位姿的情况下对观测信息进行预测和更新。不同于 EKF-SLAM，FastSLAM 在使用 EKF 时的系统状态维度为二维，即特征在环境中的位置。而 EKF-SLAM 中系统状态的维度为 $2N+3$，其中 N 表示环境中的特征个数。因此，随着观测到的环境特征越来越多，EKF-SLAM 的维数将变得很大，由于涉及矩阵求逆，算法的整体计算量也会急剧增大，因此，FastSLAM 在对环境进行建模时的计算复杂度比 EKF-SLAM 小得多。

3．粒子权重的计算及重采样

在 FastSLAM 中，重采样是保证算法准确性和效率的关键。通过对每个粒子计算权重，权重较大表示真实分布与建议分布相似；权重较小表示该粒子代表的轨迹可信度较低。权重的计算公式如式（5.13）所示。

$$
\begin{aligned}
w_k &= \frac{\text{真实分布}}{\text{建议分布}} \\
&= \frac{\eta p\left(Z_k \mid X_k\right) p\left(X_k \mid X_{1:k-1}, u_k\right) p\left(X_{1:k-1} \mid Z_{1:k-1}, u_{1:k-1}\right)}{p\left(X_k \mid X_{1:k-1}, u_k\right) p\left(X_{1:k-1} \mid Z_{1:k-1}, u_{1:k-1}\right)} \\
&= \eta p\left(Z_k \mid X_k\right)
\end{aligned}
\tag{5.13}
$$

FastSLAM 算法使用权重较大的粒子表示机器人的运动轨迹，在进行重采样时，权重较小的粒子被剔除。但是，每一步都进行重采样会造成粒子多样性减少，并且增加计算量。FastSLAM 算法使用有效粒子数决定是否需要进行重采样：

$$
N_{\text{eff}} = \frac{1}{\sum\left(w^i\right)^2}
\tag{5.14}
$$

当 N_{eff} 较大时，说明有效粒子较多，粒子之间的差异性较小，不需要进行重采样；当 N_{eff}

较小时，说明有效粒子较少，粒子之间的差异性较大，此时需要对粒子进行重采样。

图 5.4 为基于粒子滤波的 SLAM 算法创建的栅格地图，可以看出地图的结构，但是在回环检测方面性能较弱，导致地图不够精确。

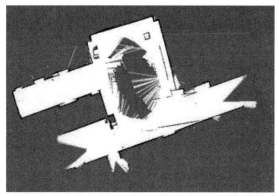

图 5.4　基于粒子滤波的 SLAM 算法创建的栅格地图

5.2.4　基于图优化的 SLAM

基于图优化的 SLAM 方法将 SLAM 问题描述成图，图由节点和边组成，节点表示机器人的位姿和观测信息，边表示节点之间的约束关系。基于图优化的 SLAM 方法可以分为前端和后端两部分，如图 5.5 所示。前端主要用来处理传感器的数据，构建位姿图（pose graph）；后端对位姿图进行优化，得到最优的机器人轨迹及全局地图。

顺序数据关联对连续两帧的传感器数据进行融合，并且计算机器人的位姿变换。环路闭合检测是将当前传感器的观测值与机器人已经获取的所有传感器数据进行对比，判断机器人是否出现在曾经到过的地方，如果是，则在这两个节点之间添加一条回环约束。前端用来处理激光雷达、相机、里程计等传感器数据，后端直接对前端构建的位姿图进行优化。

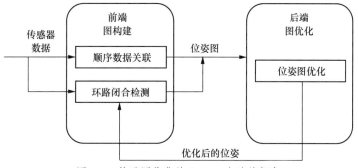

图 5.5　基于图优化的 SLAM 方法的框架

1．顺序数据关联

在激光 SLAM 中，由于前后两帧激光数据创建的栅格子地图比较相似，因此一般采用扫描匹配实现数据关联。扫描匹配是指找到一个最优的变换矩阵，将当前时刻机器人创建的栅格子地图与前一帧子地图融合在一起，也就是将当前帧的栅格子地图变换到前一帧子地图的坐标系下：

$$G_{k,k+1} = T_k^{k+1} G_{k+1} \qquad (5.15)$$

其中，G_k 表示 k 时刻创建的栅格子地图，T_k^{k+1} 表示将 $k+1$ 时刻创建的栅格子地图变换到 k 时刻创建的栅格子地图的坐标系下。T_k^{k+1} 由旋转和平移组成。

2．环路闭合检测

环路闭合检测是判断机器人当前所处的位置是否曾经到达过。正确的回环可以减少累积误差，保证所创建地图的一致性；错误的回环带入后端优化中，优化结果会出现严重的误差，导致整个 SLAM 算法失败。因此，环路闭合检测对于 SLAM 算法是很重要的一环。

图 5.6 是一个位姿图的示意图，图中 $\{x_1, x_2 \cdots, x_9\}$ 表示机器人在不同时刻的位姿，也就是位姿图中的节点，连接两个连续节点之间的边是通过顺序数据关联得到的约束，l_n 表示环境中的路标。假设机器人在 x_1 和 x_9 处观测到环境中的同一个墙角。

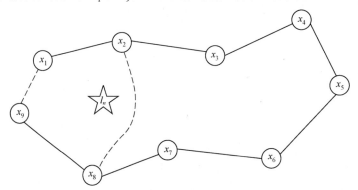

图 5.6 位姿图的示意图

图 5.7 为机器人在不同时间创建的子地图，图 5.7（a）表示机器人在 x_1 处创建的子地图，图 5.7（b）表示机器人在 x_9 处创建的子地图，通过匹配算法可以确定机器人在 x_1 和 x_9 位置创建的子地图对应环境中的相同位置，即达到了回环要求，则在位姿图中的这两个节点之间添加回环约束，如图 5.6 中的虚线所示。

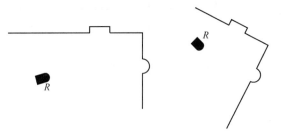

（a）在 x_1 处创建的子地图　　　（b）在 x_9 处创建的子地图

图 5.7 机器人在不同时间创建的子地图

3．位姿图优化

后端优化通过构建全局误差的最小二乘形式实现：

$$e_{ij} = \hat{z}_{ij} \Theta z_{ij} \qquad (5.16)$$

$$E_{ij} = \boldsymbol{e}_{ij}^{\mathrm{T}} \boldsymbol{\Omega}_{ij} \boldsymbol{e}_{ij} \qquad (5.17)$$

$$F(x) = \sum E_{ij} = \sum \boldsymbol{e}_{ij}^{\mathrm{T}} \boldsymbol{\Omega}_{ij} \boldsymbol{e}_{ij} \qquad (5.18)$$

$$x^* = \arg\min_x F(x) \qquad (5.19)$$

其中，$\hat{\boldsymbol{z}}_{ij}$ 表示根据机器人的运动信息计算出的相对位姿的变换，$\boldsymbol{z}_{ij}$ 表示根据传感器观测值计算出来的变换。$\boldsymbol{\Omega}_{ij}$ 为信息矩阵，是协方差矩阵的逆，用来表示数据的可信度。后端优化通过求解全局误差的最小值计算机器人的最优轨迹，再根据该轨迹创建全局地图。

图 5.8 为基于图优化 SLAM 算法创建的栅格地图，从中可以看出基于图优化的方法能够实现局部回环和全局回环检测，这样可以修正由于机器人传感器测量噪声带来的误差，可以创建更加准确的环境地图。

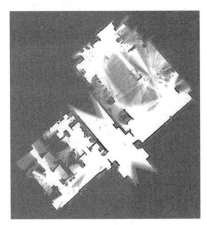

（a）地图 1　　　　　　　　　　　　（b）地图 2

图 5.8　基于图优化 SLAM 算法创建的栅格地图

5.3　VSLAM 基础

5.3.1　VSLAM 的概念

相机具有成本低、便于携带、获取的环境信息丰富等优点。VSLAM 是通过相机获取环境信息并实现机器人定位与环境建模的，如图 5.9 所示，根据相机类型的不同，可以将 VSLAM 分为三大类：基于单目相机的单目 SLAM、基于双目相机的双目 SLAM 和基于深度相机的 RGB-D SLAM（red green blue-depth SLAM）。单目 SLAM 根据单个摄像头拍摄的图像信息，推断出相机在环境中的位姿信息。单目相机只有一个摄像头，结构简单，成本非常低，但单目相机拍出的图像中的像素没有尺度信息，需要辅助方法确定像素的深度。MonoSLAM 是第一个实时的单目 VSLAM 系统。当摄像头在空间运动时，MonoSLAM 可以利用特征匹配的方法，估计摄像头的位置和特征点的位置。

（a）单目相机　　　　　　　（b）双目相机　　　　　　　（c）深度相机

图 5.9　单目、双目和深度相机

考虑到单目尺度缺失的问题，人们研究了基于双目相机和深度相机的 SLAM。根据双目相机的特性，通过左右图像中像素的差异可以计算出像素点的深度，由于深度信息是通过计算得到的，因此双目相机 SLAM 需要大量的计算，而且计算得到的像素深度的误差较大，影响最终地图的精度。基于双目相机的常用的 VSLAM 算法有 LSD 算法等。

随着科学技术的不断发展，深度相机出现了。此时，深度相机不再是通过计算获得，而是通过物理测量手段获取，可以节省大量的计算量。但是，深度相机获取深度的精度易受环境影响，如日光导致得到的结果中噪声很大，一般只在室内应用。常见的深度相机有 Kinect、Astra Pro、Xtion Pro Live 和 Realsense 等。优秀的 RGB-D SLAM 算法有 KinectFusion、RGB-D SLAM2、RTAB-Map 等。

VSLAM 技术已经形成较为稳定的理论框架，如图 5.10 所示。VSLAM 框架可以分为传感器数据、视觉里程计、非线性优化、回环检测和建图 5 个模块。首先，通过相机传感器获取周围环境信息，可以获得环境彩色图像信息，如果相机是深度相机，还会获得环境的深度图像信息。其次，由视觉里程计根据相机得到一系列的图像信息估计相机的位姿变换，通过计算相邻两帧图像的相对位姿变换，形成视觉里程计。然后，通过后端优化计算相机位姿。后端优化是基于状态估计理论或者是图优化理论实现的，视觉里程计中的任何一帧都会被传入前端进行定位，而后端优化中只有关键帧才会被保存下来进行优化。随着环境地图的增长，累积误差逐渐增大，最明显的表现是当相机回到之前经过的位置，地图没有形成闭环。因此，需要检测相机有没有回到曾经到达的地方，这个过程叫作回环检测。

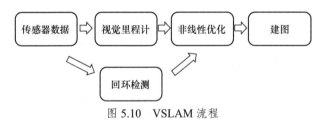

图 5.10　VSLAM 流程

5.3.2　特征提取

在环境建模的过程中，相机处于移动状态，期望通过某种方法估计相机位姿变化。估计相机运动的方法有：特征点法和直接法。特征点是图像中灰度值变化剧烈或者在图像边缘上曲率较大的点。通过对特征点建立独特的描述子，可以将不同图片上的相同位置特征点关联，得到特征点对，然后估计两帧之间相机的运动。常用的特征检测方法有 Harris、SIFT（scale invariant feature transform）、SURF（speed up robust feature）、ORB（oriented FAST and rotated BRIEF）等，下面主要介绍 Harris 和 ORB 这两种方法。

Harris 算法是一种经典的特征点提取的方法，特征点被定义为在各个方向上灰度值都有变化的点。因此，特征点是两条边缘线的相交点，如图 5.11 所示。Harris 算法得到的特征点很容易在图像中定位，并且大量存在于环境中，如桌椅、门窗等。

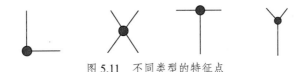

图 5.11　不同类型的特征点

　　Harris 算法的主要思想是在图像中设定一个小窗口，如图 5.12 所示。图 5.12（a）中窗口内图像的灰度值没有发生变化，窗口内就不存在特征点；图 5.12（b）中窗口在某一方向移动时，窗口内图像的灰度值发生了较大的变化，而在另一些方向上图像的灰度值没有发生变化，则窗口内的图像可能是一条直线的线段；图 5.12（c）中窗口内若图像的灰度值在任意方向都发生了较大的变化，则在窗口内遇到了特征点。

（a）位置一　　　　　（b）位置二　　　　　（c）位置三

图 5.12　检测特征点

　　具体地，设检测位置坐标为 (x,y)，窗口的微小平移量为 (u,v)，产生的变化为 $E(u,v)$，则有：

$$E(u,v)=\sum_{x,y}w(x,y)\Big[I(x+u,y+v)-I(x,y)\Big]^2 \tag{5.20}$$

　　其中，$w(x,y)$ 是窗口函数归一化的权重比例，$I(x,y)$ 表示点 (x,y) 处的灰度值。将式（5.20）泰勒展开可得：

$$E(u,v)\approx\sum_{x,y}w(x,y)\Big[uI_x+vI_y\Big]^2 \tag{5.21}$$

　　进一步化简可得：

$$E(u,v)=\sum_{x,y}w(x,y)\begin{bmatrix}u & v\end{bmatrix}\begin{bmatrix}I_x^2 & I_xI_y \\ I_xI_y & I_y^2\end{bmatrix}\begin{bmatrix}u \\ v\end{bmatrix} \tag{5.22}$$

　　其中，I_x 表示 $I(x,y)$ 对 x 的一阶偏导，I_x^2 表示 $I(x,y)$ 对 x 的二阶偏导，I_y 表示 $I(x,y)$ 对 y 的一阶偏导，I_y^2 表示 $I(x,y)$ 对 y 的二阶偏导。于是式（5.22）可写成：

$$E(u,v)\approx\begin{bmatrix}u & v\end{bmatrix}\boldsymbol{M}\begin{bmatrix}u \\ v\end{bmatrix} \tag{5.23}$$

　　其中，

$$\boldsymbol{M}=\sum_{x,y}w(x,y)\begin{bmatrix}I_x^2 & I_xI_y \\ I_xI_y & I_y^2\end{bmatrix} \tag{5.24}$$

　　若矩阵 $\boldsymbol{M}$ 的特征值为 λ_1、λ_2，则定义特征点响应函数：

$$R = \det(\boldsymbol{M}) - \alpha\left(\operatorname{trace}(\boldsymbol{M})\right)^2 = \lambda_1\lambda_2 - \alpha\left(\lambda_1 + \lambda_2\right)^2 \qquad (5.25)$$

其中，α 是经验常数，取值通常为 0.04～0.06。如果某点计算出 R 大于阈值 t，则该点是特征点。

ORB 方法特征提取部分使用 FAST（features from accelerated segment test）算法，描述子为 BRIEF（binary robust independent elementary features）。图 5.13 为 ORB 方法提取的特征点。

图 5.13　ORB 方法提取的特征点

FAST 算法只需要比较像素之间灰度的不同，特征点的提取过程简单、快速，准确率较高。图 5.14 为 FAST 特征点的提取示意图。FAST 特征点的提取过程如下。

（1）取图像中的像素点 P，点 P 的灰度值表示为 I_p。

（2）以像素点 P 为圆心、3 为半径，得到圆上 16 个像素点，如图 5.14 所示。

（3）在 16 个像素点中，如果出现连续 M 个像素点，它们的灰度值都比 $I_p + T$ 大或者都比 $I_p - T$ 小，则点 P 为 FAST 特征点。T 为设定的灰度差阈值，M 的值可取 9 或者 12。

（4）遍历所有像素，重复上述过程，完成整张图片 FAST 特征点的提取。

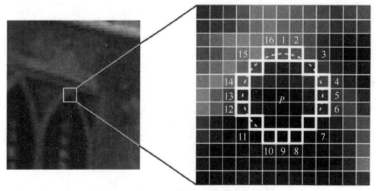

图 5.14　FAST 特征点的提取示意图

为了提高特征点的提取速度，减少检测的像素点数量，将本来需要检测的 16 个像素点变为只检测 4 个。首先，在上、下、左、右位置各取一个像素，对应图中 1、5、9 和 13 号位置的 4 个像素点。当 1、5、9 和 13 号位置中至少有 3 个位置的像素灰度值同时都比 $I_p + T$ 大或者都比 $I_p - T$ 小，则这个点就可能是特征点，否则，就排除了该点。初步筛选后，得到的待检测像素点数量大量减少，再通过上述 FAST 特征点提取方法对待检测像素点检测。

FAST 提取的特征点常出现点密集的现象。在一个区域内，如果特征点比较密集，则需要对其进行非极大值抑制算法处理，去除局部较密集的特征点。通过建立一个模型，抑制响应值非极大的特征点。

此外，FAST 特征点没有尺度和方向，通过对图像的不同层次降采样，获得不同分辨率的图像，建立图像金字塔，在构建的金字塔的不同层次上检测特征点，解决 FAST 尺度问题。FAST 特征点的方向问题利用灰度质心法解决，其具体过程如下。

在图像中将某小块图像的矩 m_{pq} 用式（5.26）表述，可将其具体描述为：

$$m_{pq} = \sum_{x,y \in B} x^p y^q I(x,y), \quad p,q = \{0,1\} \tag{5.26}$$

用 C 表示图像块的质心，则质心表述为：

$$C = \left(\frac{m_{10}}{m_{00}}, \frac{m_{01}}{m_{00}} \right) \tag{5.27}$$

设图像的几何中心位置为 O，通过式（5.27）得到质心位置 C，此时可以得到向量 $\overrightarrow{OC}$，也就是特征点的方向，用 θ 表示特征点方向，可以表述为：

$$\theta = \arctan(m_{01} / m_{10}) \tag{5.28}$$

BRIEF 是基于二进制编码的特征描述子，利用汉明距离描述特征点的相似性，汉明距离越小，表示这两个点的匹配程度越大。采用二进制表示描述子，不仅可以节约存储，更重要的是，可以通过简单的异或操作与位值计算实现特征匹配，提高特征点匹配的效率。

BRIEF 在特征点的周围采样像素点数一种是无规则的采样方式，如图 5.15（a）所示，另一种是有规则的采样方式，如图 5.15（b）所示。采样像素点的个数可以为 128、256 或 512。若像素点的灰度值大于或等于阈值，则该像素点对应的二进制值为 1；否则，该像素点对应的二进制值为 0。

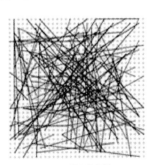 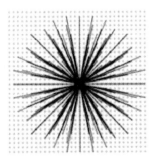

（a）无规则采样　　　　　　　　（b）有规则采样

图 5.15　特征点周围像素点的采样方法

5.3.3 视觉里程计

通过特征提取的方法得到相邻帧之间的特征点点对，然后根据得到的特征点点对计算相邻帧相机的运动，一系列相机的运动形成视觉里程计。根据使用的相机不同，当传感器是单目时，已知 2D 的像素坐标，属于 2D-2D 模型。当相机为双目、RGB-D 时，已知像素点的深度，属于 3D-2D、3D-3D 模型。

首先是 2D-2D 模型，已知两个相邻帧和图中的匹配点对，要求求出这两个相邻帧之间相机的运动。如图 5.16 所示，点 P 为在两个视角下看到的同一个点，连接 O_1P 和 O_2P 分别交成像平面 I_1 于点 p_1，交成像平面 I_2 于点 p_2，连接 O_1O_2 交成像平面于点 e_1、e_2，称直线 p_1e_1 为成像平面 I_1 上点 p_1 对应的极线。成像平面 I_1 上所有点的极线都会经过 e_1，把点 e_1 称为成像平面 I_1 的极点。同理，点 e_2 称为成像平面 I_2 的极点，这样的约束称为对极几何约束。

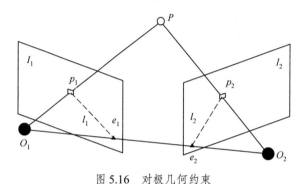

图 5.16　对极几何约束

具体地，假设 P 表示前一帧的相机坐标系的坐标，用 $\boldsymbol{R}$、$\boldsymbol{t}$ 描述两个相机坐标系的坐标变换关系。考虑两个相机的投影方程：

$$s_1\boldsymbol{p}_1 = \boldsymbol{K}P \tag{5.29}$$

$$s_2\boldsymbol{p}_2 = \boldsymbol{K}(\boldsymbol{R}P + \boldsymbol{t}) \tag{5.30}$$

其中，P 为 3×1 矩阵。$\boldsymbol{p}_1$ 和 $\boldsymbol{p}_2$ 是图像点 p_1 和 p_2 的图像坐标，使用归一化的齐次坐标，为 3×1 矩阵，$\boldsymbol{K}$ 为相机的内参矩阵。考虑平面 O_1O_2P，有

$$\overrightarrow{O_2P} \cdot \left(\overrightarrow{O_1O_2} \times \overrightarrow{O_1P}\right) = 0 \tag{5.31}$$

代入得：

$$(\boldsymbol{R}P + \boldsymbol{t}) \cdot \left[\boldsymbol{t} \times (\boldsymbol{R}P + \boldsymbol{t} - \boldsymbol{t})\right] = 0 \tag{5.32}$$

联立式（5.29）、式（5.30）和式（5.32），消去 P 得：

$$s_2\boldsymbol{K}^{-1}\boldsymbol{p}_2\boldsymbol{t}^{\wedge}\boldsymbol{R}s_1\boldsymbol{K}^{-1}\boldsymbol{p}_1 = 0 \tag{5.33}$$

$$\boldsymbol{p}_2^{\mathrm{T}}\boldsymbol{K}^{-\mathrm{T}}\boldsymbol{t}^{\wedge}\boldsymbol{R}s_1\boldsymbol{K}^{-\mathrm{T}}\boldsymbol{p}_1 = 0 \tag{5.34}$$

其中 $\boldsymbol{t}^{\wedge}$ 为 $\boldsymbol{t}$ 的反对称矩阵。

消去 s_1 和 s_2，将 $\boldsymbol{p}_2$ 移到左边，有：

$$\boldsymbol{p}_2^{\mathrm{T}}\boldsymbol{K}^{-\mathrm{T}}\boldsymbol{t}^{\wedge}\boldsymbol{R}\boldsymbol{K}^{-1}\boldsymbol{p}_1 = 0 \tag{5.35}$$

令

$$F = K^{-\mathrm{T}} t^{\wedge} R K^{-1} \tag{5.36}$$

式（5.35）可以写成：

$$p_2^{\mathrm{T}} F p_1 = 0 \tag{5.37}$$

其中，F 称为基本矩阵。式（5.37）为对极几何约束的数学表达，若得到了匹配好的点对，则这些点对都满足这个对极几何约束的数学表达式。如果相机的内参矩阵 K 已知，则可以求取本质矩阵 E 为：

$$E = t^{\wedge} R = K^{\mathrm{T}} F K \tag{5.38}$$

其中，本质矩阵 E 仅包含相机的相对位置关系，即相机外参，而不包含相机内参。最后，根据得到的本质矩阵 E 求解相机的运动 R、t。

接着是 3D-2D 模型，前一帧有点的坐标，后一帧只有点的像素坐标。这类问题也称为 PnP 问题。例如，用 3 对点估计位姿的 P3P 问题。此外，还可以用非线性优化的方法构建最小二乘问题并迭代求解，称为 BA（bundle adjustment）。下面介绍常用的基于非线性优化的方法。

将 PnP 问题定义于李代数上的非线性最小二乘问题，如图 5.17 所示，假设有 n 个三维空间点 P 及其对应投影 p，空间点在当前相机坐标系下的坐标为 $P_i = [X_i, Y_i, Z_i]$，对应投影 p 的像素坐标为 $u_i = [u_i, v_i]^{\mathrm{T}}$。未知量为相机的位姿 R、t。

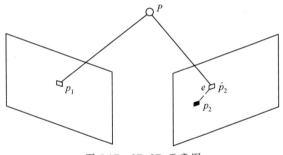

图 5.17 3D-2D 示意图

相应地：

$$s_i \begin{bmatrix} u_i \\ v_i \\ 1 \end{bmatrix} = K \exp\left(\xi^{\wedge}\right) \begin{bmatrix} X_i \\ Y_i \\ Z_i \\ 1 \end{bmatrix} \tag{5.39}$$

写成矩阵形式可表示为：

$$s_i u_i = K \exp\left(\xi^{\wedge}\right) P_i \tag{5.40}$$

由于观测噪声的存在，等式两边不可能完全相等，必定存在误差，因此将两边表达式相减，构建一个最小二乘问题，使误差最小化，得到最优的相机位姿：

$$\xi^{*} = \arg\min_{\xi} \frac{1}{2} \sum_{i=1}^{n} \left\| \boldsymbol{u}_i - \frac{1}{s_i} \boldsymbol{K} \exp\left(\xi^{\wedge}\right) \boldsymbol{P}_i \right\|_2^2 \tag{5.41}$$

误差项是观测所得的像素坐标和对应空间点的三维位置根据当前估计的位姿进行投影得到的位置的差，称为重投影误差。忽略齐次坐标的最后一维，误差项是一个二维向量。接着对误差项进行线性化处理：

$$e\left(x + \Delta x\right) \approx e\left(x\right) + \boldsymbol{J} \Delta x \tag{5.42}$$

其中，$\boldsymbol{J}$ 的形式是关键，当 e 为像素坐标误差（二维），x 为相机位姿（六维）时，$\boldsymbol{J}$ 是一个 2×6 的矩阵。

最后是 3D-3D 模型。假设有一组匹配好的 3D 点对如下：

$$\boldsymbol{P} = \left\{ \boldsymbol{p}_1, \cdots, \boldsymbol{p}_n \right\}, \quad \boldsymbol{P}' = \left\{ \boldsymbol{p}_1', \cdots, \boldsymbol{p}_n' \right\} \tag{5.43}$$

目标是找到一个变换 $\boldsymbol{R}$、$\boldsymbol{t}$，使得：

$$\boldsymbol{p}_i = \boldsymbol{R} \boldsymbol{p}_i' + \boldsymbol{t} \tag{5.44}$$

这个问题使用迭代最近点（iterative closest point，ICP）求解。ICP 的求解有两种方式：一种方式是利用线性代数进行求解；另一种方式是利用非线性优化的方式求解。下面简单说明用非线性优化的方式求解 ICP。

用非线性优化的方式求解 ICP 与用 PnP 的非线性方式求解 ICP 相似，不同的是，PnP 问题一个是坐标点，另一个是像素点，而 ICP 中两个都是当前相机坐标系下的坐标点，目标函数为：

$$\min_{\xi} = \frac{1}{2} \sum_{i=1}^{n} \left\| \boldsymbol{p}_i - \exp\left(\xi^{\wedge}\right) \boldsymbol{p}_i' \right\|_2^2 \tag{5.45}$$

5.3.4 后端优化与建图

视觉里程计求解的相机变换仅为粗略估计，随着时间的推移，误差会逐渐累积。因此，仅由视觉里程计得到的地图误差较大，需采取优化方法优化地图，保证长时间内地图的准确性。后端优化是 SLAM 中非常重要的一部分，可以减少建图过程中产生的累积误差。VSLAM 的优化方法主要分为两种：基于滤波的方法和基于图优化的方法。

（1）EKF：核心思想是以概率表示状态不确定性。卡尔曼滤波是一种高效率的递归滤波器，它能够从一系列的不完全包含噪声的测量中估计动态系统的状态。EKF 为扩展卡尔曼滤波器，用于解决非线性问题。该方法是通过前一个状态估计当前状态。由于只更新当前状态，在大场景下长时间运行时，累积误差逐渐增大，因此地图的精度降低。

（2）图优化：图优化本质上是一个优化问题。图是由顶点和边组成的结构，这里顶点可以是相机的位姿和地图中的特征点，边表示的是顶点之间的关系，在 VSLAM 中是相机对特征点的观测，以及相机位姿的估计。将所有顶点和边组合在一起可以构建需要优化的目标函数，优化变量为相机的位姿。图优化考虑了整个地图的顶点和边，计算量较大，但构建的地图精度较高。同时，出现一些简化计算的方法，使得图优化成为 VSLAM 中主流的优化方法。

地图是 SLAM 系统的一个重要的输出，它是机器人利用传感器采集到的数据对周围位置环境的建模。VSLAM 大致可以得到以下 3 种地图形式。

（1）稀疏地图：稀疏地图只建模感兴趣的部分，也就是地图中的特征点。稀疏地图的运行速度很快，节约内存。但是，稀疏地图只能用于机器人的自我定位，无法完成更高层次的任务。稀疏地图如图 5.18（a）所示。

（2）稠密地图：稠密地图是指建模所有经过的场景。对于同一个物体，稀疏地图可能只建模物体的角点，而稠密地图会建模整个物体。稠密地图可以用于导航、避障和三维重建等任务。稠密地图如图 5.18（b）所示。

（3）语义地图：现在，VSLAM 的一个重要的研究方向就是与深度学习技术相结合，建立周围环境的带物体标签的语义地图。语义地图的建立不仅能够获取周围环境的几何结构信息，还可以识别环境中的各个物体，获取其类别和功能属性等语义信息。语义地图的建立能够让机器人真正感知这个世界，有更高层次的认知。语义地图如图 5.18（c）所示。

 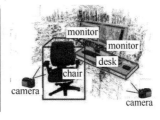

（a）稀疏地图　　　　　　　　（b）稠密地图　　　　　　　　（c）语义地图

图 5.18　几种不同的建图结果

5.3.5　回环检测与词袋模型

回环检测指机器人能够识别曾经到过的地方，使地图形成回环。回环检测的作用是增加与以前机器人位姿之间的约束，提高定位和建图的精度。没有加入回环检测和加入回环检测后的建图效果对比如图 5.19 所示。可以看出，加入回环检测后，机器人识别出曾经到达的场景，地图精度得到保障。

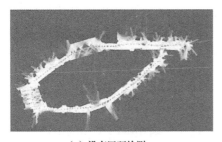 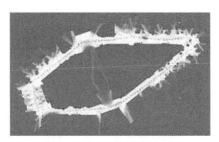

（a）没有回环检测　　　　　　　　　　　　（b）加入回环检测

图 5.19　加入回环检测前后的建图效果对比

回环检测是 VSLAM 的重要组成部分。如前所述，后端会对视觉里程计计算出的相机位姿进行优化。然而，由于传感器和算法精度的问题，还是不可避免地会产生累积误差。如果没有回环检测，VSLAM 在长时间和大范围的情况下会出现严重的偏差，从而无法产生全局一致的轨迹和地图。回环检测可以为后端提供长时间段内的约束，以此消除或减小累积误差，对机器人实时更新地图和避免引入错误节点起着关键作用。回环检测算法的流程图如图 5.20 所示。

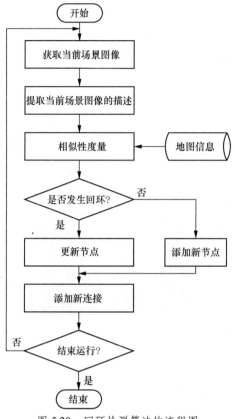

图 5.20　回环检测算法的流程图

　　最简单的回环检测的方法是特征匹配的方法，通过比较两幅图像中相同特征的个数，判断两幅图像之间是否形成回环。然而，特征匹配本身就非常耗时，回环检测需要与过去所有的关键帧进行特征比较，需要消耗大量的时间。所以，特征匹配的方法的运算量大，回环检测时间长。为了减少回环检测的时间，随机抽取历史关键帧与当前帧进行比较。虽然随机抽取关键帧的方法减少了计算量，但是随机抽取的方法没有针对性，随着关键帧的数量越来越多，能够随机抽取到回环的概率会越来越小，导致检测效率低，回环检测失败。因此，研究者提出词袋（bag of words）模型，加速特征匹配，提高回环检测的效率。

　　词袋模型最早出现在自然语言处理和信息检索领域。这个模型是许多个独立出现词汇的集合，它不考虑文本的语法和语序这些元素。词袋是使用一组无序的单词表达一段文字或一个文档。近年来，词袋模型被大规模地应用到视觉领域。

　　词袋的目的是用"图像上有哪几种特征"描述一幅图像，如图 5.21 所示。根据这样的描述，可以度量这两幅图像的相似性。在目前流行的 VSLAM 中，词袋模型是回环检测的主流做法。使用词袋模型分为以下几个步骤：确定单词的概念，许多单词放在一起组成字典，确定一幅图像中出现哪些在字典中定义的概念，用单词出现的情况描述整幅图像。这就把一幅图像转换成了一个向量的描述，该向量描述的是"图像是否含有某类特征"的信息，比单纯的灰度值更稳定。又因为描述向量代表的是"是否出现"，所以不管它们在哪里出现，都与物体的空间位置和排列顺序无关，因此，在相机发生少量运动时，只要物体仍在视野中出现，就认为描述向量不发生变化。最后，比较上一步中的向量描述的相似程度。

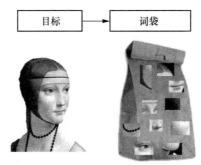

图 5.21　词袋模型示意图

词袋模型中的字典由很多单词组成，而每个单词代表一个概念。一个单词与一个单独的特征点不同，它不是从单个图像上提取出来的，而是某一类特征的组合。所以，字典生成问题类似于一个聚类问题。聚类问题是无监督机器学习中一个特别常见的问题，用于让机器自行寻找数据中的规律。词袋模型的字典生成问题也属于其中之一。对大量的图像提取特征点之后，采用一种 k 叉树表达字典，如图 5.22 所示。它的思路很简单，类似于层次聚类，是对 K-means 方法的深化。假定有 N 个特征点，希望构建一个深度为 d，每次分叉为 k 的树，训练字典时，逐层使用 K-means 方法聚类。根据已知特征查找单词时，也可逐层比对，找到对应的单词。其步骤如下：

（1）在根节点，用 K-means 方法把所有样本聚成 k 类，这样便得到第一层。

（2）对第一层的每个节点，把属于该节点的样本再用 K-means 方法聚成 k 类，得到下一层。

（3）依次往下推，最后得到叶子节点。叶子层即所谓的 Words。

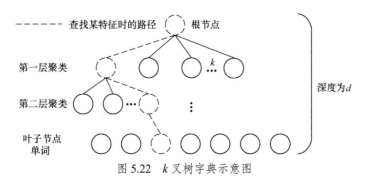

图 5.22　k 叉树字典示意图

实际上，最终在叶子层构造了 Word，在快速查找时使用，用到树的中间节点。这样一个 k 分支，深度为 d 的树，可以容纳 k^d 个单词。另外，在查找某个给定特征对应的单词时，用此方法只需将它与每层聚类中心比较，总共只需要比较 d 次，就能够快速找到最后的 Word，这样查找效率就能大大提升。

有了字典之后，给定任意特征 f_i，只要在字典树中逐层查找，最后就能找到与之对应的单词 w_j。假设从一幅图像中提取了 N 个特征，找到这 N 个特征对应的单词之后，相当于拥有了该图像在单词列表中的分布。考虑到不同的单词在区分性上的重要性并不相同，因此希望对单词的区分性或重要性加以评估，给它们不同的权值，以获得更好的效果。在文本检索中，常用的一种做法称为 TF-IDF（term frequency-inverse document frequency），或译频率-逆文档频率。TF 指的是图像中出现频率越高的部分区分度越高，IDF 指的是在词典中出现的频率越低区分度越高。当建立词典时考虑 IDF，该 Word 的 IDF 为：

$$IDF_i = \log \frac{n}{n_i} \tag{5.46}$$

式（5.46）中，n 为所有特征数量，n_i 为叶子节点中特征点的数量。TF 是指某个特征在单幅图像中出现的频率。那么，TF 为：

$$TF_i = \frac{n_i}{n} \tag{5.47}$$

式（5.47）中，n 为单幅图像中单词出现的总次数，n_i 为单词 w_i 出现的次数。所以，它的权重等于 TF 乘 IDF 之积：

$$\eta_i = TF_i \times IDF_i \tag{5.48}$$

考虑权重以后，对于图像 A，它的特征点可对应到许多单词，组成它的词袋：

$$A = \{(w_1, \eta_1), (w_2, \eta_2), \cdots, (w_N, \eta_N)\} = \boldsymbol{v}_A \tag{5.49}$$

通过词袋，可以用单个向量 $\boldsymbol{v}_A$ 描述一幅图像 A。这个向量 $\boldsymbol{v}_A$ 是一个稀疏向量，它的非零部分表示图像 A 中含有哪些单词，这些部分的值为 TF-IDF 的值。给定两幅图片 A 和 B，可以得到描述向量 $\boldsymbol{v}_A$ 和 $\boldsymbol{v}_B$，然后通过 L_1 范数计算这两幅图像之间的相似性，如式（5.50）所示。

$$s(\boldsymbol{v}_A - \boldsymbol{v}_B) = 2 \sum_{i=1}^{N} |\boldsymbol{v}_{Ai}| + |\boldsymbol{v}_{Bi}| - |\boldsymbol{v}_{Ai} - \boldsymbol{v}_{Bi}| \tag{5.50}$$

单词与特征点不同，单词不是只从一幅图像上提取出来的，而是对某一类特征的总结，属于更高一级的特征。利用大量数据训练字典，可以提高字典的准确性，从而提高回环检测的准确率。

5.4 本章小结

本章首先介绍了 SLAM 的定义，接着分别介绍了激光 SLAM 和视觉 SLAM。在激光 SLAM 中，介绍了基于扩展卡尔曼滤波的 SLAM、基于粒子滤波的 SLAM 和基于图优化的 SLAM。在视觉 SLAM 中，介绍了视觉 SLAM 中的特征提取、视觉里程计、后端优化和回环检测，分析了每个模块的作用。通过本章的学习，读者可以认识到 SLAM 对机器人控制的重要性，并学习利用 SLAM 算法构建环境地图。

5.5 习题

1. 简述 SLAM 的定义。
2. 扩展卡尔曼滤波的步骤是什么?
3. 粒子滤波中粒子重采样的作用是什么?
4. 图优化中的节点和边分别表示什么?
5. 简述视觉 SLAM 的流程。
6. 简述 FAST 的特征提取步骤。
7. 回环检测有什么作用?
8. 创建一个特征点地图,利用 Python 实现 EKF-SLAM 仿真。
9. 利用 g2o 优化工具实现一个图优化 SLAM 算法的过程。
10. 尝试在 ROS 环境下通过数据集实现单目建图过程。

## 第6章

智能机器人视觉

近年来，随着计算机软硬件的发展，以及传感器技术、人工智能等学科的发展，越来越多的研究者关注如何赋予机器人感知世界的能力。智能机器人视觉的研究旨在使机器人能通过视觉感知这个世界，这是机器人路径规划、运动控制等的前提。智能机器人视觉的研究与应用涉及多方面的技术：目标检测、视觉 SLAM 算法、语义分割、实际应用等。本章主要介绍智能机器人视觉领域的基础知识，包括机器人视觉系统、视觉目标检测、视觉 SLAM 及深度学习在机器人视觉中的应用。

本章学习目标：

（1）了解机器人视觉系统的组成与分类；
（2）掌握基于视觉的目标检测方法；
（3）熟悉视觉技术在机器人定位、建图与导航中的应用；
（4）掌握深度学习方法在机器人视觉中的应用。

6.1 机器人视觉系统

6.1.1 机器人视觉的含义

为了更好地理解机器人视觉的含义，必须理清机器人视觉和其他研究领域之间的区别与联系。图 6.1 是一个知识图谱，展示了机器人视觉与其他领域之间的联系与区别。首先，图像处理和计算机视觉有很强的联系，但是不能将两者混为一谈。图像处理旨在改善原始图片的质量，或者将图片转换成另一种格式（如直方图等），或者对原始图片进行某些其他改变。而计算机视觉旨在从图片中提取有意义的信息。因此，在实际的应用过程中，可以先使用图像处理技术对原始图片进行处理，然后使用计算机视觉技术从图片中获取需要的信息。此外，机器学习对于计算机视觉来说非常重要，它可以帮助计算机实现模式识别等任务。在实际应用中，通常可以将计算机视觉和机器学习相结合，使用计算机视觉技术从图片中检测特征和信息，然后将其用作机器学习算法的输入。例如，在一个缺陷检测系统中，计算机视觉技术会检测传送带上零件的尺寸和颜色，然后机器学习算法会根据已学到的外观知识，判断这些零件是否有故障。机器视觉和机器人视觉都属于计算机视觉的范畴，都是把视觉信息作为输入，获取周围环境的有用信息。在很多情况下，机器视觉和机器人视觉的概念可以互换使用。但是，两者有一些细微的差异。机器视觉是指视觉的工业应用，某些机器视觉的应用（如零件的缺陷检测）与机器人技术无关。而机器人视觉不一定必须是工业应用，且必须将相关的机器人技术纳入其技术和算法中，如机器人运动学、参考系校准及环境的物理感知等。没有机器人视觉，机器人将会失去基本的判断力。

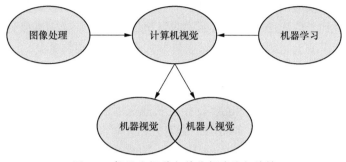

图 6.1　机器人视觉与其他领域的相关性

6.1.2　机器人视觉系统的组成

如图 6.2 所示，机器人视觉系统可以分为硬件部分和软件部分。硬件部分主要包括以下 3 个部分：视觉传感器、计算机和机器人。视觉传感器通常是指相机，相机可按照不同的标准分为标准分辨率数字相机和模拟相机等，要根据不同的实际应用场合选择不同的相机。计算机硬件主要由图像采集卡、输入输出单元、模拟-数字转换器、帧存储器和控制装置等构成。机器人负责机械的运动和控制。机器人视觉系统的软件设计是一个复杂的课题，不仅要考虑到程序设计的最优化，还要考虑到算法的有效性，在软

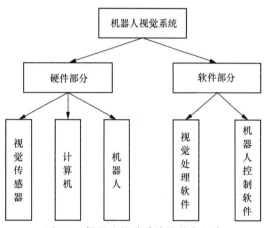

图 6.2　机器人视觉系统的基本组成

件设计的过程中要考虑可能出现的各种问题。机器人视觉系统的软件设计完成后，还要对其鲁棒性进行检测和提高，以适应复杂的外部环境。视觉处理软件通过对视觉传感器获取环境的图像进行分析和解释，进而让机器人能够辨识物体，并确定其位置。机器人控制软件负责输出指令，实现对机器人运动的控制。

6.1.3　单目/双目机器人视觉系统

单目机器人视觉系统只使用一个单目相机。单目视觉系统在成像过程中由于从三维客观世界投影到 N 维图像上，从而损失了深度信息，这是此类视觉系统的主要缺点。尽管如此，单目机器人视觉系统由于结构简单、算法成熟且计算量较小，在自主移动机器人中已得到广泛应用，如用于目标跟踪、基于单目视觉特征的室内定位导航等。同时，单目视觉系统是其他类型视觉系统的基础，如双目视觉系统、RGB-D 视觉系统等都是在单目视觉系统的基础上，通过附加其他手段和措施而实现的。

双目机器人视觉系统由双目相机组成，利用三角测量原理获得场景的深度信息，并且

可以重建周围景物的三维形状和位置，类似人眼的体视功能，原理简单。双目机器人视觉系统需要精确地知道两个摄像机之间的空间位置关系，而且场景环境的 3D 信息需要两个摄像机从不同角度，同时拍摄同一场景的两幅图像，并进行复杂的匹配，才能准确得到立体视觉系统，能够比较准确地恢复视觉场景的三维信息，在移动机器人定位导航、避障和地图构建等方面得到了广泛的应用。然而，双目机器人视觉系统的难点是对应点匹配的问题，该问题在很大程度上制约着立体视觉在机器人领域的应用前景。

6.1.4 RGB-D 机器人视觉系统

相比于单目相机和双目相机，RGB-D 相机获取深度的方式更为直接，它能够主动测量每个像素的深度。如图 6.3 所示，RGB-D 相机按照原理结构可以分为两种：①通过红外结构光测量像素距离的，如微软的 Kinect 1 代、Project Tango 1 代、Intel RealSense 等；②通过飞行时间（Time-of-Flight，ToF）原理测量像素距离的，如 Kinect 2 代和一些现有的 ToF 传感器等。

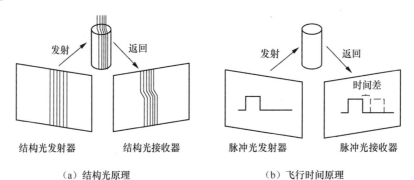

（a）结构光原理 （b）飞行时间原理

图 6.3 RGB-D 相机原理示意图

一个 RGB-D 相机不仅包含一个普通的摄像头，还包含一个发射器和一个接收器。因为无论 RGB-D 相机是哪种结构，它都需要向外界发射一种红外光线。在基于红外结构光的 RGB-D 相机中，相机会根据返回的结构光图案，计算物体离自身的距离。在基于飞行时间的 RGB-D 相机中，会根据光线在目标和相机之间的往返飞行时间确定目标的距离。通过这种方式，深度相机可以获得整幅图像中每个像素点的深度值。不仅如此，RGB-D 相机还会自动完成彩色图和深度图之间的匹配，得到像素一一对应的彩色图和深度图。

RGB-D 相机的出现，增强了机器人视觉系统对场景深度的感知能力，避免了以往算法对场景深度进行估计的依赖，简化了计算过程。此外，由于 RGB-D 相机在主动测量方面具有的受光照和纹理影响小的优势，便于 RGB-D 机器人视觉系统完成构建稠密地图、目标检测与定位和巡检等任务。但是，RGB-D 相机成本高，体积大，有效探测距离太短，因此，RGB-D 机器人视觉系统普遍在室外表现效果不佳，更多用于室内环境。

6.2 视觉目标检测方法

视觉目标检测将目标定位和目标分类结合起来，目标检测是机器人视觉中的一个重要问题。现有的目标检测方法分为传统的目标检测方法和基于深度学习的目标检测方法。传统的目标检测方法分为 3 个步骤：首先，使用不同大小的滑动窗口对待检测图像进行遍历，选择候选区域；其次，从这些区域中提取视觉特征；最后，使用训练好的分类器进行分类。然而，使用滑动窗口法进行区域选择的方法复杂度高且存在大量冗余。另外，手工设计的特征没有很好的鲁棒性。近年来，传统的目标检测方法的性能已经难以满足人们的要求。随着深度学习在图像分类任务上取得巨大进展，基于深度学习的目标检测方法逐渐成为主流。卷积神经网络不仅能够提取更高层、表达能力更好的特征，还能在同一个模型中完成对于特征的提取、选择和分类。目前，基于深度学习的目标检测方法主要有两类：一类是结合 region proposal（候选区域）的，基于分类的 R-CNN 系列目标检测框架；另一类是将目标检测转换为回归问题的算法。本节主要介绍具有代表性的 3 种基于分类的目标检测方法：R-CNN、Fast R-CNN 和 Faster R-CNN，以及基于回归的目标检测方法 YOLO。

6.2.1 R-CNN

R-CNN 模型是由 R. Girshick 等人在 2014 年提出的。R-CNN 模型的结构示意图如图 6.4 所示。首先，R-CNN 模型利用选择性搜索（selective search）算法从输入图像中获得候选区域（约 2000 个）。然后，对每个候选区域的大小进行归一化，用作 CNN 网络的标准输入。再使用卷积网络 AlexNet 提取候选区域中的特征。最后，接一个分类器预测这个区域包含一个感兴趣对象的置信度，也就是说，将目标检测问题转换成了一个图像分类问题。通常这个分类器是独立训练的 SVM，当然也可以是简单的 Softmax 分类器。

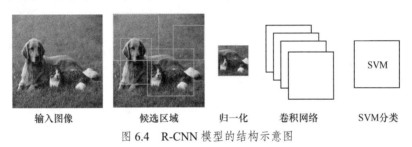

输入图像　　　候选区域　　　归一化　　　卷积网络　　　SVM分类

图 6.4　R-CNN 模型的结构示意图

R-CNN 利用显著性检测方法提取区域。显著性检测方法是一种语义分割中常使用的方法，它通过在像素级的标注把颜色、边界、纹理等信息作为合并条件，多尺度地综合采样方法，划分出一系列的区域，这些区域要远远少于传统的滑动窗口的穷举法产生的候选区域。显著性检测用到了多尺度的思想，可以在不同层级下找到不同的物体。这里的多尺度不是通过缩放图片或者使用多尺度的窗口。显著性检测，通过图像分割的方式将图片分成很多个区域，并用合并的方法将区域聚合成大的区域，重复这样的过程直到整幅图片变成一个最大的区域，这个过程就能够生成多尺度的区域。使用一种随机计分的方式对每个区域进行打分，并按照分数进行排序，取出分值最高的 k 个子集作为输出。

R-CNN 模型的检测效果相比传统的目标检测方法有较大的提升。R-CNN 模型在 ILSVRC 2013 数据集上的准确率达到 31.4%，在 VOC 2007 数据集上的准确率达到 58.5%。但是，R-CNN 模型的实时性不强。它需要对约 2000 个候选区域分别作特征提取，而候选区域之间存在大量的重复区域，导致大量重复的运算，运行缓慢，每幅图片的平均处理时间高达 34s。同时，对每一步的数据进行存储，极为损耗存储空间，实际测试过程中 5000 幅图像需要数百个 GB 大小的特征文件。另外，对候选区域进行归一化操作，会对最终结果产生影响。

6.2.2　Fast R-CNN

R-CNN 模型有严重的速度瓶颈，原因也很明显，R-CNN 模型对所有候选区域分别提取特征时会有重复计算。Fast R-CNN 是一种端到端的目标检测方法，它通过引入空间金字塔池化（spatial pyramid pooling，SPP），避免 R-CNN 算法对同一区域多次提取特征的情况，从而提高算法的运行速度。

Fast R-CNN 提出了感兴趣区域（region of interest，RoI）层，这个网络层可以把不同大小的输入映射到一个固定尺度的特征向量，再通过 Softmax 进行类型识别和通过窗口回归算法进行定位。另外，之前 R-CNN 的处理流程是先获取区域候选框，然后使用 CNN 提取特征，之后用 SVM 分类，最后再做窗口回归。Fast R-CNN 把窗口回归放进了神经网络内部，与区域分类合并成一个多任务模型，实际实验也证明，这两个任务能够共享卷积特征，并相互促进。

Fast R-CNN 模型的结构示意图如图 6.5 所示，以 AlexNet（5 个卷积层和 3 个全连接层）作为特征提取网络为例，大致的过程可以理解为：

（1）使用显著性检测在一幅图片中得到约 2000 个感兴趣区域。

（2）缩放图片的尺寸得到图片金字塔，通过前向传播得到第 5 层卷积层的特征金字塔。

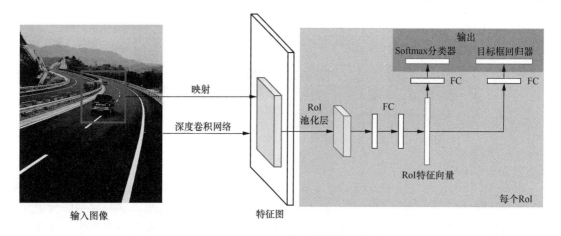

图 6.5　Fast R-CNN 模型的结构示意图

（3）对于每个尺度的每个感兴趣区域，求取图像到特征图中的映射，在第 5 层卷积层中截取对应的特征小块。并用一个单层的 SPP 层统一到一样的尺度，并与全连接层相连，得到同一尺寸的感兴趣区域特征向量（RoI feature vector）。

（4）将感兴趣区域特征向量作奇异值分解（singular value decomposition，SVD）操作，得到两个输出向量：softmax 分类器和目标框回归器，得到当前感兴趣区域的类别及目标框。

（5）对所得到的目标框进行非极大值抑制（non-maximum suppression，NMS），得到最终的目标检测结果。

感兴趣区域采样层的作用主要有两个，一个是将图片中的感兴趣区域定位到特征图对应的小块（patch）中，另一个是用一个单层的 SPP 层将这个特征图中的对应区域池化为大小固定特征再传入全连接层。因为不是固定尺寸的输入，因此每次的池化网格大小需要手动计算，比如，某个感兴趣区域坐标为 x_1, x_2, y_1, y_2，那么输入尺寸为 $(y_2 - y_1) \times (x_2 - x_1)$，如果池化的输出尺寸为 pooled_height × pooled_width，那么每个网格的尺寸如式（6.1）所示：

$$\frac{y_2 - y_1}{\text{pooled\_height}} \times \frac{x_2 - x_1}{\text{pooled\_width}} \qquad (6.1)$$

在 Fast R-CNN 中，有两个输出层：第一个是针对每个感兴趣区域的分类概率预测，$p = (p_0, p_1, \cdots, p_K)$；第二个是针对每个感兴趣区域坐标的偏移优化，$t^k = (t_x^k, t_y^k, t_w^k, t_h^k)$，$0 \leqslant k \leqslant K$ 多类检测的类别序号。这里着重介绍第二个输出层，即坐标的偏移优化。

假设对于类别 k^* 在图片中标注了一个正样本的坐标：$t^* = (t_x^*, t_y^*, t_w^*, t_h^*)$，而预测值的坐标为 $t = (t_x, t_y, t_w, t_h)$，二者理论上越接近越好，式（6.2）定义了窗口回归的损失函数：

$$L_{\text{loc}}(t, t^*) = \sum_{i \in \{x, y, w, h\}} \text{smooth}_{\text{L1}}(t_i - t_i^*) \qquad (6.2)$$

其中：

$$\text{smooth}_{\text{L1}}(x) = \begin{cases} 0.5x^2 & ,|x| \leqslant 1 \\ |x| - 0.5, & \text{其他} \end{cases} \qquad (6.3)$$

这里 $\text{smooth}_{\text{L1}}(x)$ 中的 x 即为 $t_i - t_i^*$，即对应坐标的差距。这样设置的目的是想让损失函数对于离群点更加鲁棒，从而增强模型对异常数据的鲁棒性。

R-CNN 的缺点是速度慢，Fast R-CNN 提供了一种 SPP 的方法，使得任意尺寸的输入图像可以学习得到等长的特征，Fast R-CNN 是 R-CNN 和 SPP 的融合，利用 SPP 进行加速，整幅图片只需要通过一次卷积神经网络，大大减少了目标检测过程中需要的时间。

训练过程中，Fast R-CNN 使用多任务的损失函数，成功将分类问题和目标框回归问题进行合并，用 Softmax 代替 SVM，分类和窗口回归在统一的框架中端到端地训练，不需要分开训练，大大减少了训练中的运算开销。同时，SVD 操作在保证检测精度的同时，大大加快了检测速度。Fast R-CNN 在 VOC 2007 数据集上的平均准确率达到 70.0%，且训练速度较 R-CNN 提升了 9 倍，每幅图片的检测速度为 0.3s（除去获取候选区域阶段）。然而，Fast R-CNN 仍然使用选择性搜索算法获取感兴趣区域，这一过程包含大量运算。在 CPU 上，获取每张图片的候选区域平均需要 2s。因此，改进选择性搜索算法是提升 Fast R-CNN 速度的关键。

6.2.3　Faster R-CNN

R-CNN 和 Fast R-CNN 都存在候选区域生成速度慢的问题。虽然关于候选区域的选择也出现了很多优化的算法，但是始终是在 CPU 上运行。Faster R-CNN 的最大贡献是把区域候选框提取的部分从网络外嵌入网络里，从而一个网络模型即可完成端到端的检测识别任务，不需要手动先执行一遍候选区域提取的搜索算法。

如图 6.6 所示，在得到卷积特征后增加两个额外的层，构造区域生成网络（region proposal network，RPN）。第一层把每个卷积特征编码为一个 256 维的特征向量，第二层输出这个位置上多种尺度和长宽比的 k 个区域建议的目标得分和回归边界。

具体来说，为了生成区域建议框，在最后一个共享的卷积层输出的卷积特征映射上滑动小网络，这个网络全连接到输入卷积特征映射的 $n \times n$ 的空间窗口上。每个滑动窗口映射到一个低维向量上。这个向量输出给两个同级的全连接层：候选区域回归层（reg 层）和候选区域分类层（cls 层）。图 6.7 以这个小网络在某个位置的情况举例说明。

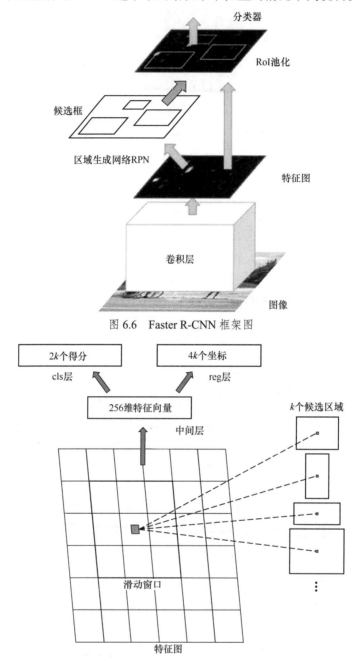

图 6.6　Faster R-CNN 框架图

图 6.7　区域候选网络的结构示意图

在每一个滑动窗口的位置，我们同时预测 k 个区域建议，所以 reg 层有 $4k$ 个输出，即 k 个目标包围框的坐标编码。cls 层输出 $2k$ 个得分，即对每个候选区域是目标/非目标的估计概率。K 个候选区域被相应的 k 个 anchor 参数化。每个 anchor 以当前滑动窗口中心为中心，并对应一种尺度和长宽比。假设使用 3 种尺度和 3 种长宽比，这样在每一个滑动位置就有 $k=9$ 个 anchor。对于大小为 $W \times H$（典型值约 2400）的卷积特征映射，总共有 $W \times H \times k$ 个 anchor。该方法有一个重要特性，就是平移不变性，对 anchor 和对计算 anchor 相应的候选区域的函数而言都具有这样的特性。

RPN 遵循 Faster R-CNN 中的多任务损失，最小化目标函数。对一个图像的损失函数定义为式（6.4）：

$$L(\{P_i\}\{t_i\}) = \frac{1}{N_{cls}}\sum_i L_{cls}(P_i, P_i^*) + \lambda \frac{1}{N_{reg}}\sum_i P_i^* L_{reg}(t_i, t_i^*)$$（6.4）

其中，i 是 anchor 的索引，P_i 是目标的预测概率，如果 anchor 为正，标签 P_i^* 为 1；如果 anchor 为负，标签 P_i^* 就是 0。t_i 是一个向量，表示预测的候选区域的 4 个参数化坐标，t_i^* 是与正 anchor 对应的正标注的包围盒的坐标向量。分类损失 L_{cls} 是两个类别（目标/非目标）的对数损失，$L_{cls}(P_i, P_i^*) = -\log[P_i^* P_i + (1-P_i^*)(1-P_i)]$，回归损失 $L_{reg}(t, t_i^*) = R(t-t_i^*)$ 计算，R 是 Fast R-CNN 中定义的鲁棒的损失函数（smooth_{L1}），如式（6.3）所示。用于回归的特征在特征映射中具有相同的空间大小（$n \times n$）。考虑到各种不同的大小，需要学习一系列 k 个窗口回归量。每一个回归量对应于一个尺度和长宽比，k 个回归量之间不共享权重。因此，即使特征具有固定的尺寸，预测的窗口可以是各种尺寸。

RPN 使得 Faster R-CNN 的候选区域生成时间大大加快，获取每幅图片的候选区域平均只需要 10ms。目标检测的速度达到每秒 5 帧。检测精度也大大提升，在 VOC 2007 数据集上的平均准确率达到 73.2%。总的来说，从 R-CNN、Fast R-CNN、Faster R-CNN 一路走来，基于深度学习目标检测的流程变得越来越精简，精度越来越高，速度也越来越快。可以说基于 region proposal 的 R-CNN 系列目标检测方法是当前目标检测技术领域最主要的一个分支。

6.2.4 YOLO

从 R-CNN 到 Faster-RCNN，目标检测始终遵循"候选区域+分类"的思路，训练两个模型必然导致参数、训练量的增加，影响训练和检测的速度。而 YOLO（you only look once）算法使用端到端的设计思路，将目标物体定位和分类两个任务合并，从图像的像素数据直接获取目标物体坐标和分类概率，目标检测速度达到实时性的要求。

YOLO 算法采用针对目标检测任务设计的 CNN 进行特征提取，随后采用全连接层对识别出来的目标进行分类和位置的检测。YOLO 的网络结构中含有 24 个卷积层和 2 个全连接层。YOLO 算法的检测流程如图 6.8 所示。YOLO 将输入图像划分为 $S \times S$ 个网格，每个网格负责检测中心点落在其中的目标物体。其中，每个网格中存在 B 个检测目标，每个检测目标由一个五维度的预测参数 (x, y, w, h, s_i) 组成，分别代表目标框的中心点坐标、宽、高和置信度评分。

置信度评分 s_i 由式（6.5）计算得到

$$s_i = \Pr(O) \times \text{IoU}$$（6.5）

其中，$\Pr(O)$ 表示当前网格目标框中存在物体的可能性，O 表示目标对象。IoU（intersection over union，交并比）展示了预测边框的准确性。假设预测的目标边框为 p，真实的目标边框为 t，box_t 表示真实的目标边框，box_p 表示预测的目标边框，则 IoU 由式（6.6）计算得到：

$$\mathrm{IoU}_p^t = \frac{\mathrm{box}_p \bigcap \mathrm{box}_t}{\mathrm{box}_p \bigcup \mathrm{box}_t} \tag{6.6}$$

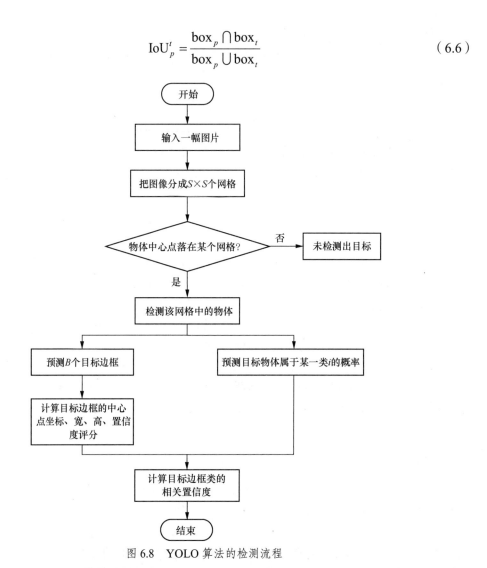

图 6.8　YOLO 算法的检测流程

$\Pr(C_i \mid O)$ 表示在该边框存在目标的情况下，该目标物体属于类别 i 的后验概率。假设目标检测任务共有 K 种物体，则 $i = 1, 2, \cdots, K$。在得到 $\Pr(C_i \mid O)$ 后，测试时可以计算某个目标边框中存在物体的置信度：

$$\Pr(C_i \mid O) \times \Pr(O) \times \mathrm{IoU}_p^t = \Pr(C_i) \times \mathrm{IoU}_p^t \tag{6.7}$$

6.3　VSLAM 方案

　　智能机器人在不同环境下自主移动的过程中，必须从环境中感知信息并以智能的方式对其进行处理，以便规划路线，到达目的地并避免可能的危险情况。这就需要移动机器人能够实现智能导航，智能导航是移动机器人实现自动化的基础。移动机器人的导航可以被粗略定义为：为机器人在起点和终点之间规划一条合理和安全的路线的过程。通常情况下，导航可以看作以下 3 个任务的组合：定位、建图和路径规划。定位可以使机器人具备在环境中知道自己位置和朝向的能力。建图是机器人利用自身的传感器对周围环境进行抽象表示的过程。路径规划确保机器人在两点之间以最优的方式无障碍通行。尽管部分学者提出一些无地图的导航方法，即不需要建立环境的全局表示，仅在移动过程中快速地进行感知和决策。但是，这些方法尚处于起步阶段，有很多的局限性，不能广泛应用。已有的较为成熟的机器人导航系统中，地图都是不可或缺的重要组成部分，导航的成功与否很大程度上取决于地图。

地图确实可以作为已知先验提供给移动机器人。但是在大多数情况下，机器人无法获得已知地图，需要在未知的环境中自己构建，并基于建立的地图进行自我定位和路径规划。尽管建图和定位确实可以作为两个独立的任务分开执行，但它们其实是密切相关的。因为构建环境的地图必须知道环境中几何结构和障碍物的位置信息，而在定位过程中，又必须计算机器人相对于地图中参考物体的位姿。为了解决这个类似于鸡生蛋、蛋生鸡的问题，提出了 SLAM 技术。借助于 SLAM 技术，移动机器人可以在未知环境中创建增量地图的同时确定自己在图中的位置。

根据传感器不同，SLAM 技术可以分为激光 SLAM 和 VSLAM，这在第 5 章已介绍过。激光 SLAM 使用的传感器是激光雷达，VSLAM 使用的传感器是相机。如今，VSLAM 技术正受到越来越多研究者的青睐。这是因为相较于激光雷达，相机具有以下优点：一是价格便宜，节约成本；二是使用方便，安装简单；三是可以获得更多维度、更真实、更丰富、更直观的环境信息，如环境中物体的颜色信息和几何信息等；四是相机采集数据的速度较快，普通的相机就能以每秒 30 帧的速度采集图片，容易形成一个连续的视频流，以更快的速度向机器人传输数据，而激光雷达采集数据的时间周期比相机更长。由于视觉传感器在诸多方面具有显著的优势，VSLAM 已经成为一个非常重要的研究方向，主要可分为基于特征的 VSLAM 方法和直接的 VSLAM 方法。

基于特征的 VSLAM 方法指的是对输入的图像进行特征点检测及提取，并基于 2D 或 3D 的特征匹配计算相机位姿及对环境进行建图。如果对整幅图像进行处理，则计算复杂度太高，由于特征在保存图像重要信息的同时有效减少了计算量，因此得到广泛使用。早期的基于特征的 VSLAM 方法是借助滤波器实现的。利用扩展卡尔曼滤波（extended Kalman filter，EKF）实现同步定位和地图构建，其主要思想是使用状态向量存储相机位姿及地图点的三维坐标，利用概率密度函数表示不确定性，从观测模型和递归的计算中，最终获得更新的状态向量的均值和方差。但是由于 EKF 的引进，SLAM 算法会有计算复杂度及由于线性化而带来的不确定性问题。为了弥补 EKF 的线性化对结果带来的影响，R. Martinez-Cantin 等将无迹卡尔曼滤波器（unscented Kalman filter，UKF）或改进的 UKF 引入 VSLAM 中。该方法虽然对不确定性有所改善，但同时增加了计算复杂度。此外，R. Sim 等利用粒子滤波（particle filter）实现了 VSLAM。该方法避免了线性化，且对相机的快速运动有一定的弹力，但是为了保证定位精度，需要使用较多的粒子，从而大大提高了计算复杂度。之后，基于关键帧的方法逐渐发展起来，其中最具代表性的是 parallel tracking and mapping（PTAM），该方法提出了一个简单、有效的提取关键帧的方法，且将定位和创建地图分为两个独立的任务，并在两个线程上进行。P. Henry 等在使用关键帧的基础上提出一个深度 VSLAM 系统，在彩色图像中提取 SIFT 特征并在深度图像上查找相应的深度信息。然后使用 RANSAC 方法对 3D 特征点进行匹配并计算出相应的刚体运动变换，再以此作为 ICP（iterative closest point）的初始值求出更精确的位姿。

直接的 VSLAM 方法指的是直接对像素点的强度进行操作，避免了特征点的提取，该方法能够使用图像的所有信息。此外，提供更多的环境几何信息，有助于对地图的后续使用，且对特征较少的环境有更高的准确性和鲁棒性。近几年，才提出了基于直接法的视觉里程计算法。J. Stuhmer 等提出依赖图像的每个像素点，即用稠密图像对准进行自身定位，并构建出稠密的 3D 地图。J. Engel 等提出对当前图像构建半稠密 inverse 深度地图，并使用稠密图像配准（dense image alignment）法计算相机位姿。构建半稠密 inverse 地图即估计图像中梯度较大的所有像素的深度值，该深度值被表示为高斯分布，且当新的图像到来时，该深度值被更新。R. A. Newcombe 等提出一种半直接的视觉里程计算法，相比于直接法，该算法不是对整幅图像进行直接匹配从而获得相机位姿，而是通过在整幅图像中提取的图像块进行位姿的获取，这样能够增强算法的鲁棒性。为了构建稠密的三维环境地图，J. Engel 等又提出 LSD-SLAM（large-scale direct SLAM）算法，相比之前的直接的视觉里程计算法，该方法在估计高准确性的相机位姿的同时能够创建大规模的三维环境地图。R. A. Newcombe 等又通过 Kinect 获取的深度图像对每幅图像中的每个像素进行最小化距离测量而获得相机位姿，且融合所有深度图像，从而获得全局地图信息。T. Gokhool 等使用图像像素点的光度信息和几何信息构造误差函数，通过最小化误差函数而获得相机位姿，且地图问题被处理为位姿图表示。C. Kerl 等结合像素点的强度误差与深度误差作为误差函数，通过最小化代价函数，从而求出最优相机位姿，该过程由 g2o 实现，并提出基于熵的关键帧提取及闭环检验方法，从而大大降低了路径的误差。

本书第 5 章已对 VSLAM 的基础知识做了简述，下面将对 VSLAM 的主流算法方案进行介绍。

6.3.1　ORB-SLAM2

ORB-SLAM2 是基于特征的 VSLAM 方案，是当前性能最出色的 VSLAM 系统之一。ORB-SLAM2 的系统框架如图 6.9 所示。它主要包含 3 个并行线程：跟踪（tracking）、局部建图（local mapping）、回环（loop closure）。

跟踪线程的主要任务是对输入的每一帧图像提取 ORB 图像特征并估计相机位姿，其跟踪状态随环境变化或相机运动等因素而变化。其跟踪模型分为运动模型、参考帧模型、重定位模型。虽然不同跟踪模型的输入数据存在差异，但其目标都是求解初始相机位姿。ORB-SLAM2 利用了非线性优化的思想，跟踪线程首先通过 EPnP（efficient perspective-n-point）算法估计初始相机位姿，然后构建最小二乘优化问题对初值进行优化，这种优化问题称为 BA（bundle adjustment）问题，在 EPnP 中，BA 将空间点与相机位姿同时看作优化变量，其优化目标是最小化重投影误差（reprojection error）。因此，位姿优化的目标函数如式（6.8）所示：

$$\xi^* = \arg\min \frac{1}{2} \sum_{i=1}^{n} \left\| u_i - \frac{1}{s_i} K \exp(\xi^\wedge) P_i \right\|_2^2 \tag{6.8}$$

其中，P_i 是空间中的三维点，u_i 是空间点的观测投影像素坐标，ξ^* 是使重投影误差最小的相机位姿。

局部建图线程主要负责接收处理新的关键帧，增加新的地图点，维护局部地图的精度和关键帧集合的质量与规模。具体步骤如下。

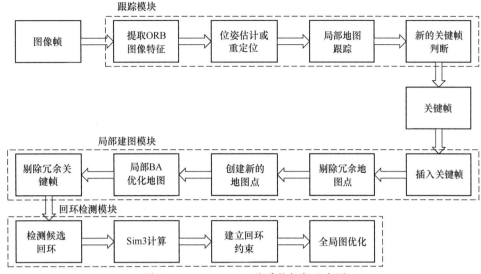

图 6.9　ORB-SLAM2 的系统框架示意图

（1）处理新的关键帧。首先处理当前关键帧的词袋向量；然后更新当前关键帧的地图点观测值，并将这些地图点添加到当前新增地图点列表中；最后更新共视图和本质图，并将当前关键帧加入地图中。

（2）地图点的筛选。通过检查当前新增地图点列表，按规则剔除冗余点，剔除规则为：①该地图点被标记为坏点；②地图点能够被观测到的关键帧数量不超过 25%；③能够观测到地图点的关键帧不超过 3 个，单目情况下为 2 个。

（3）根据当前关键帧恢复新的地图点。首先，从共视图中选取当前关键帧附近的关键帧；然后，对当前关键帧和选取出的关键帧进行特征匹配，获得匹配特征点的归一化坐标并构建对极约束，通过对极几何计算出当前关键帧的位姿；之后，通过三角化恢复特征点方法计算获得特征点的深度，求解公式如式（6.9）和式（6.10）所示：

$$s_1 \boldsymbol{p}_1 = s_2 \boldsymbol{R} \boldsymbol{p}_2 + \boldsymbol{t} \tag{6.9}$$

$$s_1 \boldsymbol{p}_1^\wedge \boldsymbol{p}_1 = 0 = s_2 \boldsymbol{p}_1^\wedge \boldsymbol{R} \boldsymbol{p}_2 + \boldsymbol{p}_1^\wedge \boldsymbol{t} \tag{6.10}$$

其中，s_1、s_2 为待求深度值，$\boldsymbol{p}_1$、$\boldsymbol{p}_2$ 为两个匹配特征点的归一化坐标。最后，根据所获得的特征点深度计算恢复出新地图点的重投影误差，并根据误差与给定阈值的关系确定地图点是否被剔除。

（4）局部 BA。当新的关键帧被增加到共视图中时，通过执行 2 次迭代优化与外点剔除，完成局部地图点与位姿的优化。

（5）局部关键帧筛选。ORB-SLAM2 筛选冗余关键帧的标准为：若关键帧能够看到的90%的地图点能够被其他 3 个以上关键帧观察到，则剔除该关键帧。

回环线程包括回环检测和后端优化两部分。回环检测负责筛选并确认回环，首先计算当前关键帧与相连关键帧的 BoW 分值，并以最低分为阈值选取回环候选帧，然后统计共有单词数量和聚类得分，剔除质量不高的独立关键帧，并对留存的候选关键帧进行连续性检测；检测到回环后利用 RANSAC（random sample consensus）框架求解相似变换 Sim3，然后通过再匹配和 g2o 优化 Sim3，校正当前关键帧的位姿。

后端优化部分负责消除全局的累积误差，首先利用传播法调整与当前关键帧相连的关键帧位姿，并更新对应的地图点，最后根据调整的地图点更新关键帧的链接关系；在完成地图融合之后，通过本质图进行位姿图优化。位姿图优化以相机位姿为顶点，以相对运动为边，目标函数如式（6.11）。

$$\min_x \frac{1}{2}\sum_{i,j} e(x_i, x_j, \Delta T_{i,j})^{\mathrm{T}} \boldsymbol{\Omega}_{i,j}^{-1} e(x_i, x_j, \Delta T_{i,j}) \tag{6.11}$$

其中，x 为优化变量相机位姿，$\Delta T_{i,j}$ 为位姿变换，$\boldsymbol{\Omega}$ 为边的信息矩阵。这是一个最小二乘优化问题，利用 g2o 进行求解。

6.3.2 LSD-SLAM

LSD-SLAM 是单目 VSLAM 中功能完备的优秀算法。此算法采用直接法，只利用梯度比较明显的像素点，就可以完成高精度的位姿估计、跟踪和回环检测等任务，并能构建大规模且全局一致的半稠密地图。整个 LSD-SLAM 分为 3 个部分：跟踪（tracking）、深度图估计（depth map estimation）和全局地图优化（global map optimization）。

LSD-SLAM 的跟踪部分可连续跟踪从相机获取的关键帧，将第一帧图像的相机位姿作为初始位姿，估算出参考帧和当前新图像帧之间的三维刚体变换 $G \in SE(3)$，$SE(3)$ 为特殊欧式群。G 包含平移向量 $\boldsymbol{t}$ 和旋转矩阵 $\boldsymbol{R}$ 两部分，定义如式（6.12）所示。

$$\boldsymbol{G} = \begin{bmatrix} \boldsymbol{R} & \boldsymbol{t} \\ 0 & 1 \end{bmatrix}, \text{其中} \boldsymbol{R} \in SO(3) \text{且} \boldsymbol{t} \in \mathbf{R}^3 \tag{6.12}$$

式（6.12）中，$SO(3)$ 为特殊正交群。为便于求导，在优化求解过程中相机位姿需要用变换矩阵 $\boldsymbol{G}$ 对应的李代数 $\boldsymbol{\xi} \in se(3)$ 表示。$\boldsymbol{\xi}$ 是一个六维向量，前三维为不带雅可比系数 $\boldsymbol{J}$ 的平移，后三维为 $\boldsymbol{J}$ 的旋转。$SE(3)$ 由 $se(3)$ 通过指数映射关系得到。

$$\exp(\boldsymbol{\xi}^\wedge) \triangleq \begin{bmatrix} \boldsymbol{R} & \boldsymbol{J}\rho \\ 0^{\mathrm{T}} & 1 \end{bmatrix} = \boldsymbol{T}, \text{其中} \boldsymbol{J} \text{为系数矩阵}, \boldsymbol{J}\rho = \boldsymbol{t} \text{为平移} \tag{6.13}$$

LSD-SLAM 算法中两幅图像像素点之间的配准，没有采用特征点法中最小化重投影误差的方法，而是采用最小化归一化的光度误差，即空间中点 P_w（表示世界坐标）对应两帧中的像素点之间的灰度误差。

$$E_p(\xi_{ji}) = \sum_{p \in \Omega_{D_i}} \left\| \frac{r_p^2(\boldsymbol{p}, \xi_{ji})}{\sigma_{r_p(\boldsymbol{p}, \xi_{ji})}^2} \right\|_\delta \tag{6.14}$$

$$r_p(\boldsymbol{p}, \boldsymbol{\xi}) = I_i(\boldsymbol{p}) - I_j(\omega(\boldsymbol{p}, D_i(\boldsymbol{p}), \xi_{ji})) \tag{6.15}$$

$$\sigma_{r_p(\boldsymbol{p}, \xi_{ji})}^2 = 2\sigma_I^2 + \left(\frac{\partial r_p(\boldsymbol{p}, \xi_{ji})}{\partial D_i(\boldsymbol{p})} \right)^2 V_i(\boldsymbol{p}) \tag{6.16}$$

式（6.14）中，$\|\cdot\|_\delta$ 为 Huber 范数，用于归一化误差。式（6.16）中，σ^2 是通过协方差传递公式计算得到的误差方差，D_i 为逆深度，V_i 为逆深度方差。式（6.15）中，ω 是投影函数。待优化的目标函数 E_p 是一个标量范数，可通过高斯-牛顿法迭代求解。同时，由于相机遮挡或光线反射等问题，在跟踪过程中很容易产生外点，为了使算法更加鲁棒，在每次迭代过程中，取方差的倒数作为权重系数 W_i 降低方差较大的误差项的权重。因此，式

（6.14）可改写为

$$E(\xi) = \sum_i W_i(\xi) r_i^2(\xi) \tag{6.17}$$

在目标函数的优化求解中，会假设灰度噪声项服从高斯分布，采用左乘微扰动的方法求导计算每次迭代过程中的雅可比矩阵和更新量。若更新量 $\Delta\xi$ 足够小，则停止迭代，位姿向量 ξ 收敛到一个稳定值。

LSD-SLAM 算法深度图中的点来源于关键帧中梯度较大的像素点，关键帧的创建以相机移动的距离为依据。用式（6.18）计算出当前关键帧和候选关键帧的加权距离，再与设定好的阈值比较，判断是否创建关键帧，其中 W 是包含权重的对角阵。

$$\mathrm{dist}(\xi_{ji}) := \xi_{ji}^{\mathrm{T}} W \xi_{ji} \tag{6.18}$$

当新的图像被选定为关键帧后，需要计算其深度值。首先，由跟踪模块计算得到的两帧像素之间的位姿关系和可能的深度范围确定一条极线。然后，在极线上等距离取 5 个点计算灰度 SSD（误差平方和）获得最优的投影关系。最后，使用三角测量原理计算深度初始值。

深度初始值计算完毕后，需要正则化深度值并移除外点。然后，根据深度初始值的不确定性，使用卡尔曼滤波原理对深度数据进行融合，优化深度。最后，该图像替换为参考帧。如果该跟踪的图像没有成为新的关键帧，就用它改善当前关键帧。

由于单目 VSLAM 具有尺度不确定性，相机长时间运动后会积累误差，导致尺度漂移。LSD-SLAM 算法通过将逆深度平均化为 1，利用场景深度和图像跟踪精度之间内在的相关性解决尺度漂移的问题。如式（6.19）所示，相似变换 $S \in Sim(3)$ 作为位姿图优化中的边。

$$S = \begin{bmatrix} sR & t \\ 0 & 1 \end{bmatrix}, \text{其中} R \in SO(3), \text{且} t \in \mathbf{R}^3, s \in \mathbf{R}^+ \tag{6.19}$$

式（6.19）中，s 为尺度因子。相似变换群与其李代数 $\xi \in Sim(3)$ 之间同样存在指数映射关系，ξ 是一个七维向量。如式（6.20）所示，在估计两帧图像间的相似变换时，除了包含光度测量误差 r_p，还引入了深度误差 r_d。

$$E(\xi_{ji}) := \sum_{p \in \Omega_{D_i}} \left\| \frac{r_p^2(p, \xi_{ji})}{\sigma_{r_p(p, \xi_{ji})}^2} + \frac{r_d^2(p, \xi_{ji})}{\sigma_{r_d(p, \xi_{ji})}^2} \right\|_\delta \tag{6.20}$$

当新的关键帧 K_i 添加到地图之后，需要进行回环检测。为了检测到大尺度的回环，选用与 K_i 最近邻的 10 个关键帧及由 appearance-based mapping 算法筛选出的关键帧。为了防止引入错误的回环约束条件，需要做逆向相似度检测，如式（6.21）所示，对于每个回环候选帧 K_{j_k} 独立计算 $\xi_{j_k i}$ 和 ξ_{ij_k}，当这两个变换在统计上很相似时，才被加入全局地图优化中。邻接矩阵 $\mathbf{Adj}_{j_k i}$ 用作把 $\sum_{ij_k}$ 转换到正确的切向空间。

$$e(\xi_{j_k i}, \xi_{ij_k}) := (\xi_{j_k i} \circ \xi_{ij_k})^{\mathrm{T}} (\textstyle\sum_{j_k i} + \mathbf{Adj}_{j_k i} \sum_{ij_k} \mathbf{Adj}_{j_k i}^{\mathrm{T}})^{-1} (\xi_{j_k i} \circ \xi_{ij_k}) \tag{6.21}$$

地图优化以关键帧位姿为节点，帧间约束关系 $Sim(3)$ 为边，在后端不断构建位姿图进行修正。误差函数如式（6.22）所示，W 表示世界坐标。

$$E(\xi_{w1}\cdots\xi_{wn}) := \sum_{(\xi_{ji},\Sigma_{ji})\in\varepsilon} (\xi_{ji}\circ\xi_{wi}^{-1}\circ\xi_{wj})^{\mathrm{T}}\Sigma_{ji}^{-1}(\xi_{ji}\circ\xi_{wi}^{-1}\circ\xi_{wj}) \qquad （6.22）$$

6.3.3　RGB-D SLAM

在众多基于深度相机的 VSLAM 研究中，弗莱堡大学 Endres 等提出的 RGB-D SLAM 算法是最早的方法之一。它具有精度较高、鲁棒性好的优点，可以实时获取移动机器人的当前位置和姿态，已得到了广泛的认可。RGB-D SLAM 算法的流程图如图 6.10 所示。算法分为图像前端处理和后端位姿优化两部分。在算法中充分利用了环境 RGB 信息和深度信息。首先根据 Kinect 传感器实时获取的 RGB 信息提取图像特征，与前期获取的彩色图像进行图像特征匹配。通过对提取的特征所在点的深度信息进行评估，得到任意两帧图像之间的一系列相互对应的 3D 点对。利用迭代最近邻（ICP）算法得到当前帧与历史帧的平移、旋转向量，进行移动机器人的位姿估计。以此为基础，使用随机采样一致性（RANSAC）算法对不同帧之间的对应点进行优化估计。由于不同帧之间对应的点对位姿

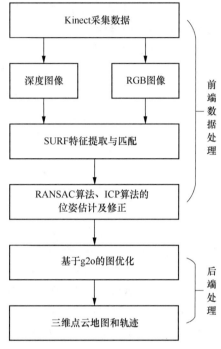

图 6.10　RGB-D SLAM 算法的流程图

估计不一定是全局一致的，因此使用 g2o 对 RANSAC 算法得到的不同帧之间的对应关系进行优化，得到 RGB-D 传感器相对于初始位姿的当前帧位姿关系。同时，融合不同帧之间的数据，得到融合后的 3D 环境点云数据。由于点云数据量过大，需要进行像素化，对数据进行压缩，便于运算以及存储，最终获得 3D 点云地图以及移动机器人运动的轨迹。

6.4　深度学习在机器人视觉中的应用

近年来，深度学习已经在机器人视觉中崭露头角，深度学习的发展不仅突破了很多难以解决的机器人视觉难题，提升了对于图像认知的水平，加速了机器人视觉相关技术的进步，更重要的贡献是改变了处理机器人视觉问题的传统思想。本节总结了这些年将深度学习引入回环检测、语义地图、三维重建、人脸识别等相关领域，以及遇到的挑战和技术难点。

6.4.1　回环检测

早期的回环检测方法大多基于场景不变的假设，这些方法在稳定的室内环境下尚能正常运行，但面对复杂的场景变化，如光照变化、季节变化、视角变化、动态场景等时，检测的准确率和回召率会大大降低。近年来，随着深度学习的快速发展，基于深度学习的回环检测受到了国内外研究者的广泛关注，并取得优异的性能。现在基于深度学习的回环检

测研究主要集中在场景描述上。场景描述方法主要包括：全局特征描述子；局部描述子；局部区域的全局描述子；结合深度信息的场景描述；场景的时变描述。

在全局特征描述子的方法中，Chen 等人首先使用深度神经网络进行回环检测研究，通过预训练的 CNN 模型提取图片特征，然后用于相似性比较，证明 CNN 提取出的特征相较于传统的手工提取的特征能更好地应对环境变化。紧接着，Chen 等人又在一个大规模场景数据集 SPED 上训练了两个用于场景分类的 CNN 模型：AMOSNet 和 HybridNet，取得了更好的回环检测性能。Sunderhauf 等人仔细分析了 AlexNet 的各层特征，证明了 AlexNet 的中层特征能够应对环境外观变化，AlexNet 的高层特征能够应对环境的视角变化。虽然使用现有的 CNN 生成全局图像描述子的方法获得了很多应用，但这种方法仍然存在一些问题，如提取到的特征描述子的维度较高，不够有区分度，对动态区域敏感，不能有效应对复杂的场景变化等。其根本原因在于这种方法是专门用于图像分类设计和训练的，因而它并不具备专门用于闭环检测任务的网络该有的特点。为了更好地应对回环检测任务，通常需要在特定场景下重新设计或者微调这些网络模型。

在局部描述子的方法中，Gao 等人将每幅图片分成许多的图片块，然后离线训练了一个堆栈自编码器（stacked denoising auto-encoder，SDA）提取图片的局部特征，用于相似性比较。Li 等人将图片分成图片块，使用 CNN 模型提取图片的局部特征并构造相似性矩阵，通过一种自适应加权方案确定图片相似度。但是，这些方法的特征提取和相似性比较的过程都非常耗时。

在局部区域的全局描述子方法中，使用全局描述的方法对图像的局部区域生成描述子。局部区域可使用各种局部区域探测器生成，各个局部区域的描述子合在一起形成对当前场景的描述。这种方法的关键在于如何生成稳定的局部区域，使其在环境条件发生变化时也能保证一定的可重复性。近年来，随着目标识别领域的发展，出现了很多更加优秀的物体提案方法，如 RPN 网络和 EdgeBoxes 算法等。相比于 RPN 通过学习的方法获得特定目标的潜在区域，EdgeBoxes 算法通过方框内部轮廓信息量的大小判断其是否包含物体，因而它具有通用性，并不局限于特定目标的物体提案生成。N. Sunderhauf 和 S. Cascianelli 等人的文章中描述采用这种方法生成局部区域，然后使用 CNN 生成局部区域的全局描述子。但是，这种方法的缺点是很难实时运行，一方面，因为现有的算法都很耗时；另一方面，要提高算法的稳定性，需要增加局部区域的数量，而每个区域都需要 CNN 前向传播提取特征，这比单纯地使用全局描述要更加复杂。

在结合深度信息的场景描述的方法中，深度信息可结合语义分割，从而生成更高级的语义特征描述场景，从而增强对环境的认知能力。对回环检测而言，由深度信息结合图像信息建立的语义特征，不仅增强了对外观变化和视角变化的适应能力，而且简化了地图描述，节省了存储空间，因为语义地图只需要存储特征的语义标签即可，而不是整个三维信息。此外，深度信息还可结合多视图几何对生成的回环进行验证，剔除错误的回环。

以上讨论的场景描述方法中，都是假设场景和描述子是一一对应的，然而当现实环境发生诸如昼夜更替、街道拆迁、季节变换等较大变化时，对同一地点的单一描述往往很难取得较好的回环检测效果。因而很多学者开始研究地图点的时变描述，在不同时间段使用不同的场景描述子。例如，P. Neubert 等通过学习超像素的变换词典来预测当前场景随季节的变化规律。这种方法假设外观相似的图像块发生类似的变化，在匹配之前先将当前图像进行超像素分割，分割后生成的描述子通过学习的词典变换到被匹配图像所在的季节，然后再进行匹配。S. M. Lowry 等则通过线性回归的方法学习同一地点的图像在上午和下午的线性变换。

6.4.2　语义地图

假若机器人能够在语义层面感知自己的环境并准确回忆学习到的知识，就可以建立人与机器人之间的基本联系。语义地图就是这样一种媒介。

Sunderhauf 等人提出面向物体对象的语义地图构建方法：首先利用 ORB-SLAM 算法估计 RGB-D 相机位姿，并将深度图像对应的点云依据相机当前位姿投射到全局坐标，从而得到环境的 3D 点云地图；其次是物体检测与识别，采用 SSD 网络，对关键帧图像生成固定数量的物体建议边界框，并计算每个建议边界框的置信值；然后是基于超体元的三维目标物体点云分割，以进一步分割出前述基于图像划分得到的物体所对应的点云；最后是基于最近邻方法的物体数据关联，以确定当前物体和地图中物体之间的对应性，进而添加或更新地图中目标物体的点云信息和从属类别置信度等数据。Salas-Morenoe 等人提出的SLAM++系统将环境语义信息结合到 3D 地图中，构建了场景的 3D 语义地图。目前 VSLAM系统大多使用点、线等低级视觉特征进行数据关联，其在长时、大尺度的环境中受到很大限制，利用更高层次的语义信息在一定程度上可以提高系统的鲁棒性。实际上，从长远来看，几何地图构建的过程和地图的语义标注过程可以是相互促进的两部分。目前国内外对地图构建与深度学习技术的研究尚处于起步阶段，缺乏广泛的探索及深层次的研究。

6.4.3　三维重建

近年来，人工智能技术飞速发展，三维重建作为环境感知的关键技术之一，可用于自动驾驶、虚拟现实等。如何基于深度学习对场景进行准确的三维重建，使机器人具有一定的视觉感知能力呢？

D.Eigen 等人改进传统单一尺度的 CNN，提出多尺度 CNN，并针对深度预测提出尺度不变损失函数，实现对单幅图像的深度估计。H.Jung 等人使用条件生成对抗网络（conditional generative adversarial network）实现单张图像深度估计，采用基于编码器-解码器与精炼网络（refinement network）相结合的生成器网络，在客观数据集上达到了较好的实验结果。I. Laina 等人使用残差结构设计网络，并提出快速上卷积（up-convolution）网络，在 NYUD v2 数据集上取得了优异的表现。S. Zagoruyko 等人提出基于 CNN 的匹配相似度计算网络。该网络输入为两幅图像块（由双目相机拍摄），网络直接输出两幅图像块的相似度。解决基线距离较大时的立体匹配问题。H. Fan 等人提出的点集生成网络，研究了如何通过单幅图像实现三维重建，该网络的输入为单幅图像，输出为点集的三维坐标。Y. LeCun 等人提出用于计算立体匹配中匹配代价的 CNN，该网络解决了基线距离较小时的匹配代价计算问题，且输出的图像块较小。B. Ummenhofer 等人提出 DeMoN 网络，实现从非约束的图像对中获取深度信息和相机的运动参数。将深度学习方法用于三维重建，相较于传统算法均有提升，但仍存在一些问题，如网络模型的泛化能力、准确度等。

6.4.4　人脸识别

基于深度学习的人脸识别技术受到机器人视觉发展的推动而得到提升，是机器人视觉领域的一个重要分支。现在人脸识别的主要技术路线的步骤为：第一步，使用相机拍摄有效的人脸图片，可以为静态图像也可以为动态形式的视频帧；第二步，选择有效算法对人脸图像提取所需要的人脸特征，建立特征模型库；第三步，判别待分类的人脸图像在系统人脸特征库中有无该类模板，根据相似度大小判别需识别图像对应的对象身份信息。

Taigman 等通过 3D 模型对 400 万幅的人脸图像进行对齐处理，仅利用 CNN 模型获取人脸的表征信息。后来，随着 CNN 在网络层次上的不断加深，结构的不断复杂，出现了 FractalNet、ResNeXt 等，将网络进行融合，它们都对人脸识别技术的发展提供了强有力的推动。在 2015 年，谷歌的 FaceNet 在 LWF 数据集上的识别率大大提高，达到了 99.63%的准确率。在 2016 年，由石世光领导的中国科学院计算所研究团队提出了一种基于 C++代码的 SeetaFace 人脸识别引擎，该识别引擎包括实现全自动人脸识别系统的全部模块，不依赖第三方库。该引擎奠定了整个人脸识别社区的基准，能够实现对面部特征点的自动检测定位，获得相应的人脸特征信息，得到对比模块。同时，在商业方面，人脸识别技术得到广泛应用。在 2018 年，中国著名的芯片研发公司瑞芯微发布 AI 人脸识别一站式的解决方案，使得人脸识别应用的场景化、商业化更丰富。腾讯和百度等公司的人脸识别 App 产品在市场上占有优势，离不开对深度学习相关最新技术的研究与应用。

6.5 本章小结

本章主要介绍了机器人视觉技术的基础知识与理论，包括机器人视觉系统的组成、利用视觉进行目标检测、基于视觉技术的 SLAM 方法及深度学习在机器人视觉中的应用。详细描述了 R-CNN、Fast R-CNN、Faster R-CNN，以及 YOLO 等目标检测方法。同时，讲解了 VSLAM 系统框架及常用算法。最后，简述了深度学习在机器人视觉中的应用，如回环检测、语义地图、三维重建及人脸识别。通过本章的学习，使读者对机器人视觉有全面的了解，为日后的技术开发奠定一定的基础。

6.6 习题

1. 机器人视觉系统一般由哪几部分组成？
2. RGB-D 相机有何优缺点？
3. R-CNN 和 Fast-RCNN 存在的共同问题是什么？Faster-RCNN 做出了哪些改进？
4. YOLO 的主要优势体现在哪里？
5. 与基于特征的 VSLAM 方法相比，直接的 VSLAM 方法有什么优势？
6. ORB-SLAM2 有何优缺点？
7. 除上述提到的 EPnP 方法外，还有哪些可以求解机器人位姿的方法？
8. 调研相似性评分的常用度量方式，哪些比较常用？
9. 相比传统的 SLAM，语义信息与 SLAM 的结合有哪些优势？
10. 与深度信息结合的回环检测解决了什么问题？

第 7 章 智能机器人语音

自然语言处理（natural language processing，NLP）一直是人工智能研究的热点。自然语言是人类智慧的结晶，NLP 是人工智能研究中最困难的课题之一，NLP 的研究充满魅力和挑战。对智能机器人而言，NLP 是实现机器人语音交互的基础，让机器人"听得懂""说得清"，是衡量一个机器人是否真正具有智能的基本要求。本章主要介绍 NLP 的框架、基于深度学习的模型与方法、机器人语音解决方案，以及应用实践。

本章学习目标：

(1) 了解 NLP 的历史；
(2) 熟练运用深度学习进行语音处理的模型及方法；
(3) 了解科大讯飞的 AIUI 人机交互平台；
(4) 掌握机器人语音技术的实际应用。

7.1 NLP 概述

7.1.1 NLP 及其历史

NLP 的研究源远流长。20 世纪初，瑞士日内瓦大学的语言学教授 Ferdinand de Saussure 发明了一种将语言描述为"系统"的方法，即结构主义语言学，Saussure 教授也被后人称为现代语言学之父。1947 年，美国科学家 Weaver 博士和英国工程师 Booth 提出利用计算机进行语言自动翻译的设想，机器翻译（machine translation）从此步入历史舞台，NLP 也通过机器翻译的研究得以进一步发展。1964 年，首个自然语言对话程序 ELIZA 诞生（见图 7.1），该程序是由 MIT 人工智能实验室的计算机科学家 Joseph Weizenbaum 使用一种 LISP 语言编写而成的。由于当时计算能力有限（运行于 IBM 7094），ELIZA 只是通过重新排列句子并遵循简单的语法规则，实现与人类的简单交流。这一时期的 NLP（称为第一代 NCP）主要是基于"规则"的方法，即大多数 NLP 系统是由语言学知识驱动的，以符合语言学意义的处理规则为核心，然而语言规则的构造成本高且容易冲突。在历时近 12 年并耗资近 2000 万美元后，机器翻译的成本还是远高于人工翻译，并且没有任何计算机能够实现基本的对话。于是在 1966 年，针对机器翻译的科研资助都停止了，NLP 的发展陷入停滞状态，许多学者认为 NLP 研究进入了死胡同。人类早期基于语言学的 NLP 初步探索以失败告终。20 世纪 80 年代，得益于计算能力的稳定增长，以及机器学习的发展，早期的机器翻译概念被推翻，基于统计学和机器学习的 NLP 新流派（第二代 NCP 方法）诞生了。进入 20 世纪 90 年代，随着互联网的出现，用于 NLP 的统计模型迅速普及。纯粹的统计学 NLP 方法在网络自然语言处理中变得非常有价值。n 元模型（n-gram）在跟踪大量的语言数据方面发挥了重要作用。为了缓解 n 元模型估算概率时遇到的数据稀疏问题，学者们提出神经网络语言模型。1997 年，递归神经网络模型出现，并找到了语音和文本处理的利基市场。2001 年，人工智能著名学者 Yoshio Bengio 教授发表了一篇论文，提出一种全新的语言神经网络模型，掀起了基于神经网络的 NLP 学术研究热潮。第三代的 NLP 研究进入新阶段，是传统机器学习方法在新一代人工智能背景下的延伸和拓展。第三代 NLP 方法以深度学习作为机器学习的主要方法，实现了语言和文本的分布式特征表示，构建了基于大数据驱动的机器学习新模型，加速了 NLP 应用的落地，推动了 NLP 在实际生活场景中的广泛使用。

本章主要介绍基于深度学习方法的第三代 NLP 方法及其在智能机器人中的应用。

图 7.1　首个自然语言对话程序 ELIZA

7.1.2　NLP 新技术框架

深度学习给 NLP 的研究提供了新方法论，现代智能生活需求给 NLP 的应用提供了新场景。NLP 的技术框架发生了根本性变革。第三代 NLP 整体技术框架如图 7.2 所示。

该框架充分利用大数据时代的数据资源，依托云计算（高性能计算集群）将深度学习（主要是递归神经网络）与自然语言处理任务相结合，分析、挖掘、学习语音、文本等时间序列的深层语义特征和语音表达，提供语音识别、机器翻译、广告推荐、资讯引流、语音交互等典型应用的解决方案。该技术方案的典型特征是实现了大数据、云计算、深度学习的一体化——大数据为燃料，云计算为平台，深度学习为引擎，从而为各种边缘设备（如智能手机、机器人、自动驾驶汽车等）赋能。

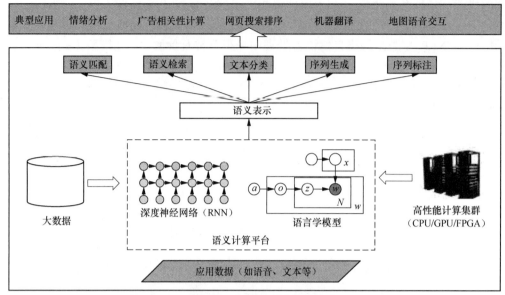

图 7.2　第三代 NLP 整体技术框架

本章的后续章节首先介绍 NLP 深度学习的新方法及其原理，然后基于机器人语音技术开发平台介绍新方法的特定应用。

7.2　NLP 的深度学习模型和方法

7.2.1　递归神经网络

基于深度学习的 NLP 新方法在当前的 NLP 领域取得了巨大的成功，这主要归功于递归神经网络（recurrent neural network，RNN）的发展。与 CNN 不同，RNN 擅长处理"时间序列"数据，因此在 NLP 领域发挥了重要作用，主要应用领域包括语音识别、语义理解、机器翻译等。从特征工程的角度来说，RNN 能够记住时间序列前面时序的特征，并根据记忆和遗忘机制推断后面时序的结果，如此不断循环，以拓展并优化模型的性能。RNN 的原理与人类的 NLP 和记忆力机制不谋而合。

想要机器人听懂人类的语言，机器必须理解自然语言的上下文关系，才能准确理解某句话的含义，这就需要记忆能力。研究表明：反馈是实现记忆的核心手段。从原理上说，如果能够将当前网络的输出保存在一个记忆单元中，让这个记忆单元和下一时刻的输入一起进入下一个时序的神经网络，这是模仿人类记忆力机制的最朴素的思想。根据这个思想，科学家设计了最简单的记忆力模型，如图 7.3 所示。将这个模型按照时间线展开，就可以得到一个递归表示的模型，如果其中的基本单元用神经网络构建，那就是递归神经网络。

当前时序单元的输出可以表示为：

$$O_t = g(V \cdot S_t) \tag{7.1}$$

$$S_t = f(U \cdot X_t + W \cdot S_{t-1}) \qquad (7.2)$$

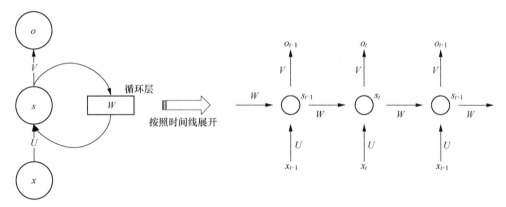

图 7.3　递归神经网络模型

由此可知，S_t 的值不仅取决于当前时刻的输入 X_t，也取决于前一时刻的记忆值 S_{t-1}。

RNN 模型处理序列类型的数据具有天然优势，因为神经网络本身就是序列结构。但其也存在缺点，具体表现为：RNN 可以很好地解决"短时依赖"问题，但对"长时记忆"却无能为力，这是简单版本 RNN 模型一直难以取得很好效果的根源。在深度学习诞生之前，研究者主要是针对具体问题人为挑选特定的参数来提升模型性能；但这样做不具有普适性，因为 RNN 无法决定挑选哪些参数。

7.2.2　LSTM

为解决 RNN 的长时依赖问题，1997 年人工智能领域著名学者 Hochreiter Schmidhuber 教授提出 LSTM（long short term memory network）模型，字面意思是"长短时记忆网络"，本质上解决的仍然是短时记忆问题，只不过这种短时记忆比较长，能在一定程度上解决长时依赖问题。该模型一开始提出并没有引起学术界的重视，后来与深度学习思想相结合获得了新生，成为当下最主流的 RNN 模型之一，并且在 NLP 领域取得了突破性进展。

与简单 RNN 模型最大的不同在于，LSTM 模型使用输入门、遗忘门和输出门控制网络，以实现长时记忆功能。研究表明，人类的记忆力机制同时具备记忆和遗忘两项能力，两者互为补充、缺一不可。人类的记忆力机制就是两者的平衡。如果一个模型只有记忆能力而没有遗忘能力，那么短时记忆将占据主导地位，长时记忆就无从谈起。LSTM 模型成功地将记忆和遗忘两种能力融合于一个模型中，从而实现了长的短时记忆机制。

LSTM 的基本单元如图 7.4 所示。其中，c_t 表示 t 时刻网络中的长时记忆（long term memory），h_t 表示 t 时刻网络中的短时记忆（short term memory），网络具体要保留多少记忆是由前一时刻的输出和这一时刻的输入共同决定的。f_t 是衰减系数。

LSTM 可以用如下的数学模型表示：

$$f_t = \sigma(W_f[h_{t-1}, x_t] + b_f) \qquad (7.3)$$

$$i_t = \sigma(W_i[h_{t-1}, x_t] + b_i) \qquad (7.4)$$

$$\tilde{c}_t = \tanh(W_c[h_{t-1}, x_t] + b_c) \qquad (7.5)$$

$$o_t = \sigma(W_o[h_{t-1}, x_t] + b_o) \qquad (7.6)$$

$$c_t = f_t \times c_{t-1} + i_t \times \tilde{c}_t \qquad (7.7)$$

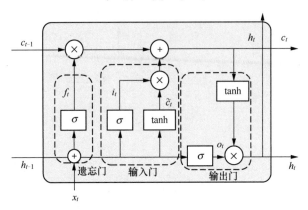

图 7.4　LSTM 的基本单元

由式（7.7）可知，LSTM 本质上是一个滤波器，是一个有关记忆的滤波器。经过滤波后，LSTM 单元的输出可以表示为：

$$h_t = o_t \times \tanh(c_t) \qquad (7.8)$$

$$y_t = \sigma(W_o \cdot h_t) \qquad (7.9)$$

7.2.3　Word2Vec

在 NLP 问题中，如何生成紧凑、高效的词向量是一个核心问题，优秀的词向量表示形式对于自然语言的处理并行化、语义特征的层次化表达、语义理解的长时记忆具有重要意义。早期的词向量表示采用 one-hot 编码，其优点是简洁明了，其缺点是词向量过于稀疏，容易造成维度灾难。为了获取更紧凑、高效的词向量，学者们提出了词嵌入（word embedding）的概念，即将高维词向量嵌入一个低维空间。词嵌入有助于克服 one-hot 编码的缺陷，获得语义的分布式表达（distributed representation）。它的思路是：通过训练将每个词都映射到一个较短的词向量上。所有的这些词向量就构成了向量空间，进而可以用统计学的方法研究词与词之间的关系。词嵌入的方法有很多，但其基本思想是一致的：任何一个词的语义都跟它的上下文高度相关，任一词的含义可以用它的周边词表示。传统的词向量生成包括两大流派：基于语言模型的方法和基于统计的方法，分别对应 7.1.1 小节所述的第一代和第二代 NLP 方法，在此不展开论述。

本节主要介绍第三代 NLP 方法中采用的词向量生成方法 Word2Vec，顾名思义，就是"把词表示为向量"。该模型发布于 2013 年，在任何当代 NLP 任务中，它都是值得尝试的词向量生成首选项。虽然当前 NLP 的新模型层出不穷，但 Word2Vec 模型仍然是基础中的基础。

Word2Vec 的思想非常简单：词向量可以基于上下文词汇通过神经网络训练生成。例如，考虑如下语句：

```
Corpus = {I like Chinese green tea}
```

根据 one-hot 编码规则：

```
I:       X1 = [1 0 0 0 0]
Like:    X2 = [0 1 0 0 0]
Chinese: X3 = [0 0 1 0 0]
Green:   X4 = [0 0 0 1 0]
Tea:     X5 = [0 0 0 0 1]
```

考虑如图 7.5 所示的 Word2Vec 模型，现在欲得到 Chinese 这个词的嵌入式词向量，假设 window size 为 2，就可以选取 Chinese 前面两个单词和后面两个单词的 one-hot 编码为神经网络的输入，以 Chinese 对应的 one-hot 编码为期望输出。

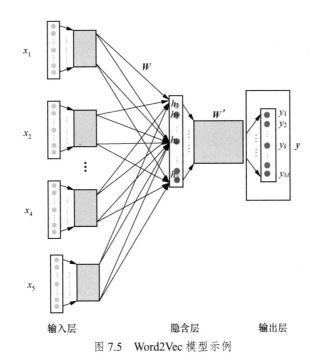

图 7.5　Word2Vec 模型示例

训练过程如下：采用梯度下降法训练神经网络并更新权重矩阵 W，如果隐含层向量经过 Softmax 后的概率分布与目标单词的 one-hot 编码一致，那么对目标单词的训练就结束了。遍历整个词典，重复上述过程使得网络训练收敛，那么词典中任何一个单词的 one-hot 编码乘以矩阵 W 都将得到自己的 word embedding。

基于上述思想，学术界提出 Word2Vec 模型的两类具体实现，分别是 CBOW（continuous bag-of-words）与 skip-Gram 模型。CBOW 模型的训练输入是某一个特征词的上下文相关词对应的词向量，而输出就是这个特定的词的词向量。skip-gram 模型和 CBOW 模型的思路正好相反。

7.2.4　ELMO

在 Word2Vec 模型和 2014 年提出的 GloVe 模型中，每个词对应一个向量，但是它们对于多义词无能为力。

2018 年 3 月，ELMO（embedding from language models）给出一个较好的解决方案。不同于前述模型的一个词对应一个向量，ELMO 不再给出固定的向量对应关系，而是给出一个预先训练好的模型。使用时，将一句话或一段话输入模型，模型会根据上下文推断每个词对应的词向量。因此，ELMO 就可以结合前后语境对多义词进行理解。ELMO 具有两个优势：①能够学习到词汇用法的复杂性，即语法；②能够学习到不同上下文语境中的词汇多义性，即语义。

ELMO 的核心思想是：每个词语的特征表达都是整个输入语句的函数。基于大量文本，词向量可以从深度双向语言模型（bidirectional language models，BiLM）中的内部状态学习而来。BiLM 架构如图 7.6 所示，采用的是经典的双层双向 LSTM。图 7.6 中，左端的前向双层 LSTM 是正向编码器，右端的逆向双层 LSTM 代表反向编码器，每个编码器都由两层 LSTM 叠加而成。类似的 BiLM 结构其实在 NLP 研究中很常见，只不过没有用双层 LSTM 编码器。

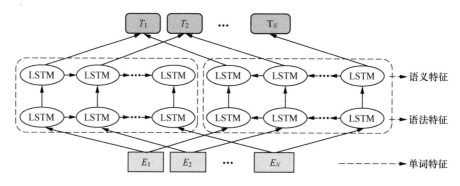

图 7.6　BiLM 架构

语言模型训练的目标任务是根据单词 T_i 的上下文正确预测单词 T_i。T_i 之前的单词序列称为上文，T_i 之后的单词序列称为下文。左端编码器的输入顺序是从左到右，不包含 T_i 的上文，右端编码器的输入是从右到左逆序的，不包含 T_i 的下文。

ELMO 采用了 NLP 应用典型的两个阶段过程。第一个阶段是利用 BiLM 预训练；第二个阶段是在做下游任务时，利用预训练网络提取对应单词的各层 word embedding 作为新特征加入下游任务中。

ELMO 充分利用了深度学习在分布式特征表达方面的优势。它的 BiLM 结构是"深"的，好处是能够提取到丰富的多层次特征，这是 ELMO 的核心思想。高层的 LSTM 可以捕捉词语意义中和语境相关的特征，而低层的 LSTM 可以找到语法方面的特征。它们结合在一起，在 NLP 任务中就会体现优势。

使用 BiLM 结构利用大量语料就能训练好这个双向 RNN 网络，在预训练好的网络中输入一个新句子，句子中每个单词都能得到对应的 3 个 embedding：

（1）最底层是单词特征，即单词的 word embedding，与 Word2Vec 模型类似；

（2）上一层提取的是语法特征，可以用于词性标注等任务；

（3）再上一层提取的是语义特征，可以用来做语义消歧的高阶任务。

ELMO 模型也有自身的缺点，表现为：

（1）虽然采用深度神经网络作为特征抽取器，但是双层 LSTM 相比结构更优越的 Transformer 模型，其特征提取能力较弱。如果 ELMO 采用 Transformer 作为特征提取器，相信可以取得更好的性能。

（2）采取双向 LSTM 网络，这种 BiLM 结构拼接 3 个 embedding，这种经典 NLP 结构虽然实现了多层特征的融合，但相比后续提出的一体化特征融合方式，网络结构和算法都比较复杂，限制其进一步发展。

7.2.5　Transformer

Transformer 模型是由谷歌在 2017 年 6 月发表的论文 *Attention Is All Your Need* 中提出的。这是一种称为 seq2seq 的模型，在机器翻译等应用中使用广泛。传统的 seq2seq 模型通常采用 RNN，一般在网络结构中会用到 Encoder 和 Decoder，要想提升效果，可以通过注意力（Attention）机制连接 Encoder 和 Decoder。研究表明，如果使用 RNN 作为 Encoder 和 Decoder，则存在两个问题：一是 RNN 的递归依赖难以并行化，早期版本的谷歌翻译系统（Google's neural machine translation system，GNMT）需要 96 块 GPU 并行训练一周，而 RNN 无法提供这方面的支持；二是缺乏对全局语义信息的理解，尤其是在长时记忆、层级化语义表达两方面捉襟见肘。

Transformer 模型摒弃了 RNN，提出一种全新的并且更简单的网络结构，只需要 Attention 机制就能解决 seq2seq 的问题，并且能够一步到位获取全局语义信息。Transformer 在机器翻译任务上的表现超过了 RNN、CNN，其最大优点是可以高效地并行化。

Transformer 的核心是 Attention 机制。

（1）在编码当前词时，充分考虑上下文的信息。相比 ELMO，Attention 机制的独到之处是为不同的上下文分配不同的权重。例如，The bird didn't fly because it was hurt by the cat，如果采用 RNN 或者 LSTM 作为编解码器，就是平等对待上下文的，因此不容易理解 "it" 是指代 bird；而 Attention 机制会给 bird 分配较高的权重，这样就可以模拟人脑的 Attention 机制，从而准确地识别出 "it" 的含义。

（2）在具体实现时，Transformer 又加入了 Self-Attention 和 Multi-Head Attention，通过多组权重参数优化上下文对当前词的影响，进一步提升了语义理解能力。

（3）除了在 Encoder 和 Decoder 加入 Attention 机制外，训练过程中，Decoder 在每个时间步中还有单独一个 Attention 是从 Encoder 输入的，帮助当前词获取当前需要关注的重点内容。

Attention 机制的原理如图 7.7 所示。传统的 Seqzseq 结构中，输入编码为一个定长语义编码，然后通过这个编码再生成对应的输出序列。针对这个问题，Bengio 率先提出 Attention 机制，并因此获得 2019 年的图灵奖。区别在于，Encoder 的输出不是一个语义向量，而是一个语义向量的序列，在解码阶段会有选择地从向量序列中选择一个子集，至于这个子集怎么选取，子集元素占比多少，这些都是 Attention 机制要解决的问题。

Attention 机制本质上可以被描述为一个查询（Query）到一序列对（键 Key/值 Value）的映射过程。在计算 Attention 时，主要分为三步，如图 7.8 所示。

第一步，将 Query 和每个 Key 进行相似度计算，得到权重，常用的相似度函数有点积、拼接、感知机等。

第二步，使用一个 Softmax() 函数对这些权重进行归一化。

第三步，将权重和相应的键值 Value 进行加权求和，得到最后的 Attention。

目前，在 NLP 研究中，Key 和 Value 常常是同一个，即 Key=Value。

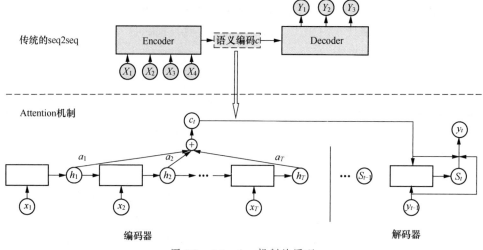

图 7.7 Attention 机制的原理

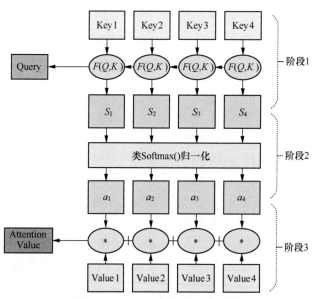

图 7.8 Attention 机制的计算过程

　　一个典型的 Transformer 模型的结构如图 7.9 所示。左边的结构代表编码器,采用了 $N=6$ 的重复结构,包含一个 Multi-Head Attention 和一个 Position-wise feed-forward(一次线性变换后用 ReLU 激活,然后再线性变换)。右边的结构代表解码器,最下面是输出序列的 tokens,在翻译任务中就是目标语言的词表,并且第一个 Multi-Head Attention 是带有 Mask 的,以消除右侧单词对当前单词 Attention 的影响,左边的 Encoder 编码后的输出将会插入右边 Decoder 的每一层,即 Key 和 Value。

　　Transformer 相比 RNN、LSTM 等传统递归模型具有如下优点。

　　(1)完全的并行计算。Transformer 的 Attention 和 feed-forward 均可以并行计算,而 LSTM 则依赖上一时刻,必须串行。

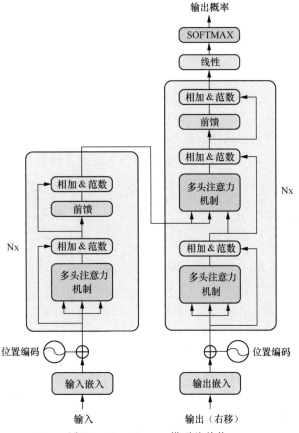

图 7.9 Transformer 模型的结构

（2）减少对长时记忆的依赖。利用 self-attention 将每个字之间的距离缩短为 1，大大缓解了长距离依赖问题。

（3）提高网络深度。由于大大缓解了长距离依赖梯度衰减问题，Transformer 网络可以很深，基于 Transformer 的网络可以做到 20 多层，而 LSTM 一般只有 2～4 层；根据深度学习的基本思想，网络越深，高阶特征提取能力越强，模型性能越好。

（4）真正的双向网络。Transformer 可以同时融合前后位置的信息，而双向 LSTM 只是简单地将两个方向的结果相加，严格来说，双向 LSTM 仍然是单向的。

（5）可解释性强。完全基于 Attention 的 Transformer，可以表达字与字之间的相关关系，可解释性更强。

7.2.6 BERT

BERT 是谷歌在 2018 年 10 月推出的深度语言表示模型，一经推出便席卷整个 NLP 领域，为 NLP 应用带来里程碑式的进步，是 NLP 领域 SOTA（state-of-the-art）最重要的进展。

BERT 的全称是 bidirectional encoder representation from transformers，从名称上就可以看出 BERT 是近期 NLP 创新的集大成者：一是采用了 7.2.5 小节所述的 Transformer 作为基础模型；二是引入了 ELMO 的 BiLM 架构。客观地说，BERT 在模型结构上的创新有限，主要创新点都在 pre-training 方法上。然而，有效果才是硬道理，BERT 在 NLP 领域的成绩是有目共睹的，所有的赞誉都是应得的。在机器阅读理解顶级水平测试 SquAD 1.1 中，BERT

获得惊人成绩：在全部两个衡量指标上全面超越人类，并且在 11 种不同 NLP 测试中，BERT 创造最佳成绩，包括将 GLUE 基准推至 80.4%（绝对改进率 7.6%），MultiNLI 准确度达到 86.7%（绝对改进率 5.6%）等。

BERT 模型的结构如图 7.10 所示。对比 OpenAI 的 GPT 模型（当前 NLP 领域另一网红模型），BERT 的语义表达是双向的，类似单向 LSTM 与双向 LSTM 的区别。BERT 模型和 ELMO 模型都是"双向"的，但目标函数不同。ELMO 分别以 $P(w_i|w_1, w_2, \cdots, w_{i-1})$ 和 $P(w_i|w_{i+1}, w_{i+2}, \cdots, w_n)$ 作为目标函数，独立训练出两个 representation 然后拼接，而 BERT 是以 $P(w_i|w_1, w_2, \cdots, w_{i-1}, w_{i+1}, w_{i+2}, \cdots, w_n)$ 作为目标函数训练语言模型。

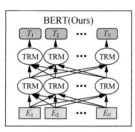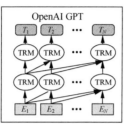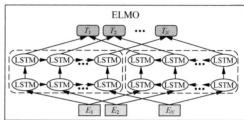

图 7.10　BERT 模型的结构及其与 GPT、ELMO 模型的区别

如前文所述，BERT 模型的主要创新是围绕预训练展开的。

创新点 1：masked language model

传统的语言模型学习语言特征都是以前文预测下一个词为训练目标，然而这个思路在双向模型中不可行，例如，在 BiLM 中反向 encoding 意味着"正向要预测的下一个词已知"，这显然是自相矛盾的。现有的语言模型（例如 ELMO）号称是双向的，但是实际上是两个单向 RNN 语言模型拼接而成的。受 *A Neural Probabilistic Language Model* 论文的启发，BERT 提出了 masked language model，随机去掉句子中的部分 token，然后利用模型预测被去掉的 token 是什么，其基本思想与 Word2Vec 类似。具体实行时，将语料库中 15% 的语料用 [Mask] token 代替，并通过 Pre-training 预测 masked token，将 masked token 这一层对应输出的向量送入 Softmax 就能得到较理想的结果。

创新点 2：next sentence prediction

很多语言任务都需要获取句子级别关系的 representation，因此只有语言模型是不够的，还需要捕捉句子级的特征。所以 BERT 设计了一个"句子对"任务，该任务的训练语料是两句话，目标是预测第二句话是否是第一句话的下一句。例如，选择句子 A 和句子 B 为预训练样本，B 有 50% 的可能性是 A 的下一句，也有 50% 的可能性是来自语料库中的随机句子。

创新点 3：层次化 embedding

与 BiLM 模型类似，BERT 模型同样可以提供层次化的特征，如图 7.11 所示，模型的输入是以下 3 个 embedding 向量的和。

（1）token embedding：当前词的 embedding。

（2）segment embedding：当前词所在句子的 index embedding，是由 BERT 模型训练得到的。

（3）position embedding：当前词所在位置的 index embedding，是由 BERT 模型训练得到的。

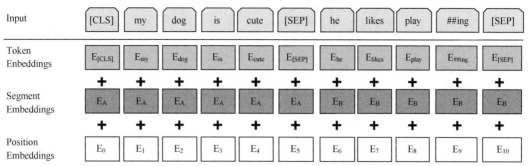

图 7.11　BERT 的层次化特征表示

BERT 采用了"Pre-training+Fine-tuning"的机制，一般只需要增加一层网络，如图 7.12 所示。例如，在文本匹配任务和文本分类任务中，只需要在对应的 representation 处（即 encoder 在[CLS]词位的顶层输出）加上一层神经网络；对于阅读理解问题 SQuAD，在原文 span 抽取上直接用两个线性分类器输出 span 的起点和终点；在序列标注任务中只需要增加 softmax 输出层。

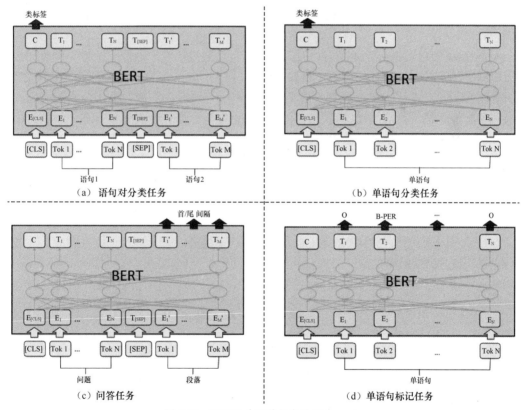

图 7.12　BERT 对下游任务的 Fine-tuning

近十年来，学者一直致力于解决 NLP 领域的两个关键问题：一是构建一个真正的"深度"模型，特别是像 CV 领域著名的 ResNet 这样的深度网络；二是实现语言和语义的无监督学习。BERT 在这两方面都得到了突破，其里程碑意义在于：证明了一个非常深的模型可以显著提升 NLP 任务的准确率，而且这个模型可以利用大量无标签数据集预训练得到。

更进一步地，BERT 模型给我们以下启发。

第一，BERT 模型非常深（12 层）但并不宽，中间层只有 1024 个单元，而 Transformer 模型的中间层有 2048 个单元。因此，从模型结构上来说，BERT 与 ResNet 很像，可以类比为 RNN 中的 ResNet，两者各自代表 CV 和 NLP 领域的 SOTA 水平，这似乎在印证一个朴素的观点：在深度学习领域，深而窄的模型比浅而宽的模型性能更好。

第二，我们已经知道，深度学习就是表征学习。无论是图像领域还是语音领域，如果一个模型能够通过"深"的网络分层次地表达特征，那么辅以"超大规模的数据+超强算力支持"就一定能获得强大的表征学习能力，取得 SOTA 的性能水平。

7.3 机器人语音技术 AIUI 开放平台

7.3.1 机器人语音技术概述

科大讯飞在语音领域深耕多年，拥有声学处理、语音识别、语音合成、语音评测等核心技术。AIUI 是科大讯飞提供的一套人机智能交互解决方案，从 2015 年发布至今，基于核心技术不断打磨效果，逐步成熟，是一套功能完善、易于接入的人机交互解决方案。

AIUI 旨在实现人机交互无障碍，使人与机器可以通过语音、图像、手势等自然交互方式，进行持续、双向、自然的沟通。现阶段 AIUI 提供以语音交互为核心的交互解决方案，全链路聚合了语音唤醒、语音识别、语义理解、内容（信源）平台、语音合成等模块；可以应用于智能手机（终端）、机器人、音箱、车载、智能家居、智能客服等多个领域，让产品不仅能听会说，而且能理解会思考。

AIUI 开放平台主要包含语义技能（Skill）、问答库（Q&A）编辑及 AIUI 应用（硬件）云端配置的能力，并为不同形态产品提供了不同的接入方式，主要包括 Android、iOS、Windows、Linux SDK、基于 HTTP 的 WebAPI，以及软硬件一体的 AIUI 评估板（量产板）、讯飞魔飞智能麦克风。

AIUI 将科大讯飞强大的单点交互能力（前端声学处理、语义理解、语音合成、丰富的内容信源）整合为全链路的交互方案提供给广大开发者，开发者可以根据实际的业务需求，利用热词、静态实体、动态实体、所见即可说等特性，进行个性化的优化和改进，提升交互准确率，让人机交互更加流畅，真正地满足和解决用户实际使用中遇到的问题。

7.3.2 应用领域

AIUI 解决方案可以应用于多个领域与产品，包括但不限于智能手机（终端）、服务型机器人、玩具机器人、音箱、玩具、手表、车载、智能家居、智能客服、医疗导诊。

在智能手机、手表或 PC 等终端中，AIUI 可以与手机深度结合为全局的智能语音控制系统。在单个应用（App）中，可以帮助用户用语音完成复杂的交互，如导航/买票/订餐等。

在机器人、音箱、玩具、车载等产品中，AIUI 可以化身个人智能助理或虚拟人物，执行用户的指令，如控制设备移动，多媒体的播放，天气、股票信息查询等能力。

当任意智能家居搭载 AIUI 后,开发者通过将 AIUI 的语义结果解析成对应的控制指令,不仅可以完成设备自身的状态控制，甚至可以化身为整个家庭的中控设备。

在智能客服领域，开发者可以利用 AIUI 的自定义问答和自定义技能能力，完成对用户表述的语义理解，极大地降低企业的人工成本。

AIUI 还可应用于 KTV 场景下的点歌、播放控制，商超、政务、银行等场景下的大屏语音互动等领域，开发者可以在产品开发中释放 AIUI 的无限潜能。

7.3.3　产品框架

AIUI 语义信息透明开放，可云端接入，支持业务自由定制。AIUI 的核心技术包括语音唤醒、语音识别、自然语言理解、语音合成、全双工交互及翻译，其产品架构如图 7.13 所示。AIUI 开放平台希望给从事各个领域的开发者带来更多的可能性，在支持自定义语义的基础上，平台未来将会支持开发者在技能商城上传自己的语义资源，如技能、问答库等，可供其他开发者使用。综上所述，AIUI 应用的领域广泛，涵盖生活的各行各业，可以为广大开发者提供强有力的技术支持和引导，实现生态共享和互利共赢。

图 7.13　AIUI 产品架构

7.4　机器人语音解决方案与应用实践

7.4.1　基于注意力机制的 LSTM 端到端语音识别

基于深度学习的语音识别技术突飞猛进，将相关技术应用于机器人系统，就可以形成如图 7.14 所示的端到端语音识别解决方案。

其中，语音输入文件主要使用.wav 文件，先对音频文件进行语音特征提取，再通过 RNN 模型对培育特征进行编码（encoder）和解码（decoder），之后对语音向量进行 softmax 生成文字。

图 7.14　端到端语音识别示意图

LSTM 可以捕捉时间序列的长短时记忆特征，其基本单元在 7.2.2 小节中已有介绍。LSTM 网络结构如图 7.15 所示，在每个循环的模块内设有 4 层，其中包括传统 RNN 模块中的简单 tanh 层和 3 个 sigmoid 层，通过 3 个门的筛选留下长时记忆的重要信息。

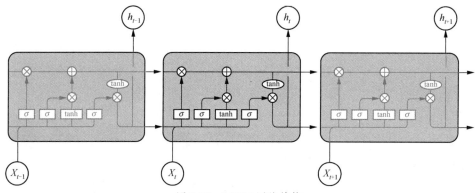

图 7.15　LSTM 网络结构

LSTM 主要包含遗忘门、输入门、输出门，信息通过线性交互直接传递，梯度会随着计算层的增加而出现爆炸性增长或指数型消失，因而需要对传递的信息进行筛选处理。这时可以通过 LSTM 中的遗忘门，对之前传递的信息进行筛选遗忘，有效地传递更多有价值的信息，加速算法收敛。

语音识别模型结构如图 7.16 所示。

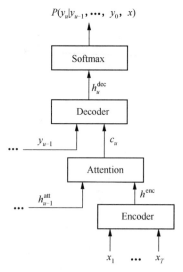

图 7.16　语音识别模型结构

模型输入部分主要是语音向量，通过 Encoder 对语音向量进行压缩，具体如图 7.17 所示。Encoder 部分主要对语音信号进行 higher-level 转换，而后将信号输入注意力模型（attention model，AM），通过 AM 完成模型的对准。

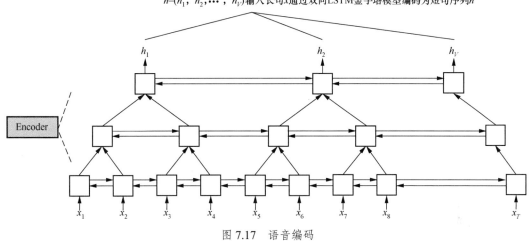

图 7.17　语音编码

Decoder 同样也使用 LSTM 网络，对语音信号中的 higher-level 进行编码，减小输出文字和语音向量之间的距离，从而完成语音识别任务，具体结构如图 7.18 所示。

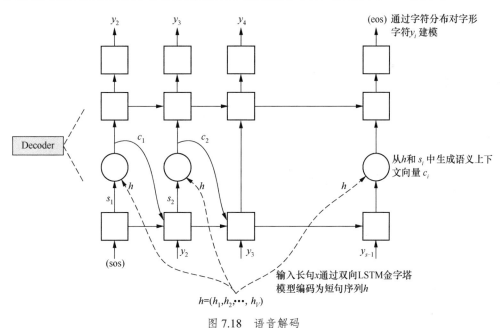

图 7.18　语音解码

最后通过 softmax 转化成文字，如图 7.19 所示。

下面基于 TensorFlow 框架，采用 Python 语言编程构建上述 LSTM 模型，实现端到端的语音识别功能。数据集选用 WAV 语料库，实验目标为了解语音识别模型的主要架构，能够使用模型进行语音识别任务。实验步骤如下：

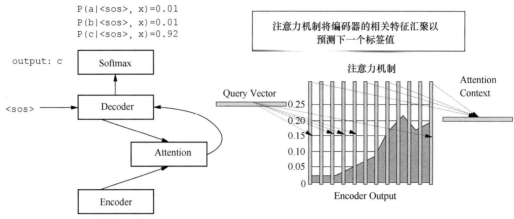

基于注意力机制的模型

P(a|<sos>, x)=0.01
P(b|<sos>, x)=0.01
P(c|<sos>, x)=0.92

注意力机制将编码器的相关特征汇聚以
预测下一个标签值

图 7.19　文字输出

1．读取 WAV 文件特征数据

得到一个 list 的稀疏表示，为了直接将数据赋值给 TensorFlow 的 tf.sparse_placeholder 稀疏矩阵。

```python
def sparse_tuple_from(sequences, dtype=np.int32):
    """
    Args:
      sequences: 序列的列表
    Returns:
      一个三元组，和 TensorFlow 的 tf.sparse_placeholder 同结构
    """
    indices = []
    values = []

    for n, seq in enumerate(sequences):
        indices.extend(zip([n]*len(seq), range(len(seq))))    #索引
        values.extend(seq)

    indices = np.asarray(indices, dtype=np.int64)
    values = np.asarray(values, dtype=dtype)
    shape = np.asarray([len(sequences), np.asarray(indices).max(0)[1]+1],
                       dtype=np.int64)
    #max(0)是对列表按行取最大值

    return indices, values, shape
```

2．提取 MFCC 系数

（1）完成对 WAV 文件的解码，将语音信号转化为 MFCC。

本实验在读取 WAV 的特征数据后，采用 Python_speech_features 包中的方法读取文件的 MFCC 特征，详细代码如下：

```python
import scipy.io.wavfile as wav
```

```
from python_speech_features import mfcc

def get_audio_feature():
    """
    获取 wav 文件提取 MFCC 特征之后的数据
    """

    audio_filename = "audio.wav"

    #读取 WAV 文件内容，fs 为采样率， audio 为数据
    fs, audio = wav.read(audio_filename)

    #提取 MFCC 特征
    inputs = mfcc(audio, samplerate=fs)
    # 对特征数据进行归一化，减去均值除以方差的值
    feature_inputs = np.asarray(inputs[np.newaxis, :])
    feature_inputs = (feature_inputs - np.mean(feature_inputs))/np.std(feature_inputs)

    #特征数据的序列长度
    feature_seq_len = [feature_inputs.shape[1]]
    return feature_inputs, feature_seq_len
```

（2）判断 python_speech_features 模块是否存在，加入异常处理代码。

若 python_speech_features 不存在，则通过 pip install python_speech_features 进行安装。

```
try:
    from python_speech_features import mfcc
except ImportError:
    print("Failed to import python_speech_features.\n Try pip install python_speech_
features.")
    raise ImportError
```

3．将 label 文本转换成整数序列

本实验音素的数量是 28，分别对应 26 个英文字母、空白符和没有分到类的情况。WAV 文件对应的文本文件的内容是 she had your dark suit in greasy wash water all year。现在把这句话转换成整数表示的序列，空白用 0 表示，a～z 分别用数字 1～26 表示，则转换的结果为：[19 8 5 0 8 1 4 0 25 15 21 18 0 4 1 18 11 0 19 21 9 20 0 9 14 0 7 18 5 1 19 25 0 23 1 19 8 0 23 1 20 5 18 0 1 12 12 0 25 5 118]，最后将整个序列转换成稀疏三元组结构，这样就可以直接用在 TensorFlow 的 tf.sparse_placeholder 上。转换代码如下：

```
# 常量
SPACE_TOKEN = '<space>'
SPACE_INDEX = 0
FIRST_INDEX = ord('a') - 1  # 0 is reserved to space

def get_audio_label():
    """
    将 label 文本转换成整数序列，然后再换成稀疏三元组
    """
    target_filename = 'label.txt'
```

```
    with open(target_filename, 'r') as f:
        #原始文本为 she had your dark suit in greasy wash water all year
        line = f.readlines()[0].strip()
        targets = line.replace(' ', '  ')
        targets = targets.split(' ')
        targets = np.hstack([SPACE_TOKEN if x == '' else list(x) for x in targets])
        targets = np.asarray([SPACE_INDEX if x == SPACE_TOKEN else ord(x) - FIRST_INDEX
for x in targets])
        # 将列表转换成稀疏三元组
        train_targets = sparse_tuple_from([targets])
    return train_targets
```

4．定义双向 LSTM

定义双向 LSTM 及 LSTM 之后的特征映射代码。

```
def inference(inputs, seq_len):
    #定义一个向前计算的 LSTM 单元，40 个隐藏单元
    cell_fw = tf.contrib.rnn.LSTMCell(num_hidden, initializer=tf.random_normal_
            initializer(mean=0.0, stddev=0.1), state_is_tuple=True)
    # 组成一个有 2 个 cell 的 list
    cells_fw = [cell_fw] * num_layers
    # 定义一个向后计算的 LSTM 单元，40 个隐藏单元
    cell_bw = tf.contrib.rnn.LSTMCell(num_hidden, initializer=tf.random_normal_
            initializer(mean=0.0, stddev=0.1), state_is_tuple=True)
    # 组成一个有 2 个 cell 的 list
    cells_bw = [cell_bw] * num_layers
    outputs, _, _ = tf.contrib.rnn.stack_bidirectional_dynamic_rnn(cells_fw, cells_bw,
            inputs, dtype=tf.float32, sequence_length=seq_len)
    shape = tf.shape(inputs)
    batch_s, max_timesteps = shape[0], shape[1]
    outputs = tf.reshape(outputs, [-1, num_hidden])

    W = tf.Variable(tf.truncated_normal([num_hidden, num_classes], stddev=0.1))

    b = tf.Variable(tf.constant(0., shape=[num_classes]))
    # 进行全连接线性计算
    logits = tf.matmul(outputs, W) + b
    # 将全连接计算的结果由宽度 40 变成宽度 80，
    # 即最后输入给 CTC 的数据宽度必须是 26+2 的宽度
    logits = tf.reshape(logits, [batch_s, -1, num_classes])
    # 转置，将第一维和第二维交换，
    # 将变成序列的长度放第一维，batch_size 放第二维，
    # 也是为了适应 TensorFlow 的 CTC 输入格式
    logits = tf.transpose(logits, (1, 0, 2))
    return logits
```

5．模型训练与测试

最后将读取的数据、构建的 LSTM+CTC 网络及训练过程结合起来，在完成 500 次迭代训练后进行测试，并将结果输出，代码如下：

```
# mfcc 默认提取出来的一帧 13 个特征
```

```python
num_features = 13
# 26个英文字母 + 1个空白 + 1个no label = 28 label个数
num_classes = ord('z') - ord('a') + 1 + 1 + 1

# 迭代次数
num_epochs = 500
# lstm隐藏单元数
num_hidden = 40
# 2层lstm网络
num_layers = 1
# batch_size设置为1
batch_size = 1
# 初始学习率
initial_learning_rate = 0.01

# 样本个数
num_examples = 1
# 一个epoch有多少个batch
num_batches_per_epoch = int(num_examples/batch_size)

def main():
    # 输入特征数据，形状为：[batch_size, 序列长度, 一帧特征数]
    inputs = tf.placeholder(tf.float32, [None, None, num_features])

    # 输入数据的label，定义成稀疏sparse_placeholder会生成稀疏的tensor：SparseTensor
    # 这个结构可以直接输入给ctc求loss
    targets = tf.sparse_placeholder(tf.int32)

    # 序列的长度，大小是[batch_size]
    # 表示的是batch中每个样本的有效序列长度是多少
    seq_len = tf.placeholder(tf.int32, [None])

    # 向前计算网络，定义网络结构，输入是特征数据，输出提供给ctc计算损失值
    logits = inference(inputs, seq_len)

    # ctc计算损失
    # 参数targets必须是一个值为int32的稀疏tensor的结构：tf.SparseTensor
    # 参数logits是前面lstm网络的输出
    # 参数seq_len是这个batch的样本中每个样本的序列长度
    loss = tf.nn.ctc_loss(targets, logits, seq_len)

    # 计算损失的平均值
    cost = tf.reduce_mean(loss)

    # 采用冲量优化方法
    optimizer = tf.train.MomentumOptimizer(initial_learning_rate, 0.9).minimize(cost)

    # 还有另外一个ctc的函数：tf.contrib.ctc.ctc_beam_search_decoder()
    # 本函数会得到更好的结果，但是效果比ctc_beam_search_decoder()差
    # 返回结果中，decoder是ctc解码的结果，即输入的数据解码出结果序列是什么
    decoded, _ = tf.nn.ctc_greedy_decoder(logits, seq_len)
```

```python
# 采用计算编辑距离的方式计算，计算 decoder 后结果的错误率
ler = tf.reduce_mean(tf.edit_distance(tf.cast(decoded[0], tf.int32),
                        targets))
config = tf.ConfigProto()
config.gpu_options.allow_growth = True

with tf.Session(config=config) as session:
  # 初始化变量
  tf.global_variables_initializer().run()

  for curr_epoch in range(num_epochs):
    train_cost = train_ler = 0
    start = time.time()

    for batch in range(num_batches_per_epoch):
      #获取训练数据，本例中只取一个样本的训练数据
      train_inputs, train_seq_len = get_audio_feature()
      # 获取这个样本的 label
      train_targets = get_audio_label()
      feed = {inputs: train_inputs,
              targets: train_targets,
              seq_len: train_seq_len}

      # 一次训练，更新参数
      batch_cost, _ = session.run([cost, optimizer], feed)
      # 计算累加的训练的损失值
      train_cost += batch_cost * batch_size
      # 计算训练集的错误率
      train_ler += session.run(ler, feed_dict=feed)*batch_size

    train_cost /= num_examples
    train_ler /= num_examples

    # 打印每一轮迭代的损失值、错误率
    log = " Epoch {}/{}, train_cost = {:.3f}, train_ler = {:.3f}, time = {:.3f}"
    print(log.format(curr_epoch+1, num_epochs, train_cost, train_ler,
                time.time() - start))
# 在进行了 500 次训练之后，计算一次实际的测试，并且输出
# 读取测试数据，这里读取的和训练数据的是同一个样本
test_inputs, test_seq_len = get_audio_feature()
test_targets = get_audio_label()
test_feed = {inputs: test_inputs,
          targets: test_targets,
          seq_len: test_seq_len}
d = session.run(decoded[0], feed_dict=test_feed)
# 将得到的测试语音经过 ctc 解码后的整数序列转换成字母
str_decoded = ''.join([chr(x) for x in np.asarray(d[1]) + FIRST_INDEX])
# 将 no label 转换成空
str_decoded = str_decoded.replace(chr(ord('z') + 1), '')
# 将空白转换成空格
str_decoded = str_decoded.replace(chr(ord('a') - 1), ' ')
```

```
# 打印最后的结果
print('Decoded:\n%s' % str_decoded)
print(' ')
print(' ')
```

6. 训练结果

训练结果如图 7.20 所示。

```
Epoch 490/500, train_cost = 0.354, train_ler = 0.000, time = 0.059
Epoch 491/500, train_cost = 0.353, train_ler = 0.000, time = 0.056
Epoch 492/500, train_cost = 0.352, train_ler = 0.000, time = 0.056
Epoch 493/500, train_cost = 0.351, train_ler = 0.000, time = 0.057
Epoch 494/500, train_cost = 0.350, train_ler = 0.000, time = 0.057
Epoch 495/500, train_cost = 0.349, train_ler = 0.000, time = 0.057
Epoch 496/500, train_cost = 0.348, train_ler = 0.000, time = 0.057
Epoch 497/500, train_cost = 0.347, train_ler = 0.000, time = 0.056
Epoch 498/500, train_cost = 0.346, train_ler = 0.000, time = 0.057
Epoch 499/500, train_cost = 0.345, train_ler = 0.000, time = 0.057
Epoch 500/500, train_cost = 0.344, train_ler = 0.000, time = 0.057
Decoded:
she had your dark suit in greasy wash water all year
```

图 7.20　训练结果

从图 7.20 所示的训练结果可以清晰地看出：经过 500 次的迭代训练，语音文件基本已经可以完全识别。

7.4.2　医疗智能问答机器人

结合医疗咨询和互联网大数据的背景，搭建一个医疗辅助决策系统中的智能问答模块。在医疗资源分配不均衡的条件下，使用 AI 作为医疗资源补充的新产物，具有一定的时代意义。问答系统通过收集网络中爬取的问答数据，构建语料库和知识库，提供前端友好界面和后端快速搜索、语义解析等功能，从而完成医疗智能问答辅助决策任务。

该实验主要应用智能问答系统、机器学习、自然语言处理、Python 数据结构、深度学习等相关知识。智能问答系统主要采用了信息检索的处理思想，对语料库和知识库的数据进行多级分类处理，以提高检索速度；机器学习主要提供特征筛选、数据清洗等工作；自然语言处理提供语义解析、关键信息提取等功能；Python 数据结构为实验提供丰富的数据持久化方式；深度学习通过搭建深度神经网络完成核心搜索功能。智能问答系统整体规划如图 7.21 所示。

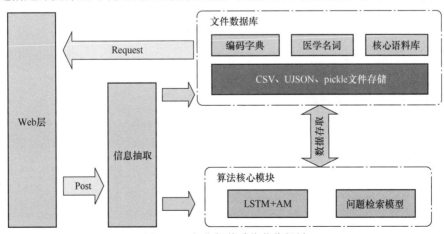

图 7.21　智能问答系统整体规划

其中，Web 层主要负责与用户交互，信息抽取层对用户交互信息进行关键信息抽取，通过核心 LSTM+AM 算法进行关键信息分类处理，结合问题检索模型从文件数据库中获取最匹配的答案。

问答系统结构框架如图 7.22 所示，对应的算法流程如图 7.23 所示。下面采用 Python 语言，基于 Pandas、Scikit-learn、TensorFlow 等框架构建上述 LSTM 模型，并实现智能问答系统。本实验主要使用网络爬取的医疗问答数据，通过该数据集构建语料库和知识库，同时对问答数据进行关键信息抽取、特征清洗等工作，形成有效的问答对数据。源数据将通过网络爬虫采集 200 万条问答数据和 1 万条医疗知识数据，实验目标为搭建一个可以提供智能问答的医疗咨询平台。下面简要介绍原始数据加载和原始数据清洗这两个步骤。

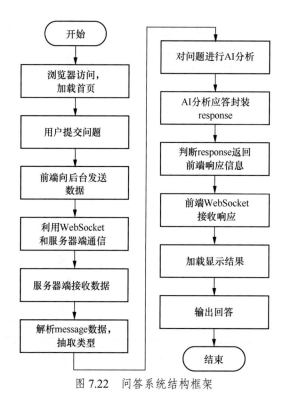

图 7.22　问答系统结构框架

1．原始数据加载

（1）通过网络爬虫采集 200 万条问答数据、1 万条医疗知识数据。

（2）csv 读取数据集文件。

```
with open (filepath,'r',encoding='utf8') as csv_file:
    reader = csv.reader((re.sub('\0','',line) for line in csv_file))
```

（3）Pandas 合成数据集。

```
reader = list(reader)
df = pd.DataFrame(reader)
```

（4）数据预览。

```
print(df.head())
```

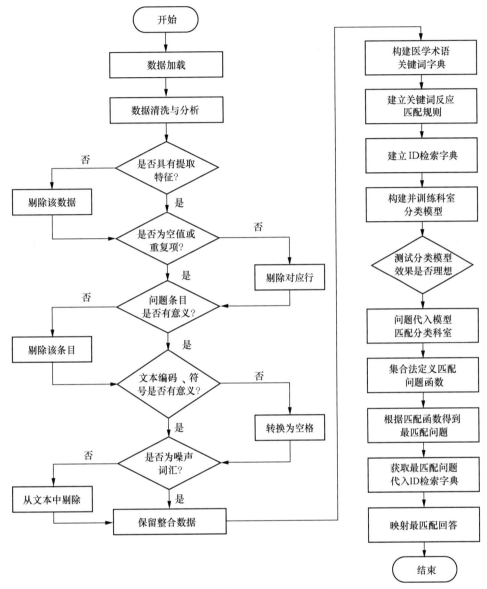

图 7.23　问答系统的算法流程

2．原始数据清洗

重新检查与校验原始数据，删除原始数据中的重复信息，纠正存在的错误，并保持数据的一致性。

（1）特征筛选。原始数据中有些特征没有提取的价值，有些特征在当前版本中并不会使用，因此对这些特征进行去除处理，如表 7.1 所示。

表 7.1　特征筛选表

特征	是否保留	备注
一级分类	是	用于文本分类
二级分类	是	用于文本分类
三级分类	否	大部分为空值，予以去除
问题	是	用于信息提取
发表时间	否	当前版本不会使用
问题描述	是	用于信息提取
提问者年龄	否	当前版本不会使用
提问者性别	否	当前版本不会使用
是否采纳	否	当前版本不会使用
回答	是	用于生成回答

```python
with open ('data2.csv','r',encoding='utf8') as csv_file:
    reader = csv.reader((re.sub('\0','',line) for line in csv_file))
    reader = list(reader)
    df = pd.DataFrame(reader)
    text = df.drop([2,4,6,7,8], axis=1)
```

（2）处理空值或重复值。对数据中的空值或重复值进行删除，如表 7.2 所示。

表 7.2　空值删除

处理对象	处理方式	备注
问题重复条目	删除对应行	可能重复爬取
无回答条目	删除对应行	无法用于生成回答
无一级分类	删除对应行	无法用于分类
无二级分类	将二级分类设为与一级分类相同	

```python
#删除无效行
if not item[4] or not item[0]:
    text.remove(item)
if not item[1] or len(item[1])>6:
    item[1] = item[0]
#以问题为索引去除重复值
for item in text:
    dic[item[2]] = item
for values in dic.values():
    text1.append(values)
```

（3）文本内容处理。原始数据中往往含有非汉字编码的符号，以及提问者打出的无意义符号，这些会对后续的处理造成影响，予以删除，如表 7.3 所示。

表 7.3　非汉字符号处理

处理对象	处理方式	备注
连续标点符号	转换为空格	去除噪声
乱码	转换为空格	去除噪声

处理对象	处理方式	备注
制表符	转换为空格	统一格式
点赞数及其他符号	转换为空格	去除噪声

```python
def clean_text(text):
    text1 = list()
    text2 = list()
    pattern1 = re.compile("[^\u4e00-\u9fa5]{4,}")
    pattern2 = re.compile("[? 。,:; .!( )]{2,}")
    pattern3 = re.compile("\\t")
    pattern4 = re.compile("\u3000")
    pattern5 = re.compile("[\u30000-\u30003]")
    for item in text:
        for string in item:
            if string:
                string = re.sub(pattern1," ",string)
                string = re.sub(pattern2," ",string)
                string = re.sub(pattern3," ",string)
                string = re.sub(pattern4," ",string)
                string = re.sub(pattern5," ",string)
                text1.append(string)
        text2.append(text1)
        text1 = []
    return text2
```

（4）删除无意义问题的条目。无意义问题的处理方式如表 7.4 所示。

表 7.4　无意义问题的处理方式

处理对象	处理方式	备注
过于简短的问题	删除条目	在删除之前，需分析真正无意义的问题，避免因为误删造成数据浪费
无意义问题	删除条目	
非医学问题	删除条目	

为了防止删除的条目过多造成数据的浪费，在此先做如下试验：加载关键词词典对问题进行分词，然后随机抽取一些问题，统计出每个问题出现关键词的数量。

```python
#keywords 是关键词列表，count_list 是每个条目中出现关键词个数组成的列表，count_dict 是每个个
#数出现频次的字典
keywords_v = set(keywords)
for question in questions:
    count1 = 0
    for item in keywords_v:
        if item in question:
            count1+=1
    count_list.append(count1)
    if count1 == 0:
        no_keyword_questions.append(question)
    count_list_v = set(count_list)
for i in count_list_v:
    count_dict[i] = count_list.count(i)
```

关键词数量统计如图 7.24 所示。

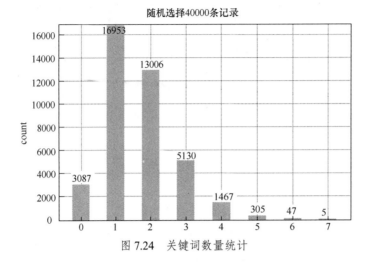

图 7.24　关键词数量统计

（5）搜索医学术语，进行 jieba 分词。数据清洗完成以后，并不能直接将文本放入模型中训练，需要先提取出文本中的关键特征进行编码，这里选择了两种特征：jieba 分词的结果和文本中搜索到的医学术语（关键词），如表 7.5 所示。

表 7.5　关键特征选择

处理对象	处理方式	处理目的
问题描述 1	jieba 分词将特定词性的词语加入列表中	为下一步词语的编码做准备
问题描述 2	搜索医学关键词并将其加入列表中	为下一步词语的编码做准备

```python
def __termSearchAndSplit(self, question, detail):
    '''使用 TermsSearch 定义的医学关键词进行搜索，使用 jieba 进行分词'''
    termSearch = TermsSearch()
    vocabulary_term = termSearch.do(detail)
    vocabulary_term.reverse()

    vocabulary_jieba = list()
    words = pseg.cut(detail)
    for word in words:
        if word.flag not in ['x','l','d','ul']:
            vocabulary_jieba.append(word.word)

    return vocabulary_term, vocabulary_jieba
```

（6）结果整合。将科室、jieba 分词的结果、关键词提取的结果整合到一起，并生成一个列表，便于下一步编码对数据的处理，如表 7.6 所示。

表 7.6　整合列表

生成对象	数据类型	备注
问题和科室、术语、分词间的列表	List[tuple(str,str,list[str],list[str])]	tuple 中的内容依次为：一级科室、二级科室、关键词列表、jieba 分词列表

以上介绍了数据的前期处理步骤，更多的实践内容读者可参考本书配套资料。

7.5 本章小结

本章首先介绍了 NLP 的发展历史，以及基于深度学习的全新技术框架，然后集中展示了不同的深度学习模型，包括 RNN、LSTM、Word2Vec、ELMO、Transformer 和 BERT，使读者对当代 NLP 方法有一定的了解，最后介绍了语音识别和智能问答这两个应用案例，并给出了简要的实验步骤。

7.6 习题

1. 简述新一代 NLP 的技术框架。
2. 相比于 CNN，为什么 RNN 在 NLP 领域更具优势？
3. 简述 LSTM 模型的基本单元结构。
4. 简述 Word2Vec 模型的主要理念。
5. 简述 ELMO 模型的特点。
6. BERT 模型与 Transformer 模型、ELMO 模型有何种关系？
7. 简述 BERT 模型的主要创新点。
8. 科大讯飞 AIUI 平台有哪些应用领域？
9. 要实现端到端语音识别，一般需经过哪几个主要步骤？
10. 简述医疗问答机器人系统的整体规划。

## 第 8 章

智能机器人创新设计

区别于普通机器人，智能机器人具备发达的"大脑"。与人脑不同的是，机器人拥有的是中央处理器，这样的计算机可以按照人类设定或自主生成的目标安排相应的动作。通过形形色色的内部和外部传感器，机器人具有像人一样的五感，可以对周围的环境作出反应，甚至和人进行对话与交流。涉及的技术有多传感器信息融合、定位与导航、路径规划、模式识别、人机接口及智能控制，本章将通过智能机器人设计案例详细地进行介绍。

本章学习目标:

(1) 了解轮式移动机器人的软硬件设计;
(2) 掌握激光雷达导航技术的应用;
(3) 掌握视觉导航技术的应用;
(4) 了解服务机器人的本体设计和系统架构。

8.1 激光雷达导航智能车设计案例

8.1.1 案例介绍

传统的小汽车可以在人为控制下前进或后退，但始终需要人为控制其方向。你会发现，自主运动是许多高级功能的前提。而智能车在手动操作的基础上增加了自动避障的功能，从而能够在没有人为参与的情况下，自己规划路径并到达指定地点。以上所述的这些功能是建立在激光雷达 SLAM 建图和路径规划避障的基础之上的。

智能车的底盘采用"差速 2 轮+2 辅助轮"的结构，与计算机建立连接后，可以用键盘控制其往各个方向移动。智能车配有激光雷达，能够进行 SLAM 建图。给智能车定位后，再选择目标地点时，智能车能够自动避障并移动到指定地点。

架构要求：在 Linux 系统平台下运行的 ROS，需要重新开发。通常以 PC 端为主、移动设备端为辅，通过局域网实现远程控制。

8.1.2 方案设计

为了完成这样一个小车，我们需要:

① 在计算机下使用虚拟机安装 Ubuntu 16.04 系统。

② 在 Ubuntu 16.04 系统下安装 ROS 平台与 SSH 协议，以及 gedit。

③ 给树莓派安装 Ubuntu mate 16.04 系统。

④ 在 Ubuntu mate 16.04 系统下安装 ROS 平台。

⑤ 进行 rikirobot 所需要的工程文件的编译。

⑥ 给 STM32F103 烧录单片机程序。

⑦ 搭建小车硬件模型并完成各个模块的接线。

⑧ 建立小车与计算机的连接，进行调试。

在这个过程中，编码器用来测量电机的转速；IMU 测量运动的角速度和加速度，从而提供相对的定位信息，获得相对于起点物体的运动路线；激光雷达用来读取外部环境的信息。

1．硬件方案

小车的硬件平台架构如图 8.1 所示。

（1）传感器数据读取：使用 STM32 读取编码器和 IMU 的信息，并控制电机驱动。

（2）STM32 与上位机通信的方式：使用串口通信。

（3）上位机：安装 Linux 操作系统，读取激光雷达信息，实现建图、定位、导航等策略。

（4）远程控制协议：使用 SSH（安全外壳协议）可实现局域网内对上位机的远程控制。

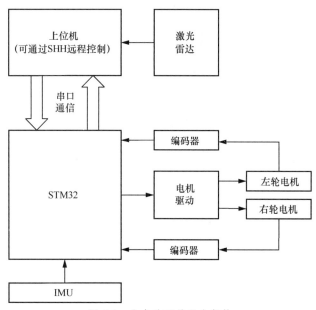

图 8.1　小车的硬件平台架构

2．软件方案

（1）上位机策略层。在本方案中，由底层进行航迹推演，由上位机发送底层的线速度和角速度。

采用 SLAM，即同时定位与地图构建。本方案使用谷歌的开源算法、多传感器融合的方案进行地图构建，使用蒙特卡洛定位算法实现定位。

导航部分，在获得地图之后，使用A*算法和迪杰斯特拉算法，对起点和目标点之间的运动进行路径规划。

（2）通信层。使用串口通信实现底层和上位机的通信，使用SSH实现局域网内从机对主机的控制。

（3）驱动控制及传感器读取。使用单片机读取编码器信息，控制电机驱动，进行航迹推演，包括计算角速度、线速度、运动距离等。

串口发送数据，将运动距离的坐标(X, Y)、线速度V、角速度W、转角θ编码成二进制字符串发送给上位机PC。

串口接收数据，机器人通电后，向上位机发送的数据为0，PC无操作指令时底层无动作；当PC发送数据给底层指令后，会接收到期望速度，对左右轮进行PID调速。底层接收的数据包括左轮速度和右轮速度。

3. 最终效果展示

智能车模型如图8.2所示。智能车建图并自动导航的效果如图8.3所示。

图 8.2　智能车模型

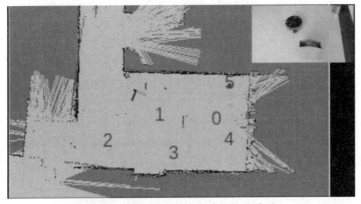

图 8.3　智能车建图并自动导航的效果

8.1.3 软硬件设置

1. 在虚拟机上安装 Ubuntu 系统

（1）Linux 和 Ubuntu 系统简介

Linux 是一套免费使用和自由传播的类 UNIX 操作系统，是一个基于 POSIX 和 UNIX 的多用户、多任务、支持多线程和多 CPU 的操作系统。Linux 能运行主要的 UNIX 工具软件、应用程序和网络协议，它支持 32 位和 64 位硬件。Linux 继承了 UNIX 以网络为核心的设计思想，是一个性能稳定的多用户网络操作系统。

Linux 的发行版，就是将 Linux 内核与应用软件做一个打包。目前市面上较知名的发行版有 Ubuntu、RedHat、CentOS、Debian、Fedora、SuSE 等。

Ubuntu 是一个以桌面应用为主的开源 GNU/Linux 操作系统，它是基于 Debian GNU/Linux，支持 x86、amd64（即 x64）和 ppc 架构，由全球化的专业开发团队（Canonicald 公司）打造。

Ubuntu 的目标在于为一般用户提供一个最新的，同时又相当稳定的、主要由自由软件构建而成的操作系统。Ubuntu 具有庞大的社区力量，用户可以方便地从社区获得帮助。Ubuntu 对 GNU/Linux 的普及（特别是桌面普及）做出了巨大贡献，由此使得更多人共享开源的成果与精彩。

（2）虚拟机简介

虚拟机（virtual machine）指通过软件模拟的具有完整硬件系统功能的、运行在一个完全隔离环境中的完整计算机系统。

大部分不了解 Linux 操作系统的人，都有这样的想法：要重装系统才能玩 Ubuntu。但是，虚拟机可以安装在 Windows 平台下模拟真实的计算机环境，不需要重装 Windows 系统，而且安全、高效、实用。

流行的虚拟机软件有 VMware（VMware ACE）、Virtual Box 和 Virtual PC，它们都能在 Windows 系统上虚拟出多台计算机。本节将使用 VMware 软件在 Windows 系统上安装 Ubuntu 16.04 系统。

2. 树莓派设置

（1）树莓派简介

树莓派（Raspberry Pi，RPi）是为学生计算机编程教育而设计的，只有信用卡大小的卡片计算机，其系统基于 Linux。

就像其他任何一台运行 Linux 系统的台式计算机或者便携式计算机那样，利用树莓派可以做很多事情。当然，也难免有一点不同。普通的计算机主板都是依靠硬盘存储数据，但是树莓派使用 SD 卡作为"硬盘"，当然也可以外接 USB 硬盘。利用树莓派可以编辑 Office 文档、浏览网页、玩游戏——即使玩需要强大的图形加速器支持的游戏，也没有问题。

树莓派支持 Ubuntu 系统。

（2）实验设备

① 树莓派 3 Model B。

② 5V/2A 电源及电源线（部分华为充电器都适用）。

③ HDMI 转 VGA 线。

④ 读卡器与一张 SD 卡。

⑤ 有 HDMI 接口的显示器。

（3）实验步骤

第一步：将 SD 卡放入读卡器中，格式化 SD 卡（新的 SD 卡无须这一步）。

第二步：准备好 Ubuntu mate 16.04 镜像文件和 Win32Disk 软件。

第三步：利用 Win32Disk 将系统写入 SD 卡中。

① 打开 Win32Disk 软件，选择镜像文件路径和要写入的磁盘。

② 单击 write——yes 便开始写入。

③ 写入完毕后会弹出是否需要格式化，单击"取消"按钮。

第四步：将 SD 卡插入树莓派，使用 micro USB 给树莓派供电（最好是 5V/2.5A 的供电，5V/2A 也可以使用）。通过树莓派的 USB 接口分别接入鼠标和键盘，将显示器与树莓派连接（一定要先接好显示器再供电）。

第五步：在树莓派端安装系统。

① 选择 English 语言——I don't want to connect to a wi-fi network right now。

② 地图选择地区 shanghai——continue——English（US）——continue。

③ 为方便起见，可将名称和密码设置成如下所示：

Your name:rikirobot

Your computer's name:rikirobot-desktop

Pick a username:rikirobot

Choose a password:1

Confirm your password:1

勾选 Log in automatically——continue。

④ 等待安装。

第六步：树莓派端连接无线网，安装 gedit。

① 按 Ctrl+Alt+T 组合键打开终端，输入：

```
sudo apt-get install gedit
```

之后要求输入密码，输入之前设置的 1 即可（以后也一样）。

② 出现 Y/N 的选项后输入 Y，然后按 Enter 键，回到可以输入命令的 rikirobot@rikirobot-desktop:~$ 行，说明安装完成（以后也一样）。

第七步：树莓派端换中科大源。

① 在终端输入：

```
sudo gedit /etc/apt/sources.list
```

按 Enter 键（注意不要输错，否则会打开空白文档）。

② 在出现的文本编辑界面中将 ports.Ubuntu.com 全部替换为 mirrors.ustc.edu.cn/Ubuntu-ports，修改后保存并关闭文档。

③ 在终端输入：

```
sudo apt-get update
```

更新源即可。

第八步：树莓派端安装 ROS。

① 登录官网 www.ros.org。

② 单击 ROS Kinetic Kame 中的 Download 按钮，选择 Ubuntu 系统，然后按照步骤安装即可，第 4 步时选择 ROS-kinetic-desktop-full。

③ 出现选项时输入 Y 之后，按 Enter 键即可。

第九步：在自己的计算机里安装 SSH。

① 将计算机从 Windows 系统切换为 Ubuntu 系统。

② 在（计算机端）终端输入：

```
sudo apt-get install ssh
```

第十步：开启树莓派。

① 在树莓派端按组合键 Ctrl+Alt+T 打开终端，输入：

```
sudo raspi-config
```

在配置界面中选择 interfacing options，按 Enter 键确认，继续选择 P2 SSH，单击 Yes 按钮确认。

② 连网（可以连手机热点，相当于创建一个便于计算机端与树莓派端连接的局域网）。

③ 在树莓派终端输入：

```
ifconfig
```

查看 IP 地址 wlan0 下的 inet addr:192.168.xxx.xxx。

第十一步：计算机远程连接树莓派。

① 在个人计算机的 Ubuntu 系统中打开终端，输入命令：

```
ssh rikirobot@192.168.xxx.xxx
```

② 如果连不上网络，则可以尝试下面的命令：

```
ssh-keygen -R
IP 地址（如 ssh-keygen -R 192.168.43.189）
```

第十二步：将 catkin_ws.zip 和 rules.zip 传到树莓派并解压。

① 此时，计算机已与树莓派建立连接，可以看到以 IP 地址为名字的"盘"。

② 在计算机端，将 catkin_ws.zip 和 rules.zip 复制并粘贴到这个"盘"里。

③ 在树莓派端中解压，右击选择压缩文件，从弹出的快捷菜单中选择 Extract here 即可。

④ 建议不要直接使用 U 盘复制，建立连接很重要。

第十三步：

① 在树莓派端执行以下命令。

```
chmod 777 -R ~/catkin_ws/src/
```

② 在树莓派端 cd 到 rules 的文件夹下执行以下命令。

```
cd /home/rikirobot/rules
chmod 777 -R ~/catkin_ws/src/
chmod +x installpackage.sh
./installpackage.sh
```

第十四步：为了防止树莓派编译卡死，叮完成下面的步骤。

① 在树莓派端打开新终端，输入：

```
cd /opt
sudo mkdir image
sudo touch swap
sudo dd if=/dev/zero of=/opt/image/swap bs=1024 count=2048000
sudo mkswap /opt/image/swap
free -m
sudo swapon /opt/image/swap
sudo gedit /etc/fstab
```

② 将下面代码复制到最后一行。

```
/opt/image/swap   /swap   swap   defaults 0 0
```

第十五步：将树莓派端的系统时间改为现在的时间，否则编译可能出错。

注意：这一步树莓派必须是连网的，否则编译会出错。

```
cd /home/rikirobot/catkin_ws/src
catkin_init_workspace
cd ..
catkin_make -j1
```

第十六步：在下面的路径下检查每个文件，将$(env RIKILIDAR).launch 改为 rplidar.launch。

```
/home/rikirobot/catkin_ws/src/rikirobot_project/rikirobot/launch
```

检查下面路径下的每个文件，将$(env RIKIBASE)改为 2wd：

```
/home/rikirobot/catkin_ws/src/rikirobot_project/rikirobot/param/navigation
```

第十七步：执行以下命令。

```
source devel/setup.bash
```

3．烧录 STM32 单片机程序

（1）STM32 单片机简介

STM32 的字面含义如下：

① ST 指意法半导体，是一个公司名，即 SOC 厂商。

② M 是 Microelectronics 的缩写，表示微控制器，注意微控制器和微处理器的区别。

③ 32 是 32bit 的意思，表示这是一个 32bit 的微控制器。

STM32 自带各种常用通信接口，功能非常强大。主要包括：

① 串口——USART，用于与串口接口的设备通信，如 USB 转串口模块、ESP8266 WiFi、GPS 模块、GSM 模块、串口屏、指纹识别模块。

② 内部集成电路——I^2C，用于与 I^2C 接口的设备通信，如 EEPROM、电容屏、陀螺

仪 MPU6050、0.96 寸 OLED 模块。

③ 串行通信接口——SPI，用于与 SPI 的设备通信，如串行 FLASH、以太网 W5500、音频模块 VS1053、SDIO、FSMC、I^2S、SAI、ADC、GPIO。

常见的智能手环、微型四轴飞行器、平衡车、扫地机、移动 POST 机、智能电饭锅、3D 打印机都是以 STM32 为微控制器的电子产品。

（2）烧录单片机程序教程

第一步：在计算机端先准备好 FlyMcu 软件和需要烧录的 hex 文件。

第二步：使用 STM32 的 USB232 接口与计算机端连接。

第三步：打开 FlyMcu 软件，在左上角"联机下载时的程序文件"选择 hex 文件的地址，在左下角选择第四个"DTR 的低电平复位，RTS 高电平进 BootLoader"。

第四步：单击"开始编程"，待烧录完成后拔下计算机端的 USB 接口，将其与树莓派连接即可。

烧录程序至此结束，接着需要搭建小车硬件模型并完成各个模块的接线。

4．硬件搭建与接线

（1）硬件材料

硬件方面，小车主要由以下材料部件构成：两块亚克力板（其中一块为底盘）、两个轮胎和电机编码器套装、两个小辅助轮、稳压模块、树莓派、STM32、电机驱动与面包板、IMU 一个、雷达一个、两个小开关、杜邦线若干、USB 线若干、12V 电池一块、六角铜柱与螺丝螺帽若干。

（2）硬件安装流程

① 固定轮胎与电机编码器套装。

② 将电机的编码器接线按照对应的颜色延长。延长时，红白线需要最终引出杜邦线的公头，其余的蓝、黑、黄、绿线需要最终引出杜邦线的母头。

③ 固定辅助轮。

④ 安装稳压模块。

由于树莓派需要 5V 的供电，但是使用的电源是 12V 的，因此需要降压为 5V。用杜邦线在该模块输入端引出正负端，并串联一个小开关，最后与电源配件（和电源配套的接线头用于连接电源）连接。

完成后，接入电源，打开开关，显示屏如果没有亮，则按一下输入端侧的黑色按钮，就会显示输入的电压值，按一下另一侧的黑色按钮，便可以将显示改为输出端的电压值。我们需要将输出电压调节为 5V，通过逆时针旋转稳压模块的电位器（蓝色的，用一字小螺丝刀旋转，刚开始需要旋转较多圈数才有反应），将输出电压调节为 5V 即可，然后合上开关。

稳压模块的输出端，正负端分别用公母头的杜邦线引出，公头与稳压模块连接，母头用于接入树莓派进行供电。

⑤ 树莓派固定好后，将有 4 个 USB 接口的接口端面向自己，此时树莓派引脚位于右手侧。

将之前稳压模块输出端引出的正极接入树莓派最右侧引脚（两排引脚的右侧那一排）的上方第 1 个接口，负极接入最右侧的上方第 3 个接口。注意，千万不能接错！

⑥ 先观察驱动芯片的背部引脚，画出对应的引脚图，以方便后续接线。

将驱动插入面包板，然后固定。面包板以中间的凹槽为分界，左右两边的每一排是导通的。右轮电机的红白线分别接到驱动的 AO1、AO2，左轮电机的红白线分别接到驱动的 BO1、BO2。VM 和同 VM 相邻的 GND 接口需要使用 12V 的电源供电。找到之前稳压模块使用的电源配件接口，在原有引出的线的基础上再分别从正负端引出杜邦线，并串联接入一个小开关，然后接入驱动的 VM 和 GND 接口（正端接入 VM，负端接入 GND），使得在电源接口接入电源后，能够分两路进行供电：一路给稳压模块；一路给驱动。

⑦ 用长铜柱架起，固定 STM32 单片机。

用 USB 接线从树莓派引出，然后接到 STM32 的 USB232 供电。

首先左右轮电机的蓝线都接到 STM32 上的 3V3 接口，黑线都接到 GND 接口。右轮电机的黄、蓝线分别接 PA0、PA1。左轮电机的黄、蓝线分别接 PB6、PB7。

然后选用较长的公母头杜邦线进行面包板驱动与 STM32 的连接，对应如下（前者指的是驱动接口，后者是 STM32 接口）：PWMA 接 PA7、AIN2 接 PC5、AIN1 接 PC4、BIN1 接 PA5、BIN2 接 PA4、PWMB 接 PA6、GND 接 GND 即可（驱动共有 3 个接口是不用接的）。

⑧ 在驱动 1 和树莓派之间的位置固定 IMU，固定后 IMU 的接口应朝向后方。

接着开始 IMU 的接线，一共有 8 个接口，只需接出 4 个接口。把 IMU 螺丝孔对面的接口作为第一个接口，依次为 2、3、4、…、8。使用母头的杜邦线，2 号口接 STM32 的 3V3、3 号口接 GND、4 号口接 PB8、5 号口接 PB9。

⑨ 使用 4 根长铜柱，在原有底盘的基础上架起第二层，用于安装固定雷达（雷达需提前固定、雷达突出的方向为正方向）。固定后，用 USB 接口将雷达与树莓派连接即可。

8.1.4　调试与建图

1．激光雷达

关于激光雷达的工作原理在 2.2.3 小节中已有介绍。该案例中使用的激光雷达为 SLAMTEC 公司生产的 PRLIDAR A1，其测距范围为 0.15～12m，扫描角度为 0°～360°，最大扫描频率为 10Hz。

2．IMU

该案例中，IMU 由 3 个单轴的加速度计和 3 个单轴的陀螺仪组成。

加速度计检测物体在载体坐标系统下独立三轴的加速度信号，陀螺仪检测载体相对于导航坐标系的角速度信号。对这些信号进行处理之后，便可计算出物体的姿态。

3．准备工作

先启动小车并尝试用键盘控制。

为了将小车与笔记本电脑连接并进行控制，首先需要在笔记本电脑端进行配置。在终端输入：

```
sudo gedit ~/.bashrc
```

输入密码后在打开的文档末尾加上两行：

```
export ROS_MASTER_URL=http://192.168.XXX.XXX
export ROS_HOSTNAME=192.168.XXX.XXX
```

第一行为小车树莓派在局域网下的地址，第二行为计算机端在局域网下的地址，之后保存并关闭文档。

为了使环境变量生效，在终端输入：

```
source ~/.bashrc
```

注意，这一步的配置只需进行一次，不用每次连接小车时都做（除非更换局域网，需要重新修改 IP 地址）。

在确保笔记本电脑和小车树莓派连接在同一局域网下后，可以开始连接小车。

在计算机终端输入：

```
ssh rikirobot@192.168.xxx.xxx（登录树莓派）
roslaunch rikirobot bringup.launch（启动机器人）
rosrun teleop_twist_keyboard teleop_twist_keyboard.py（开启键盘控制机器人）
```

若控制正常，则可以关闭所有终端开始调试校正。

4. 校正步骤

（1）IMU 校正

在计算机终端下先 SSH 连接小车，然后 bringup 启动小车：

```
ssh rikirobot@192.168.xxx.xxx（登录树莓派）
roslaunch rikirobot bringup.launch（启动机器人）
```

在计算机端打开新终端，SSH 连接小车后进入 IMU 的校准文件目录：

```
roscd rikirobot
cd param/imu
rosrun imu_calib do_calib
```

根据提示按 6 次 Enter 键，完成后关闭所有终端，重新 SSH 连接小车并 bringup 启动：

```
ssh rikirobot@192.168.xxx.xxx（登录树莓派）
roslaunch rikirobot bringup.launch（启动机器人）
```

新开一个终端，SSH 连接小车：

```
ssh rikirobot@192.168.xxx.xxx（登录树莓派）
rostopic echo /imu/data
```

进行查看，结束后关闭所有终端。

（2）线速度校正

打开文件→单击左边列表最后一项"连接到服务器"→输入小车在局域网下的 IP →sftp://192.168.xxx.xxx/home/rikirobot→输入后单击连接，便可查看小车树莓派的文件夹内容。

进入小车的文件夹：

```
/catkin_ws/src/rikirobot_project/rikirobot/launch
```

找到 bringup.launch 并右击，使用 gedit 打开。如下两行角速度和线速度的参数都改为 1.0 后保存并关闭。

```
<param name="angular_scale" value="1.0" />
  <param name="linear_scale" type="double" value="1.0" />
```

然后在计算机端打开终端，SSH 连接小车并 bringup 启动：

```
ssh rikirobot@192.168.xxx.xxx（登录树莓派）
roslaunch rikirobot bringup.launch（启动机器人）
```

在计算机端打开新终端，SSH 连接小车后：

```
rosrun rikirobot_nav calibrate_linear.py
```

执行线速度校准脚本，出现 INFO 后，再在计算机端打开一个终端，输入：

```
rosrun rqt_reconfigure rqt_reconfigure
```

打开 rqt 工具后，左侧选择第一项，准备好卷尺，预留 2m 的长度，将小车摆在卷尺起始处，然后勾选 start_test，小车就会开始向前移动。

待小车停止后，确定小车的距离，如果行进了 1.5m，就将 start_test 上一行的系数改为 1.5，然后再次摆正小车，再次勾选 start_test，若小车行驶距离差不多为 1m，则记下最终修改的系数，回到之前的 bringup.launch，将 linear_scale 行的 value 数值 1.0 改为调试后的数值，如例中的 1.5。关闭所有终端。

（3）角速度校准

同理，打开计算机端，SSH 连接小车并 bringup 启动：

```
ssh rikirobot@192.168.xxx.xxx（登录树莓派）
roslaunch rikirobot bringup.launch（启动机器人）
```

计算机端打开新终端，SSH 小车后：

```
rosrun rikirobot_nav calibrate_angular.py
```

执行角速度校准脚本，出现 INFO 后，再打开新终端：

```
rosrun rqt_reconfigure rqt_reconfigure
```

打开 rqt 工具后，左侧选择第一项，将小车放在地上，记下初始的朝向，然后勾选 start_test，小车就会开始旋转。

待小车停止后，用手机指南针测量小车旋转的角度，比如，旋转 396°，396/360 = 1.1，则将参数改为 1.1，再次勾选 start_test，查看小车是否旋转角度为 396°。最终确定系数后返回 bringup.launch，将 angular 的 value = 1.0 修改为最终确定的数值，保存即可。

至此，调试校正完成。关闭所有终端。

（4）SLAM 建图

计算机端打开终端，SSH 连接小车并 bringup 启动：

```
ssh rikirobot@192.168.xxx.xxx（登录树莓派）
roslaunch rikirobot bringup.launch（启动机器人）
```

在计算机端新开一个终端，输入：

```
ssh rikirobot@192.168.xxx.xxx（登录树莓派）
roslaunch rikirobot auto_slam.launch（启动自动定位建图）
```

在出现 odem received! 后，在计算机端新开终端，输入：

```
rviz
```

打开 rviz 可视化界面。

在 rviz 的 file 中加载：

```
rikirobot_project/rikirobot/auto_slam.rviz 文件
```

然后可以新开终端，SSH 小车后打开键盘控制。

在计算机终端输入：

```
ssh rikirobot@192.168.xxx.xxx（登录树莓派）
roslaunch rikirobot bringup.launch（启动机器人）
rosrun teleop_twist_keyboard teleop_twist_keyboard.py（开启键盘控制机器人）
```

并在选中键盘控制终端下控制小车，实现区域建图。

完成建图后，可以在计算机端新开终端，SSH 小车并切换到 maps 文件夹。在终端输入：

```
ssh rikirobot@192.168.xxx.xxx（登录树莓派）
roscd rikirobot/maps（切换到 maps 文件夹）
./map.sh（保存地图文件到 maps）
```

8.2 视觉导航智能车设计案例

8.2.1 本体设计与制作

Jetbot 是一款基于 NVIDIA Jetson Nano 开发，可供嵌入式设计人员、研究人员使用的开源机器人。其处理器部分由采用 4 核 64 位 ARM CPU 和 128 核集成的 NVIDIA GPU 组成，提供了完整的桌面 Linux 环境，具有图形加速、支持 NVIDIA CUDA Toolkit 10.0 及 cuDNN 7.3 和 TensorRT 等特色功能，并且安装流行的开源机器学习（ML）框架，如 TensorFlow、PyTorch、Caffe、Keras 和 MXNet，以及计算机视觉和机器人开发的框架，如 OpenCV 和 ROS、Jetson Nano 可以为各种复杂的深度神经网络（DNN）模型提供实时计算机视觉和推理。

Jetbot 智能小车搭载 800 万像素单目摄像头、3 自由度的摄像云台、可实时显示系统运行状态的迷你 OLED 显示屏，采用可适应多种地形的履带移动方式，此外车身侧边携带内嵌式可编程 1600 万色多特效 RGB 氛围灯带。通过编程，Jetbot 智能小车可以实现快速响应的人脸识别、颜色追踪、多环境自动避障、对象跟随、轨道自动驾驶等功能。

Jetbot 智能小车包含的主要硬件资源如图 8.4~图 8.11 所示，整体的装机效果如图 8.12 所示。

图 8.4　Jetson Nano 开发板×1

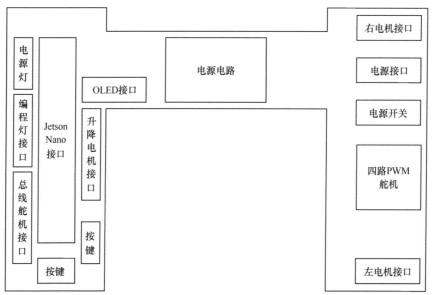

图 8.5　小车扩展板示意图

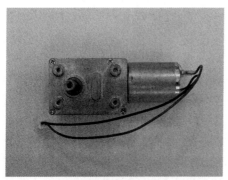

图 8.6　大功率电机×2

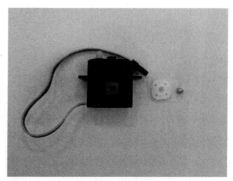

图 8.7　舵机×2

图 8.8　摄像头及连接线×1

图 8.9　OLED 显示屏×1

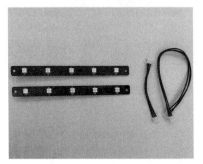

图 8.10　灯条及连接线×2

图 8.11　电池组×1

图 8.12　智能车组装效果

8.2.2　软件体系架构设计

1．下载官方镜像

智能小车的本体设计完成之后，需要下载官方镜像。首先进行组件环境分析。

英伟达官网提供的 Jetson Nano 官方镜像的组件环境如图 8.13 所示，更新时间为 2019.5.31，这也是 Jetbot 官方固件的组件环境，此组件版本环境通过全功能测试。为了避免在搭建环境中因为版本兼容性问题而出现未知异常，请尽可能使用 2019.5.31 或之前官方更新的镜像环境。Jetson Nano 英伟达官方开发人员套件 SD 卡镜像可以在其官网的 Jetson 下载中心免费下载。

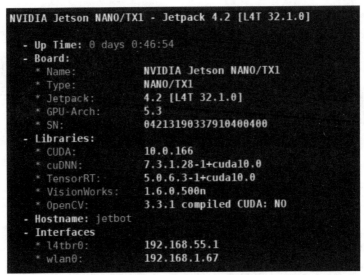

图 8.13　官方镜像的组件环境

下载 Jetson Nano Developer Kit SD Card Image，记下其在计算机上的保存位置，同时准备一个 Micro SD 读卡器。下面按照不同的计算机系统环境，说明将镜像烧录入 SD 卡中的方法。

（1）Windows 环境

下载 SDFormatter 软件，利用该软件格式化 Micro SD 卡，如图 8.14 所示。

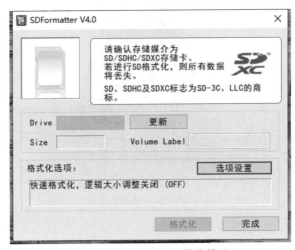

图 8.14　SDFormatter 操作界面

① 在"Drive"下拉列表中选择需要格式化的卡。

② 单击"选项设置"按钮，选择"快速格式化"。

③ 将"Volume Label"文本框留空。

④ 单击"格式化"按钮，开始格式化，并在警告对话框中单击"是"按钮。

接着下载 balena Etcher（镜像烧录工具），通过它将 Jetson Nano Developer Kit SD 卡镜像写入 Micro SD 卡，如图 8.15 所示。

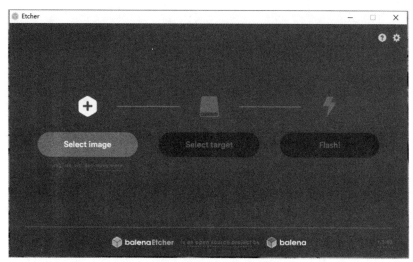
图 8.15　balena Etcher 操作界面

① 单击 Select image 按钮，然后选择之前下载的压缩图像文件。

② 如果尚未插入 Micro SD 卡，请将其插入。如果 Windows 提示用户格式化磁盘，请单击"取消"按钮。

③ 单击 Select target 按钮并选择正确的设备。

④ 烧录完成后，单击"Flash!"按钮。如果 Micro SD 卡通过 USB3 连接，Etcher 将花费大约 10 分钟编写并验证图像。

⑤ Etcher 完成后，Windows 可能告知用户它不知道如何读取 SD，这时只需单击"取消并删除 Micro SD 卡"。

（2）Mac 环境

使用 Etcher 等图形程序或命令行编写 SD 卡镜像。

① 请勿插入 Micro SD 卡。

② 下载、安装和启动 Etcher。

③ 单击 Select image 按钮，然后选择之前下载的压缩图像文件。

④ 插入 Micro SD 卡，如果 Mac 提示用户插入的磁盘不可读，请单击"忽略"按钮。

⑤ 如果没有连接其他外接驱动器，Etcher 将自动选择 Micro SD 卡作为目标设备，否则，请单击 Select target 按钮并选择正确的设备。

⑥ 单击"Flash!"按钮，Mac 可能会在允许 Etcher 继续之前提示用户输入用户名和密码。

如果 Micro SD 卡通过 USB3 连接，Etcher 将花费大约 10 分钟编写和验证图像。Etcher 完成后，Mac 可能不知道如何读取 SD 卡，此时只需单击"弹出并删除 Micro SD 卡"。

2．Xshell 的使用

Xshell 是一款命令控制台工具，如图 8.16 所示，后面用到的操作命令都是用它完成的。初次使用 Xshell 时，需要新建与 Jetbot 之间的会话，创建会话名称，输入 jetbot 的 IP 地址与端口号，选择 SSH 协议，之后单击"确定"按钮。

图 8.16　Xshell 界面

Xshell 可以多窗口操作，通过复制对话或者打开新的连接同时打开多个控制台，这样可以提高效率，如图 8.17 所示。

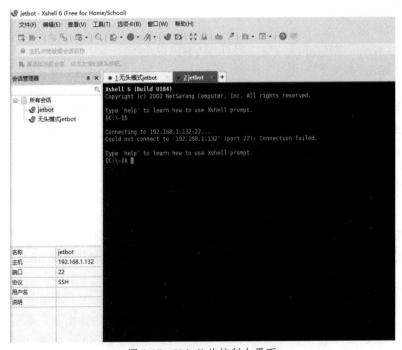

图 8.17　Xshell 的控制台界面

3．选择开发模式

（1）无头模式。Jetson Nano Developer Kit 提供了极其便利的一种连接模式——"无头模式"，在此模式下，Jetson Nano Developer Kit 通过 USB 数据线直接连接到计算机。这消除了对网络连接的需要，以及确定网络 IP 地址的需要。它始终处于 192.168.55.1.8888 的模式，这意味着不能将显示器直接连接到 Jetson Nano Developer Kit。这种方法可以节省 Jetson Nano 上的内存资源，并且可以消除对外部硬件（即显示器、键盘和鼠标）的需求。

它以一种极其小巧的方式实现对接，以至于不用为它主动安装驱动，通过 USB 数据线连接至 PC 后，PC 会出现一个用于双方之间通信的驱动器 Linux File-Stor Gadget USB Device。PC 端出现上述设备后，就可以在没有连接网络的情况下通过 Xshell 对 Jetbot 进行连接，主机号为固定 IP 地址 192.168.55.1，通过输入 Jetbot 相应的用户名和密码就可以操作命令对 Jetbot 进行相应配置。

（2）WiFi 模式。通过使用"无头模式"连接至 PC，用命令行配置连接，按步骤使用以下命令使 Jetbot 连接至 WiFi 网络。

在命令行中输入：nmcli dev wifi，可以查看当前可连接的网络。

连接某 WiFi 网络，执行如下命令：

```
sudo nmcli dev wifi connect wifi_name password 12345678
```

在命令行中输入：ifconfig，可以查看连接 WiFi 后的 IP 地址。

使用新 IP 地址连接 Jetbot，在 PC 命令行执行 ssh -p 22 　jetbot@192.168.1.196 命令即可连接 WiFi 网络。另外，还可以将 jetbot 连接至 HDMI 屏幕，使用鼠标和键盘在图形化界面配置，连接相应的 WiFi。

4．注意事项

（1）jetbot 出厂固件开机会通过系统服务自启 App 大程序运行，如需释放部分运行内存，可以执行以下命令，永久关闭开机自启的 App 大程序的功能。

```
sudo systemctl disable jetbot_start
```

如需永久打开开机自启的 App 大程序的功能，可以执行如下命令。

```
sudo systemctl enable jetbot_start
```

如需临时关闭开机自启的 App 大程序的功能，则执行如下命令。

```
sudo systemctl stop jetbot_start
```

如需临时开启开机自启的 App 大程序的功能，则执行如下命令。

```
sudo systemctl start jetbot_start
```

（2）摄像头异常处理及检测：开发一段时间后，由于某些不常规的操作（如未关机断电）导致摄像头在 jupyter 调用异常。在有显示屏的情况下，在 jetbot 终端输入：

```
nvgstcapture-1.0
```

如果摄像头正常，就会显示画面，按 Ctrl + C 组合键退出并关闭窗口。若显示不出画面，请主动结束 jupyter 线程，清除使用缓存，然后重新刷新 jupyter 即可恢复正常。在命

令行中依次输入:

```
sudo systemctl stop jetbot_jupyter
sudo systemctl start jetbot_jupyter
```

（3）在 jupyter 中进行开发时，摄像头的接口端只能打开一个实例，可能由于上一次使用摄像头的线程未完全关闭，导致没有释放摄像头接口，从而无法调用摄像头，这时可以重启 jetbot 来解决问题。在终端执行以下命令:

```
sudo reboot
```

8.2.3　自主避障方案

1．收集数据

首先初始化摄像头并实时显示，所采集的图像数据和其属性均与当前设置的相机显示图像一致，神经网络采用 224 像素×224 像素的图像作为输入，因此将摄像头设置为该大小，以最小化文件大小。

接下来创建一些目录存储数据。首先建立一个名为 dataset 的文件夹，里面有两个子文件夹，分别是 free 和 blocked，用于分类放置每个场景的图片。接着创建并显示一些按钮，这些按钮将用于为每个类标签保存快照，初始数据采集界面如图 8.18 所示。此外，添加一些文本框以显示到目前为止收集的每个类别的图像数量，确保收集的"free"图片和"block"图片一样多。将机器人放置在一个它被阻塞的场景中，然后单击"add blocked"按钮放置在一个自由的场景中，最后单击"add free"按钮。

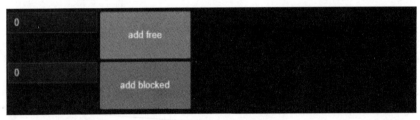

图 8.18　初始数据采集界面

以下是一些标记数据的技巧。
（1）尝试不同的方向。
（2）尝试不同的照明。
（3）尝试不同的对象/冲突类型：墙壁、岩架等。
（4）尝试不同纹理的地板/物体：有图案的、光滑的、玻璃的等。

机器人在现实世界中遇到的场景数据越多，避障行为就会越好。获取多种数据是很重要的，而不仅是大量的数据，每个类至少 100 幅图像。当收集足够多的数据时，需要把这些数据复制到 GPU 平台上进行训练，所以接下来介绍如何训练神经网络模型。

2．训练神经网络模型

首先导入 torch 和 torchvision 用到的相关库，使用 torchvision.datasets 库中的 ImageFolder 数据集类创建数据集实例，torchvision.transforms 库用于转换数据，为训练模型做好准备。

将刚创建的数据集分为训练集和测试集，测试集用来验证训练好的模型的准确性。

现在定义将要训练的神经网络。torchvision 库为用户提供了一系列可以使用的预训练模型。这里将使用 Alexnet 模型。Alexnet 模型最初是针对具有 1000 个类标签的数据集进行训练的，但我们的数据集只有两个类标签，把最好的层替换为最新的，未经训练的层只有两个输出。

通过 CUDA 将模型从 CPU 转移到 GPU 运行，当模型训练完后，就可以看到目录中生成的名为 best model.th 的模型，接下来将使用这个模型进行主动避障。

3．用训练好的模型避障

首先初始化 PyTorch 模型，然后加载上次训练好的模型，若模型效果不太理想，则可能与数据采集的次数和相机高度、角度等原因有关系，接着将模型权重从 CPU 通过 CUDA 转移至 GPU 运算。

模型加载完毕后，为了使摄像头的图像格式与训练模型时的图像格式完全相同，需要进行一些预处理，具体分为以下几个步骤。

（1）从 BGR 模式转换为 RGB 模式。

（2）从 HWC 布局转换为 CHW 布局。

（3）使用与训练期间相同的参数进行标准化（摄像机提供[0,255]范围的值并在[0,1]范围训练加载的图像，因此需要缩放 255）。

（4）将数据从 CPU 内存传输到 GPU 内存。

（5）批量添加维度。

定义预处理功能之后，将图像从相机格式转换为神经网络的输入格式。此外，创建一个滑块，用于显示机器人被阻挡的概率。创建负责 jetbot 运动控制的 robot 实例，之后再创建一个只要相机的值发生变化就会调用该函数的函数。此函数将执行以下步骤。

（1）预处理相机图像。

（2）执行神经网络。

（3）当神经网络输出表明被阻挡时，将向左转，否则继续前进。

8.2.4　视觉导航方案

1．收集数据

本例中除了分类之外，还将用到另一种基本技术，即 regression 回归，本例将利用它使 jetbot 能够沿着一条路（实际上是任何路径或目标点）前进。

（1）将 jetbot 放置在路径的不同位置（从中心偏移，不同角度等）。

（2）显示来自机器人的实时摄像头输入。

（3）使用 gamepad 控制器在图像上放置一个"绿点"，它对应用户期望机器人移动的目标方向。

（4）将这个"绿点"的 X、Y 值和机器人摄像头的图像一起存储。

然后训练一个神经网络来预测标签的 X、Y 值。在实际操作中，使用预测的 X、Y 值计算一个近似的转向值（它不是一个"确切"的角度，因为这需要图像校准，但它与角度大致成正比，因此控制器将正常工作）。如何确定本例的目标位置呢？以下是可能有所帮助的指南。

（1）看摄像机的实时视频。

（2）想象机器人应该遵循的路径（试着接近它需要的距离，以避免跑离道路等）。

（3）将目标放置在尽可能远的路径上，这样机器人就可以直接冲向目标，而不会"跑离"道路。例如，如果在一条非常直的路上，则可以把它放在地平线上；如果处于急转弯，它可能需要放在离机器人更近的地方，这样它就不会跑出边界。

首先从导入所有"数据收集"所需的库开始。本例主要使用 OpenCV 库对带有标签的图像进行可视化和保存，uuid、datetime 等库用于映像命名。神经网络以 224 像素×224 像素的图像作为输入。将相机设置为同等大小，以最小化数据集的文件大小。在某些场景中，最好以较大的图像大小收集数据，然后将其缩小到所需的大小。

本例将使用 gamepad 控制器标记图像。首先要做的事是创建 Controller 小部件的一个实例，使用该小部件用"x"和"y"值标记图像。数据采集界面如图 8.19 所示。

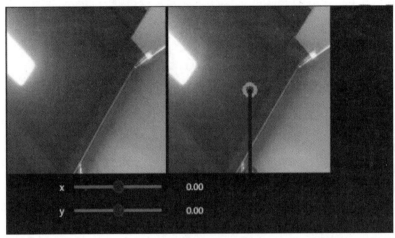

图 8.19　数据采集界面

该界面将显示实时图像提要，以及保存的图像数量和存储目标 X、Y 的值。数据采集过程如下。

（1）把圆圈放在目标上，如图 8.19 所示。

（2）按下控制器按键进行保存，用户想要保存的数据将会存到"dataset_xy"文件夹，保存的文件命名格式为"xy_ <x value>_ <y value>_ <uuid> .jpg"，当训练时，加载图像并解析文件名中的 x、y 值。

2．训练神经网络模型

下面将训练一个神经网络获取一个输入图像，并输出一组 x、y 值对应一个目标。使用 PyTorch 深度学习框架训练 ResNet18 神经网络结构模型，用于识别道路路况，从而实现自动驾驶。首先还是导入所有需要用到的数据包。

创建一个自定义的 torch.utils.data.Dataset 数据库实例，它实现了"__len__"和"__getitem__"函数，该类负责加载图像并解析图像文件名中的 x、y 值。因为实现了 torch.utils.data.Dataset 类，所以可以使用所有的 torch 数据实用工具，在数据集中硬编码一些转换（如颜色抖动）。将随机水平翻转设置为可选的（如果想遵循非对称路径，如道路），

jetbot 是否遵循某种约定无关紧要，可以启用 flips 扩充数据集。

将数据集分割为训练集和测试集。测试集将用于验证训练的模型的准确性。使用 DataLoader 类批量加载数据，洗牌数据，并允许使用多个子进程。在本例中，数据批量的大小为 64。批量大小将基于内存可用的 GPU，它可以影响模型的准确性，将其通过 CUDA 转移至 GPU 运行。

接下来就可以训练需要使用的回归模型了。NUM_ EPOCHS 的值设为 50，也就是训练 50 次，如果有减少损失的情况发生，将保存最好的模型。一旦模型训练完成，它将生成 best_ steering_model_xy.pth 文件。

3．使用训练好的模型自动驾驶

首先加载在之前已用过多次的 Resnet-18 神经网络，然后导入需要使用的包并创建相关实例。需要注意的是，开启自动驾驶就要运行相应代码来关闭手柄控制的进程，它们对 jetbot 的控制作用互斥，所以不能同时运行。

接下来加载训练好的模型 best_steering_ model _xy.pth，并通过 CUDA 转移至 GPU 上进行计算，如之前所述，需要做一些预处理。然后实时显示相机的画面，并将 Jetbot 云台的角度调整至自动驾驶的角度，创建控制 jetbot 运动的实例 robot。此外，本例将定义滑块来控制 Jetbot。

（1）速度控制（speed_ gain_ slider）：要启动 jetbot，请增加 "speed_ gain_ slider"。

（2）转向增益控制（steering.gain._sloder）：如果看到 jetbot 正在旋转，则需要减少 "steering_ gain. _slider"，直到它变得平滑。

（3）转向偏置控制（steering._bias_slider）：如果看到 jetbot 偏向赛道的极右或极左，应该控制这个滑块，直到 Jetbot 开始跟踪位于中心的直线或赛道，这就解释了运动偏差和相机偏移（注意，滑动上面提到的相关滑块时，为获得平滑的 jetbot 道路，跟随行为不应大幅快速地移动滑块值，应平缓移动滑块值来调节运动参数）。

接下来展示一些滑块。x 和 y 滑块将显示预测的 x、y 值。转向滑块将显示估计的转向值。这个值不是目标的实际角度，而是一个几乎成比例的值。当实际角度为 "0" 时，这个值为 0，它会随着实际角度的增大/减小而增大/减小。接下来创建一个函数，该函数将在摄像机的值发生更改时被调用。这个函数将执行以下步骤。

（1）预处理相机图像。

（2）执行神经网络。

（3）计算近似转向值。

（4）使用比例/微分控制（PD）控制电机。

如果 jetbot 各项功能正常，它应该会为每个新的相机帧生成新的命令。现在可以将 jetbot 放置在已收集数据的轨道上，并查看它是否可以跟踪轨道。

8.3 服务机器人设计案例

"小途" 机器人是全国首台社区智能服务机器人。基于科大讯飞领先的人工智能技术，"小途" 机器人凭借自然化、情感化的语音交互，秉承 "用人工智能建设美好城市" 的设计理念，通过建立与政务数据中心的链接，能够为社区居民提供诸如业务办理、咨询、接待、移动引导、闲聊等多种人性化服务。此外，"小途"机器人模块化、可拓展的应用配置设计能够使其应用于多个服务领域，有着广阔的市场前景。本节将在机器人本体设计、系统架构、应用设计、应用场景等方面展开介绍。

8.3.1　服务机器人本体设计

"小途"机器人搭载全双工模式的语音交互技术，可以进行多模态情感化交互；能实现自主移动、路径规划、自主避障和自主充电；能用于高龄津贴、居住证明、借书证等社区热点事项的办理、咨询、引导和接待；支持多种证件的识别、证件的自动剪裁和纠正，能独立完成居民身份证的拍摄和信息的读取任务；还能查询天气、背古诗、做算术题、讲笑话、唱歌、闲聊，目前已经在很多社区运行，其外观设计如图 8.20 所示。

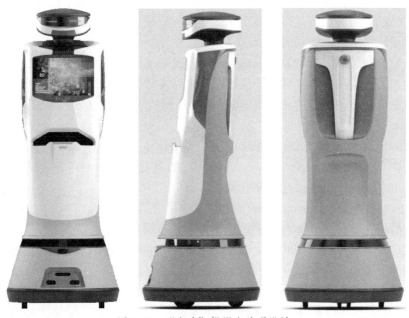

图 8.20　"小途"机器人外观设计

该机器人主要分为头部、颈部、躯干和底盘这几部分，整体高约 150cm，底部为直径 60cm 的圆形底盘，外壳主要为 ABS 材质，喷涂黑、白、灰三色，大部分表面具有亚光效果。机器人头部配置有麦克风阵列、LCD 屏幕、摄像头和灯带，主要参数和功能如表 8.1 所示。

表 8.1　机器人头部配置的主要参数和功能

序号	名称	参数	功能
1	麦克风阵列	6mic	采集声音信号
2	LCD 屏幕	4 英寸，800 像素×400 像素	显示机器人表情
3	摄像头（A）	800 万像素	人脸识别
4	摄像头（B）	800 万像素	监控画面采集
5	灯带	RGB 全彩 LED 灯	增加交互体验乐趣

机器人颈部可实现两个自由度的运动，点头动作由直流减速电机（24V，78N·cm）驱动，上下幅度为±15°，摇头动作由舵机（390N·cm）驱动，左右幅度为±30°。机器人躯干部分配置有 3D 摄像头、显示屏、触摸屏、身份证读卡器、高拍仪、票据打印机及扬声器，主要参数和功能如表 8.2 所示。

表 8.2 机器人躯干配置的主要参数和功能

序号	名称	参数	功能
1	3D 摄像头（Astra）	深度范围 0.6～8m，深度图最大分辨率 1028 像素×1024 像素，RGB 图最大分辨率 1028 像素×960 像素	三维测距
2	显示屏	13 英寸，1920 像素×1080 像素	信息显示
3	触摸屏	13 英寸，电容屏	触控操作
4	身份证读卡器		读取用户身份信息
5	高拍仪	20cm，500 万像素	扫描证件并识别
6	票据打印机	24V，80mm	打印票据

机器人底盘为独立功能部件，如图 8.21 所示。其质量为 22kg，配备有 24V（20Ah）的锂电池，续航时间为 8h，6 轮驱动，最高速度为 1.5m/s，最大载重为 80kg，能够爬上不大于 5° 的斜坡，在普通木板、防滑地面、大理石地面的越障高度为 10mm。在传感器方面配置有激光雷达、双目摄像头和超声波传感器，可实现自主建图、导航规划、测距避障和自动回充。

图 8.21 机器人底盘

8.3.2 服务机器人系统架构

机器人内部控制系统由主控板 1、主控板 2、电源板和底盘这四部分构成。底盘作为整个机器人的电源与电源板相连，负责充放电维护，同时与主控板 1 通过千兆有线网络实现通信。主控板 1 与主控板 2 均采用相同的 ARM 核心方案，互相之间通过千兆网络通信，并由电源板供电。该控制系统框架图如图 8.22 所示。

可以看到，主控板 1 设计有两个插槽，分别对应讯飞语音模块和 4G 模块两种扩展板，其接口的详细方案图如图 8.23 所示，该控制板通过 USB、I^2C、I^2S、Mini-PCIe、eDP 和 UART 接口连接语音模块、4G 模块、显示模组、触摸模组、光感接近传感器、USB 摄像头、3D 景深摄像头、打印机灯带、嵌入式打印机、身份证读卡器。

相比主控板 1，主控板 2 的接口类型较少，主要有 UART、MIPI、USB 三种，分别与单片机控制模块、显示模组、USB 摄像头和 3D 景深摄像头相连。其中单片机选用意法半导体的 STM32F 系列，ADC 精度为 12 位以上，并预留通过 UART 口和主控 1 通信的能力，主控板 2 的详细方案图如图 8.24 所示。

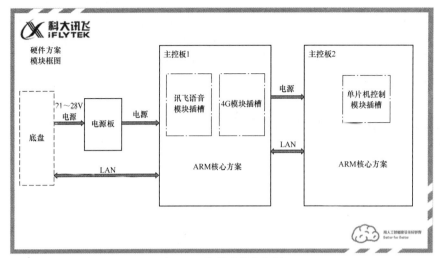

图 8.22　控制系统框架图

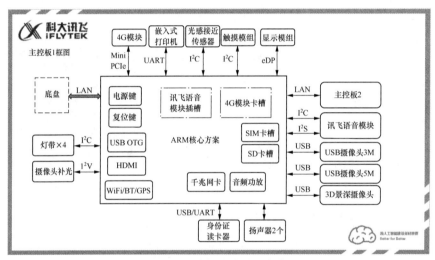

图 8.23　主控板 1 的详细方案图

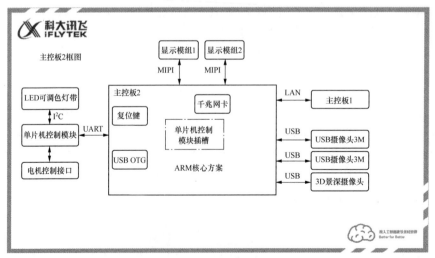

图 8.24　主控板 2 的详细方案图

8.3.3 服务机器人应用设计

作为一款具备多种功能的智能服务机器人，"小途"能够自主完成业务办理、咨询、引导和接待等工作，下面将对其主要的应用设计进行介绍。首先是自动唤醒功能，当机器人处于闲置状态时，显示欢迎界面，如图8.25所示。

图 8.25　欢迎界面

此时机器人可以通过以下三种方式唤醒：①语音唤醒，获取用户语音唤醒事件后，跳转到下一界面；②界面单击，用户单击界面后，跳转到下一界面；③人脸检测，通过摄像头检测机器人面前是否有人脸信息，若有，则跳转到下一界面。

机器人被唤醒后，将进入图8.26所示的主功能界面，此时屏幕显示三个提示按钮：①"业务办理"按钮，引导用户进行业务办理的操作按钮；②"咨询问题"按钮，引导用户进行咨询问题的操作按钮；③"带路"按钮，引导用户进行咨询问题的操作按钮。同时，在屏幕的左下方会显示机器人侦听到的用户的说话内容。另外，在进入页面时，机器人进行语音播报"你好，我是小途，有什么可以帮你吗？"进行引导，用户单击按钮或读出按钮文字提示，机器人都会进入相关场景模块，此后所有按钮的单击操作和语音操作效果均相同。

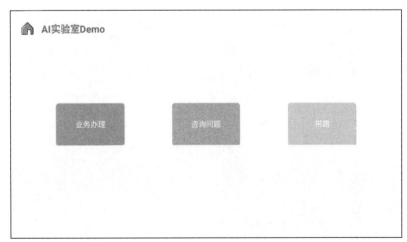

图 8.26　主功能界面

8.3.4 服务机器人应用场景

"小途"机器人具备三种应用场景，分别为业务办理场景、咨询问题和带路导航场景，与主界面的三个操作按钮一一对应。这里重点介绍"业务办理"，通过按钮单击或者语音互动进入该场景后，可以看到如图 8.27 所示的功能界面，语音及界面文字提示"你想办理什么呢？"，用户可单击或发语音"借书证"，机器人将进入借书证办理模块。此时用户也可说"返回"，则回到主功能界面。进入办理模块后文字提示"即将办理借书证，请准备好身份证正面和身份证反面"，引导用户执行"确定"操作进入办理流程的下一环节，如图 8.28 所示。然后，显示文字提示"请将身份证放在屏幕下方"，引导用户将身份证放置在读卡器位置（见图 8.29），此时系统如果成功读取用户身份信息，将会在屏幕显示照片、姓名及身份证号码，如图 8.30 所示，系统会在 3s 后自动进入拍摄证件环节（见图 8.31），并引导用户执行"拍照"操作。系统运用图像处理技术对摄像头拍摄的图片进行剪裁，并在屏幕显示，如图 8.32 所示。用户可执行"确定"操作进行身份证反面的拍摄，如对照片不满意，则可执行"重拍"操作。反面拍摄效果如图 8.33 所示。单击"确定"按钮后，界面上方文字提示"请输入您的联系电话"，引导用户完成手机号码的单击输入或语音输入（见图 8.34 和图 8.35），再次单击"确定"按钮后将结束整个办理流程。办理成功结束界面如图 8.36 所示。最后，语音"返回"可回到主功能界面。

图 8.27　业务办理场景界面

图 8.28　借书证办理确认界面

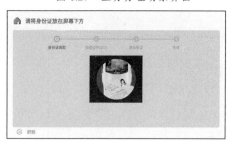

图 8.29　身份证读取前引导界面

图 8.30　身份证读取后显示界面

图 8.31　身份证拍摄确认界面

图 8.32　身份证正面拍摄确认界面

图 8.33　身份证反面拍摄确认界面

图 8.34　电话号码输入界面

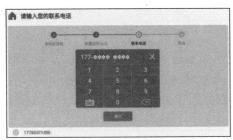

图 8.35　电话号码确认界面

图 8.36　办理成功结束界面

在另外两个场景中，机器人同样通过按钮单击和语音互动，在一定范围内对用户提出的要求自动进行响应，并结合机器人自主导航与问题列表实现带路及咨询功能。

8.4　本章小结

本章主要通过对激光雷达导航智能车、视觉导航智能车，以及服务机器人"小途"这三个案例的介绍，简述智能机器人的外观设计、软硬件设置、系统架构及应用场景，使读者了解激光雷达导航与视觉导航的相关技术，掌握操作机器人系统的方法，熟悉模式识别、路径规划等理论的软件实现，提升解决实际工程问题的能力。

8.5　习题

1. 在 Windows 平台下如何安装和使用 Linux 操作系统？
2. 如何在树莓派卡片式计算机上安装 Linux 系统？
3. STM32 单片机主要有哪几种程序烧录方式？
4. 简述 Jetson Nano 开发板的主要硬件配置与应用领域。
5. Jetson Nano 有哪几种开发模式？
6. Jetbot 主要采用何种自主避障方案？
7. Jetbot 主要采用何种视觉导航方案？
8. 简述"小途"机器人的系统架构。
9. "小途"机器人主控板主要有哪几种接口类型？
10. 如何唤醒"小途"机器人？

第 **9** 章 | 机器人智能应用开发实践

机器人是一种自动化机械电子混合装置，它可以通过运行预先编排的程序自主行动，协助或替代人类完成某些烦琐或者危险性工作，最常见的如生产线上的机械手臂、灾难现场的救援机器人、海底的潜水勘探机器人等。让机器人像人类一样具有"大脑"，能够根据实时情况自主思考并安排对应的工作，这是我们希望达到的终极目标。如何让机器人拥有"智慧"，是一项长期而艰巨的研究任务。本章将基于科大讯飞的 AIUI 人机智能平台，介绍语音交互、规划导航、图像识别等方面的开发与实践。

本章学习目标：

（1）了解机器人智能应用开发平台；
（2）掌握开发环境的搭建和配置；
（3）掌握智能应用的开发、编译与调试；
（4）了解语音互动、导航、图像识别及综合实践的步骤。

9.1 机器人智能应用开发基础

9.1.1 应用开发平台

AIUI 是科大讯飞提供的一套人机智能交互解决方案，旨在实现人机交互无障碍，使人与机器之间可以通过语音、图像、手势等自然交互方式，持续、双向、自然地沟通。现阶段，AIUI 提供以语音交互为核心的交互解决方案，全链路聚合了语音唤醒、语音识别、语义理解、内容（信源）平台、语音合成等模块，可以应用于智能手机（终端）、机器人、音箱、车载、智能家居、智能客服等多个领域，让产品不仅能听会说，而且能理解会思考。AIUI 开放平台主要包含语义技能（skill）、问答库（Q&A）编辑及 AIUI 应用（硬件）云端配置的能力，并为不同形态产品提供不同的接入方式。接入 AIUI 的应用和设备可以轻松实现查询天气、播放音视频资源、设置闹钟，以及控制智能家居等功能。

该平台可通过以下几个步骤开启使用。

1．注册用户

单击科大讯飞开放平台页面右上角的"注册"按钮，在注册页面根据提示信息填写基本资料即可完成。

2．创建应用

登录科大讯飞开放平台后，通过以下方式可以创建应用：单击"控制台"→"创建应用"，根据提示信息完成应用的创建。

3．添加服务

单击页面右上角的"控制台"，进入"我的应用"界面，在页面左侧可以查看服务能力的使用信息和接口信息，还可以通过左侧选项进入"服务管理"，根据自身需求选择对应的能力。

4．appid 和 SDK 的关联

创建一个应用时，会自动关联一个 appid，appid 和对应的 SDK 具有一致性，如创建 Android 平台的应用 A，关联的 appid 是 12345678，即 12345678 和应用 A 对应的 SDK 是一一对应关系。

5．应用开发

围绕应用的具体需求设计，结合当前 AIUI 能力设计具体业务逻辑，选择合适的 Android 技术进行编码实现，然后将编码编译至智能机器人开发平台上进行调试和演示。

9.1.2　应用开发环境的搭建与配置

该平台的智能应用都是基于 Android 环境运行的，这和普通的 Android 应用开发大致相似，首先需要先在计算机上搭建 Android 的开发环境，包括运行的 JDK 的安装及配置、开发工具的安装及配置等。准备 PC 设备并下载相关软件的步骤如下。

1．PC 设备

PC 硬件配置见表 9.1。

表 9.1　PC 硬件配置

硬件	型号
CPU	酷睿 i3 四代 2.0GHz 以上
内存	4GB 以上

2．软件工具和版本

JDK 版本：1.8，官方下载。

需要根据自己的计算机系统选择相应的安装包版本，下载之前需要先单击界面上的"Accept License Agreement"选项。

3．Android Studio 软件

软件版本：3.0.1。

4．ADB 工具

软件版本：1.0.40。

下面需要对下载的软件进行安装与配置，步骤如下。

（1）JDK 的安装与环境变量的配置

从下载地址下载 JDK 软件到本地计算机后双击进行安装。JDK 的安装过程比较简单，逐步单击"下一步"按钮即可，安装时只需要将 JDK 和 JRE 安装到同一个目录，JDK 默认安装成功后，会在系统目录下出现两个文件夹：一个代表 JDK；一个代表 JRE。JDK 的全称是 Java SE development kit，也就是 Java 开发工具箱，SE 表示标准版。JDK 是 Java 的核心，包含 Java 的运行环境（Java runtime environment）、Java 工具和给开发者开发应用程序时调用的 Java 类库。可以打开 JDK 的安装目录下的 Bin 目录，里面有许多后缀名为.exe 的可执行程序，这些都是 JDK 包含的工具。通过配置 JDK 的环境变量，可以方便地调用这些工具及它们的命令。

JDK 包含的基本工具主要有以下 4 个。

① javac：Java 编译器，将源代码转成字节码。

② jar：打包工具，将相关的类文件打包成一个文件。

③ javadoc：文档生成器，从源码注释中提取文档。

④ java：运行编译后的 Java 程序。

由于在程序开发时需要使用的 JDK 命令不属于 Windows 自己的命令，所以要想使用，就需要进行路径配置。首先单击"计算机→属性→高级系统设置"，然后单击"环境变量"，最后在"系统变量"栏下单击"新建"按钮，创建新的系统环境变量。

需要创建的系统环境变量及相关流程如下。

① 新建→变量名"JAVA_HOME"，变量值"C:\Program Files\Java\jdk1.8.0_181"（即 JDK 的安装路径）。

② 编辑→变量名"Path"，在原变量值的最后加上：

```
";%JAVA_HOME%\bin;%JAVA_HOME%\jre\bin"
```

③ 新建→变量名"CLASSPATH"，变量值为：

```
".;%JAVA_HOME%\lib;%JAVA_HOME%\lib\dt.jar;%JAVA_HOME%\lib\tools.jar"
```

完成环境变量的配置后，需要确认，打开计算机的"命令提示符"窗口，输入"java -version"命令，如出现图 9.1 所示的 JDK 的编译器信息，则说明 JDK 环境已经配置成功。

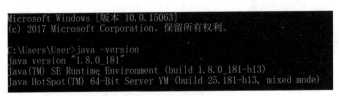

图 9.1　JDK 环境配置成功提示

（2）ADB 工具的环境配置

具体步骤如下。

① 将下载的 ADB 工具包进行解压缩，记住解压缩的目录地址。

② 右击计算机，从弹出的快捷菜单中选择“属性→高级系统设置→环境变量”，打开“环境变量配置”窗口。

③ 在打开的环境变量界面单击下方的“系统变量”中的“新建”按钮，在弹出的新建系统变量界面输入如下信息后单击“确定”按钮。

④ 变量名：adb，变量值：adb 工具解压保存目录（可以单击“浏览目录”按钮进行选择）。

⑤ 双击“系统变量”列表中的 Path 项，在弹出的编辑系统变量界面中单击右侧的“新建”按钮，然后输入“%adb%”后单击“确定”按钮。

到这里已经完成了 ADB 工具的环境配置。下面需要测试是否配置成功，按 Win+R 组合键，进入命令行，输入“cmd”后按 Enter 键，打开命令提示符窗口。在打开的命令提示符窗口输入“adb”后按 Enter 键，如果界面显示如图 9.2 所示，则说明已经配置成功。

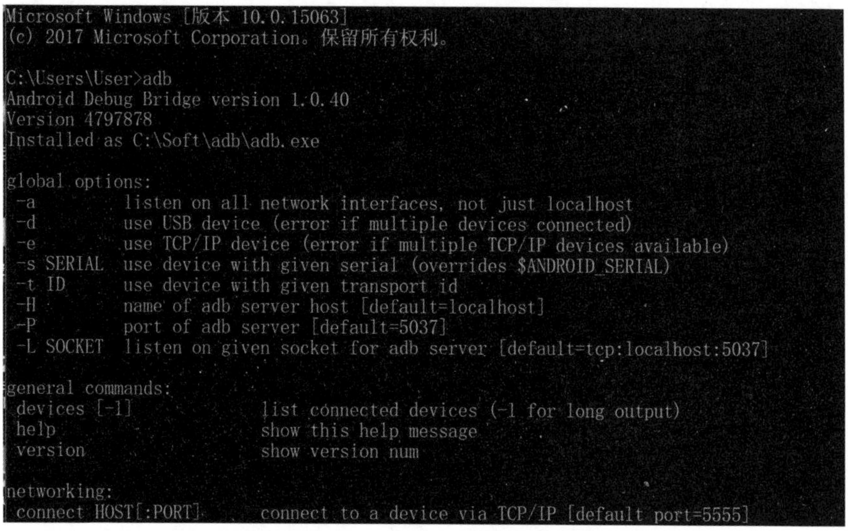

```
Microsoft Windows [版本 10.0.15063]
(c) 2017 Microsoft Corporation。保留所有权利。

C:\Users\User>adb
Android Debug Bridge version 1.0.40
Version 4797878
Installed as C:\Soft\adb\adb.exe

global options:
 -a         listen on all network interfaces, not just localhost
 -d         use USB device (error if multiple devices connected)
 -e         use TCP/IP device (error if multiple TCP/IP devices available)
 -s SERIAL  use device with given serial (overrides $ANDROID_SERIAL)
 -t ID      use device with given transport id
 -H         name of adb server host [default=localhost]
 -P         port of adb server [default=5037]
 -L SOCKET  listen on given socket for adb server [default=tcp:localhost:5037]

general commands:
 devices [-l]             list connected devices (-l for long output)
 help                     show this help message
 version                  show version num

networking:
 connect HOST[:PORT]      connect to a device via TCP/IP [default port=5555]
```

图 9.2　ADB 工具的环境配置成功提示

（3）Android Studio 的下载与安装

从提供的下载地址下载 Android Studio 的安装包，双击安装包启动安装程序，安装完成后启动 Android Studio。第一次启动 Android Studio 时，需要设置一下 SDK 的安装目录。打开 Android Studio 之后，默认会按步骤创建一个 App 的项目，选择创建新的项目，然后设置示例应用的相关信息的界面，这里可以采用默认，直接单击下方的 Next 按钮，接着进入选择目标设备和 SDK 的界面，默认单击 Next 按钮进入下一步，后面的步骤相同，默认单击 Next 按钮，一直到最后显示 Finish 按钮的界面，单击 Finish 按钮，完成整个应用的创建步骤。

在打开的 App 工程窗口（见图 9.3）先查看一下已经安装好的 Android SDK，打开 Android SDK 管理窗口，如图 9.4 所示，在这里可以看到已经安装的 Android SDK 版本及相关工具的信息，同时也可以下载新的 Android SDK。

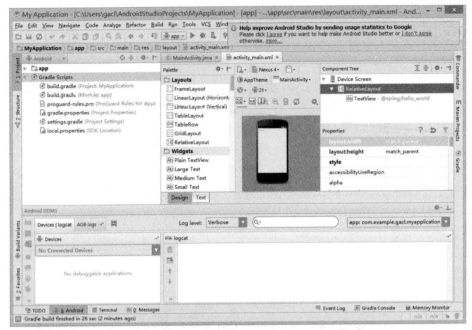

图 9.3　App 工程窗口

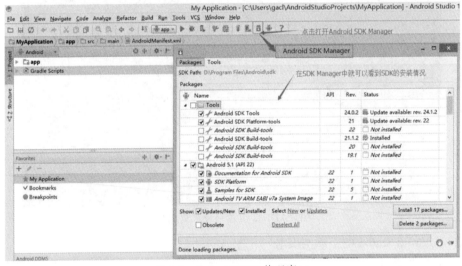

图 9.4　Android SDK 管理窗口

9.1.3　智能应用的开发、编译与调试

完成以上软件配置后，下面来试运行项目。为了运行方便，直接使用机器人开发平台作为模拟器。使用 USB 线连接机器人开发平台与计算机，完成连接后，通过 ADB 工具可以查看机器人开发平台与计算机的连接状态。

（1）通过前文提供的 ADB 下载地址下载 ADB 工具包，并将其解压到计算机上的桌面位置。

（2）按键盘上的 Windows 键，在运行输入框位置输入"cmd"，按 Enter 键打开"命令提示符"窗口。

（3）输入指令：cd desktop，按 Enter 键（命令行此时进入计算机的桌面目录）。

（4）输入指令：cd adb，按 Enter 键（进入 adb 目录）。

（5）输入指令：adb devices，按 Enter 键，当命令提示符软件界面显示如图 9.5 所示的设备信息提示时，说明机器人开发平台已经与计算机正确连接。

图 9.5　设备信息提示

当 ADB 指令下能够显示机器人开发平台设备时，在 Android Studio 的界面上就可以查看设备的连接信息，如图 9.6 所示。

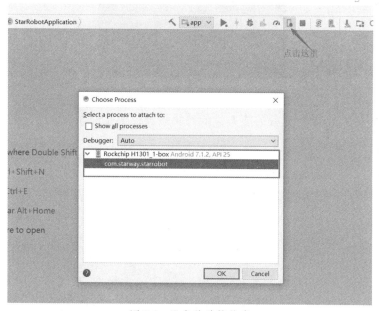

图 9.6　设备的连接信息

直接单击"编译运行"按钮，当应用能够正常完成编译后，机器人开发平台屏幕界面上会显示"Hello World!"，这样就完成了智能机器人开发前的准备工作，下面进入实际应用开发环节。

完成项目工程的创建后，开始导入机器人开发的能力包。首先导入应用必需的机器人基础能力开发包和 AIUI 能力开发包，主要流程如下。

（1）将机器人基础能力开发包 commonAbility-release.aar 和 starrobot-logability.arr，以及 AIUI 能力包 aiuilibrary-release.aar 复制到应用的/app/libs 文件夹中。

（2）在/app/src/main 目录下创建 assets 文件夹，再在 assets 目录下创建 cfg 和 vad 两个目录。

（3）将 AIUI 的配置文件 aiui.cfg 复制到 cfg 目录下，将 AIUI 的 vad 文件 meta_vad_16k.jet 复制到 vad 目录下。

完成以上三个步骤后，项目整体目录结构如图 9.7 所示。

.idea
app
build
libs
aiuilibrary-release1.0.3.aar
commonAbility-release1.0.3.4.aar
src
androidTest
main
assets
cfg
aiui.cfg
vad
meta_vad_16k.jet
java
com.example.myapplication
MainActivity
res
AndroidManifest.xml
test

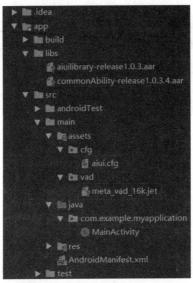

图 9.7　项目整体目录结构

导入能力包后，需要对工程的能力包依赖关系及权限配置等信息进行配置，主要流程如下。

（1）在 build.gradle 文件中添加能力包的依赖，如图 9.8 所示。

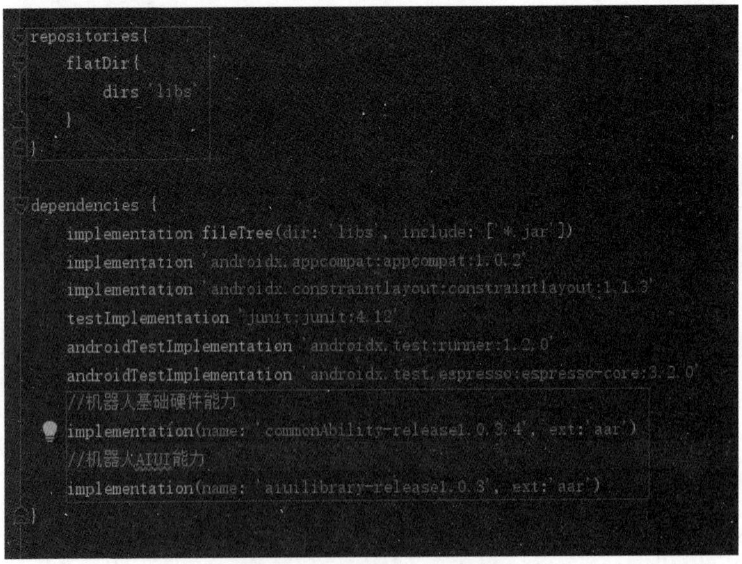
repositories{
flatDir{
dirs 'libs'
}
}
dependencies {
implementation fileTree(dir: 'libs', include: ['*.jar'])
implementation 'androidx.appcompat:appcompat:1.0.2'
implementation 'androidx.constraintlayout:constraintlayout:1.1.3'
testImplementation 'junit:junit:4.12'
androidTestImplementation 'androidx.test:runner:1.2.0'
androidTestImplementation 'androidx.test.espresso:espresso-core:3.2.0'
//机器人基础硬件能力
implementation(name: 'commonAbility-release1.0.3.4', ext:'aar')
//机器人AIUI能力
implementation(name: 'aiuilibrary-release1.0.3', ext:'aar')
}

图 9.8　添加能力包的依赖

添加的代码如下：

```
//代码仓库地址
repositories{
```

```
    flatDir{
        dirs 'libs'
    }
}

//编译依赖 lib 下的 jar 和 aar
implementation fileTree(dir: 'libs', include: ['*.jar','*.aar'])
```

（2）在 AndroidManifest.xml 文件中添加应用权限设置，如下所示。

```xml
<?xml version="1.0" encoding="utf-8"?>
<manifest xmlns:android="http://schemas.android.com/apk/res/android"
    package="com.starway.myapplication">

    <!--六麦唤醒-->
    <uses-permission android:name="com.android.permission.IFLYTEK_MIC_WAKEUP" />
    <!-- 读取内存卡权限 -->
    <uses-permission android:name="android.permission.READ_EXTERNAL_STORAGE"/>
    <!-- 连接网络权限 -->
    <uses-permission android:name="android.permission.INTERNET"/>
    <!-- 允许程序录制音频 -->
    <uses-permission android:name="android.permission.RECORD_AUDIO"/>
    <!-- 允许程序访问有关的网络信息 -->
    <uses-permission android:name="android.permission.ACCESS_NETWORK_STATE"/>
    <!-- 允许程序改变网络连接状态 -->
    <uses-permission android:name="android.permission.CHANGE_NETWORK_STATE"/>
    <!-- 允许程序访问 Wi-Fi 网络状态信息 -->
    <uses-permission android:name="android.permission.ACCESS_WIFI_STATE"/>
    <uses-permission android:name="android.permission.CHANGE_WIFI_STATE"/>
    <!-- 现在你可以在你的 Activity 中使用以下代码改变或提高任何线程的优先级 -->
    <uses-permission android:name="android.permission.RAISED_THREAD_PRIORITY"/>
    <!-- 允许应用写（非读）用户的外部存储器 -->
    <uses-permission android:name="android.permission.WRITE_EXTERNAL_STORAGE"/>
    <!-- 允许程序读取所有者数据 -->
    <uses-permission android:name="android.permission.READ_OWNER_DATA"/>
    <!-- 允许一个程序写入但不读取所有者数据 -->
    <uses-permission android:name="android.permission.WRITE_OWNER_DATA"/>
    <!-- 有关系统设置的权限，如快捷方法等 -->
    <uses-permission android:name="com.android.launcher.permission.READ_SETTINGS"/>
    <!-- 悬浮窗权限 -->
    <uses-permission android:name="android.permission.SYSTEM_ALERT_WINDOW"/>

    <application
        android:name=".DemoApplication"
        android:allowBackup="true"
        android:icon="@mipmap/ic_launcher"
        android:label="@string/app_name"
        android:roundIcon="@mipmap/ic_launcher_round"
        android:supportsRtl="true"
        android:theme="@style/AppTheme">
        <activity android:name=".MainActivity"
            android:launchMode="singleTask">
            <intent-filter>
```

```
            <action android:name="android.intent.action.MAIN"/>
            <category android:name="android.intent.category.HOME" />
            <category android:name="android.intent.category.DEFAULT"/>
            <category android:name="android.intent.category.LAUNCHER"/>
        </intent-filter>
    </activity>
  </application>

</manifest>
```

接下来在项目工程的 MainActivity 类中添加机器人的能力初始化方法，并在场景初始化的 onCreate()方法中添加调用，如下所示。

```
public class MainActivity extends AppCompatActivity implements ActivityCompat.
OnRequestPermissionsResultCallback {
    private String[] mPermissions = {Manifest.permission.RECORD_AUDIO, Manifest.
    permission.WRITE_EXTERNAL_STORAGE};

    @Override
    protected void onCreate(Bundle savedInstanceState) {
        super.onCreate(savedInstanceState);
        setContentView(R.layout.activity_main);
        if (!requestPremission(mPermissions)) {
            init();
        }
    }

    private void init() {
        initRobotAbility();
    }
    /**
     * 是否需要申请权限，同时会申请权限
     * @param permissions
     * @return
     */
    private boolean requestPremission(String[] permissions) {
        ArrayList<String> needPermission = new ArrayList<>();
        //检查录音权限
        for (int i = 0; i < permissions.length; i++) {
            String permission = permissions[i];
            int checkRecordAudioPermission = ContextCompat.checkSelfPermission(this,
            permission);
            if (checkRecordAudioPermission != PackageManager.PERMISSION_GRANTED) {
                needPermission.add(permission);
            }
        }
        if (needPermission.size() > 0) {
            String[] requestPermissions = new String[needPermission.size()];
            for (int i = 0; i < needPermission.size(); i++) {
                requestPermissions[i] = needPermission.get(i);
            }
            ActivityCompat.requestPermissions(this, requestPermissions, 0);
            return true;
        } else {
            return false;
```

```java
        }
    }

    @Override
    public void onRequestPermissionsResult(int requestCode, @NonNull String[]
    permissions, @NonNull int[] grantResults) {
        super.onRequestPermissionsResult(requestCode, permissions, grantResults);
        init();
    }

    /**
     * 初始化机器人基础能力
     */
    private void initRobotAbility() {
        //日志初始化
        StarLogAbility.getInstance().initAbility(this);
        StarCommonAbility.getInstance().initAbility(this.getApplicationContext(),
        RobotType.TYPE_TEACHING, new StarCommonAbility.onResultCallback() {
            @Override
            public void onResult(boolean isSuccess, String hard_code) {
                if (isSuccess) {
                    //硬件和业务状态初始化
                    //这里根据不同的标识返回不同硬件的初始化成功状态
                    switch (hard_code) {
                        case "emoji": //表情硬件初始化成功

                            //设置基础表情
                            EmojiHelper.doEmojiBase();

                            //延迟展示 Love 表情
                            showEmojiEffectDelay();
                            break;
                        default:
                            break;
                    }
                }
            }
        });
    }

    /**
     * 延迟展示机器人表情（Love）
     */
    private void showEmojiEffectDelay() {
        //延迟 3 秒展示 Love 表情
        new Handler().postDelayed(new Runnable() {
            @Override
            public void run() {
                EmojiHelper.doEmojiLove();
            }
        }, 3000);
    }
}
```

注意，这里能力初始化方法中的 RobotType.TYPE_TEACHING 参数表示当前运行的平台，具体包括以下三种。

（1）RobotType.TYPE_A　　　　　　A 款机器人

（2）RobotType.TYPE_B　　　　　　B 款机器人

（3）RobotType.TYPE__TEACHING　机器人开发平台

在示例代码中，首先添加一个初始化机器人能力的方法 initRobotAbility()，在这个方法里对机器人的基础硬件能力进行初始化，并且在初始化成功状态返回时（表情硬件初始化成功）执行延迟显示 Love 表情的方法，然后在场景的 onCreate()方法中对这个机器人能力初始化方法进行调用。

完成这些基本代码的集成，将项目工程编译到机器人开发平台上运行，第一次运行时如果没有进行动态权限申请，项目可能会出现异常崩溃的情况，这是因为我们还没有给应用赋予相应的权限，因为没有在应用代码中添加相应功能，需要手动进行设置，具体步骤如下。

（1）打开系统的"命令提示符"窗口（按 Win+R 组合键打开"运行"窗口，输入"cmd"后按 Enter 键）。

（2）在"命令提示符"窗口使用 ADB 工具打开机器人开发平台的系统设置界面，输入如下指令后按 Enter 键。

```
adb shell am start -n com.android.settings/com.android.settings.Settings
```

（3）在机器人的系统设置界面，从应用列表中找到我们的应用，进入应用的权限界面并打开应用的权限，流程如图 9.9 所示。开启应用权限后，需要重新编译应用到机器人开发平台，这时应用就可以正常运行了。当应用在机器人开发平台上启动 3 秒后，可以看到机器人的表情显示"爱心"的图片，说明能力包集成示例已经成功运行。

图 9.9　进入应用的权限界面并打开权限

9.2 语音交互智能应用开发实践

语音交互技术是人工智能领域的重要分支，主要包含以下几个方面：①语音合成技术，将文本内容合成为自然语音，并通过设备发声；②语音识别技术，将自然语音通过转写引擎识别为文本内容；③语义理解技术，对自然语言文本的理解，识别其具体表达的意思。本节将对语音交互技术在不同场景的应用开发作详细介绍。

9.2.1 语音合成能力集成

开发语音合成功能应用使用的是科大讯飞的 AIUI 语音合成功能，首先需要到科大讯飞的 AIUI 开放平台申请账号，并完成平台上相关的功能设置，具体步骤如下。

（1）使用浏览器访问 AIUI 开放平台。

（2）单击右上角"注册"按钮，进入注册页面，根据要求完成注册信息的填写，注册账号。

（3）使用注册的账号登录 AIUI 开放平台，单击页面上方的"应用接入"菜单，进入 AIUI 应用接入页面，单击"进入应用"进入"我的应用"页面，在"我的应用"页面单击"创建应用"按钮，开始添加应用。

（4）在应用添加界面输入应用的相关信息（输入应用名称，选择 Android 应用平台，应用分类选择"服务机器人"）后，单击"确定创建"按钮完成应用的添加，如图 9.10 所示。

图 9.10 创建应用

（5）完成应用的创建后，就进入应用的信息显示界面，在这里可以看到应用中需要使用的 appid 和 appkey。

（6）在"应用配置"页面开启应用的"语音合成"功能，然后单击"保存修改"按钮。

9.1 节已经介绍了开发环境的搭建，在完成项目工程的建立后，需要在项目工程中集成 AIUI 能力，具体步骤如下。

（1）导入配置文件，将 aiui.cfg 文件导入应用工程目录 src/main/assets/cfg/。

（2）修改 aiui.cfg 文件中的配置信息，具体如下。

```
1.   /* AIUI 参数配置 */
```

```
2.    {
3.        /* login 相关参数 */
4.        "login":{
5.            "appid":"********",
6.            "key":"******************************"
7.        }
8.        /* 交互参数 */
9.        "interact":{
10.           "interact_timeout":"60000",
11.           "result_timeout":"5000"
12.       },
13.       /* 全局设置 */
14.       "global":{
15.           "scene":"********"
16.       },
```

下面将完成如下实验场景。

（1）当应用接收到语音"你是谁"时，通过语音合成文本"我是小途，很高兴为您服务。"进行回答。

（2）当应用接收到语音"你会干什么"时，通过语音合成文本"我可以陪你聊天，为你解答问题，还可以给你唱歌哦。"进行回答。

首先，在应用工程 MainActivity.java 文件的 onCreate()方法中进行 AIUI 的能力初始化，并在文件中添加 AIUI 的回调方法；修改页面布局文件，添加一个 ID 为 txtArea 的 TextView 文本控件，主要代码如下。

```
private String[] mPermissions = {Manifest.permission.RECORD_AUDIO, Manifest.
permission.WRITE_EXTERNAL_STORAGE};
@Override
protected void onCreate(Bundle savedInstanceState) {
    super.onCreate(savedInstanceState);
    setContentView(R.layout.activity_main);
    if (!requestPremission(mPermissions)) {
        init();
    }
}
private void init() {
    Log.i("test", "init");
    //初始化 AIUI 能力
    AIUIAbility.getInstance().initAIUIAbility(this);
    //设置 AIUI 监听
    AIUIAbility.getInstance().addNLPListener(this);
    SpeechHelper.getInstance().initSpeech(this);
    //AIUIAbility.getInstance().setAiuiSubType();
    SpeechHelper.getInstance().setVoicer("xiaofeng");
    //启动 AIUI
    AIUIAbility.getInstance().start();
}
/**
 * 是否需要申请权限，同时会申请权限
 * @param permissions
 * @return
```

```java
*/
private boolean requestPremission(String[] permissions) {
    ArrayList<String> needPermission = new ArrayList<>();
    //检查录音权限
    for (int i = 0; i < permissions.length; i++) {
        String permission = permissions[i];
        int checkRecordAudioPermission = ContextCompat.checkSelfPermission(this,
        permission);
        if (checkRecordAudioPermission != PackageManager.PERMISSION_GRANTED) {
            needPermission.add(permission);
        }
    }
    if (needPermission.size() > 0) {
        String[] requestPermissions = new String[needPermission.size()];
        for (int i = 0; i < needPermission.size(); i++) {
            requestPermissions[i] = needPermission.get(i);
        }
        ActivityCompat.requestPermissions(this, requestPermissions, 0);
        return true;
    } else {
        return false;
    }
}
@Override
public void onRequestPermissionsResult(int requestCode, @NonNull String[]
permissions, @NonNull int[] grantResults) {
    super.onRequestPermissionsResult(requestCode, permissions, grantResults);
    init();
}

/**
 * 解析 AIUI 结果，处理语义指令
 * @param semantic
 */
@Override
public void onAiuiResponse(String semantic) {
}
@Override
public void onAiuiWakeUp() {
}
@Override
public void onAiuiSleep() {
}
@Override
public void onAiuiEvent(AIUIEvent aiuiEvent) {
}
@Override
public void onError(int code) {
}
```

在 onPause()方法中停止 AIUI 服务，代码如下。

```java
@Override
protected void onPause() {
    super.onPause();
```

```
    //停止 AIUI 服务
    AIUIAbility.getInstance().release ();
}
```

打开/app/src/main/res/layout/activity_main.xml 这个布局文件，修改其中的代码如下。

```xml
<?xml version="1.0" encoding="utf-8"?>
<RelativeLayout xmlns:android="http://schemas.android.com/apk/res/android"
    xmlns:app="http://schemas.android.com/apk/res-auto"
    xmlns:tools="http://schemas.android.com/tools"
    android:layout_width="match_parent"
    android:layout_height="match_parent"
    tools:context=".MainActivity">

    <TextView
        android:id="@+id/txtArea"
        android:layout_width="wrap_content"
        android:layout_height="wrap_content"
        android:text=""
        android:textSize="32sp"
        android:layout_centerInParent="true"/>

</RelativeLayout>
```

在这里添加了一个 TextView 控件，该控件位于屏幕的中间位置，并将其 ID 设置为 txtArea，这个控件将用来显示语音识别后的文本。

然后，在 onCreate()方法中进行语言合成能力的初始化，同时将文本控件的显示文本设置为"您好，请问有什么可以帮您？"，代码如下。

```java
@Override
protected void onCreate(Bundle savedInstanceState) {
    super.onCreate(savedInstanceState);
...
((TextView)findViewById(R.id.txtArea)).setText("您好，请问有什么可以帮您？");
}
```

接下来，在 onAiuiResponse()方法中进行语义结果的解析，同时添加相应的功能逻辑代码。

```java
@Override
public void onAiuiResponse(String semantic) {
    Log.i("test", "test:" + semantic);
    if (TextUtils.isEmpty(semantic)) {
        return;
    }
    try {
        JSONObject object = new JSONObject(semantic);
        if (null == object) {
            return;
        }
        JSONObject intentObject = object.optJSONObject("intent");
        if (null == intentObject) {
            return;
        }
        final TextView txtArea = (TextView) findViewById(R.id.txtArea);
```

```
        if (intentObject.has("text")) {
            String txt = intentObject.getString("text");
            if (TextUtils.equals(txt, "你是谁")) {
                txtArea.setText("我是小途，很高兴为您服务。");
                SpeechHelper.getInstance().speak("我是小途，很高兴为您服务。");
            } else if (TextUtils.equals(txt, "你会干什么")) {
                txtArea.setText("我可以陪你聊天，为你解答问题，还可以给你唱歌哦。");
                SpeechHelper.getInstance().speak("我可以陪你聊天，为你解答问题，还可以给你
唱歌哦。", new TTS.OnSpeakCallback() {
                    @Override
                    public void onSpeak(String s) {
                        //需要在主线程中进行界面元素的修改
                        runOnUiThread(new Runnable() {
                            @Override
                            public void run() {
                                txtArea.setText("您好，请问有什么可以帮您？");
                            }
                        });
                    }
                });
            }
        }
    } catch (Exception e) {
        e.printStackTrace();
    }
}
```

至此，已经完成所有应用功能代码的开发，接下来将机器人开发平台与开发计算机通过 USB 进行连接，然后将应用编译到机器人开发平台运行，具体的方法参考 9.1.3 小节中的编译调试部分的内容。

应用在机器人开发平台上运行时，下面验证具体的效果。

（1）在开发平台的麦克风位置语音说"你是谁"，平台会进行语音播报"我是小途，很高兴为您服务。"，同时界面上显示文本"我是小途，很高兴为您服务。"。

（2）在开发平台的麦克风位置语音说"你会干什么"，平台会进行语音播报"我可以陪你聊天，为你解答问题，还可以给你唱歌哦。"，同时界面上显示文本"我可以陪你聊天，为你解答问题，还可以给你唱歌哦。"，当语音播报完成后，界面上显示的文本重新变回"您好，请问有什么可以帮您？"。

当以上流程在应用中验证没有问题时，实验就达到了我们的预期效果。

9.2.2 语音识别与语义理解能力集成

参考 9.2.1 小节中的示例完成 AIUI 开放平台的应用添加，获取应用的 appid 和 appkey。单击页面左侧的"应用配置"菜单，进入应用配置页面，在这里可以对应用的语音识别参数进行设置。可以根据产品特点及主要客户群体按需选择语种、方言、领域和距离，智能机器人及开发板套件采用 6mic 麦克风环形阵列、远程拾音模式，可以选择远场拾音模式。在"高级设置"中，可以将"语音识别展示效果"的选项选择为"识别结果添加标点""识别结果优先阿拉伯数字"和"progressive 流式识别"。另外，为了提高某些专有名词的识别

率，可以在平台上传热词文件。

完成项目工程的建立后，需要在项目工程中集成 AIUI 能力，具体步骤如下。

（1）导入配置文件，将 aiui.cfg 文件导入应用工程目录 src/main/assets/cfg/。

（2）修改 aiui.cfg 文件中的配置信息，具体如下。

```
1.   /* AIUI 参数配置 */
2.   {
3.       /* login 相关参数 */
4.       "login":{
5.           "appid":"*******",
6.           "key":"*****************************"
7.       }
8.       /* 交互参数 */
9.       "interact":{
10.          "interact_timeout":"60000",
11.          "result_timeout":"5000"
12.      },
13.      /* 全局设置 */
14.      "global":{
15.          "scene":"*******"
16.      },
```

修改代码中*标识的位置，主要包括 appid、key、scene（场景），填入 AIUI 平台创建的应用相关信息。

（3）在应用工程 MainActivity.java 文件的 onCreate 中进行机器人 AIUI 的能力初始化，同时启动 AIUI 服务；修改页面布局文件，添加一个 ID 为 txtArea 的 TextView 文本控件，具体代码请参考 9.2.1 小节中的示例。

（4）然后解析 AIUI 返回的结果，显示相应的文本，修改 MainActivity 类文件中的 onAiuiResponse()方法，代码如下。

```
/**
 * 解析 AIUI 结果，处理语义指令
 * @param semantic
 */
@Override
public void onAiuiResponse(String semantic) {

    if (TextUtils.isEmpty(bean)) {
        return;
    }

    try {
        JSONObject object = new JSONObject(bean);
        if (null == object) {
            return;
        }
        JSONObject intentObject = object.optJSONObject("intent");
        if (null == intentObject) {
            return;
        }
```

```
            if(intentObject.has("text")){
                TextView txtView = (TextView) findViewById(R.id.txtArea);
                txtView.setText(intentObject.getString("text"));
            }
        } catch (Exception e) {
            e.printStackTrace();
        }
    }
```

到这里，就完成了所有功能代码的集成。下面将机器人开发平台与开发计算机通过 USB 进行连接，然后将应用编译到机器人开发平台进行运行，具体方法参考开发环境搭建中的编译调试部分。

当前应用在机器人开发平台上正常运行时，可以尝试在开发平台的麦克风位置进行语音输入，当我们说的话能够在屏幕上以文本显示的时候，实验就达到了预期效果，如图 9.11 所示。

```
今天天气怎么样
```

图 9.11 应用运行结果

下面介绍语义理解技术完成以上语音识别应用的添加后，在应用配置页面开启语义理解功能，如图 9.12 所示。

图 9.12 开启语义理解功能

开启应用的语义理解功能之后，就可以对应用的语义技能进行配置了，包括商店技能、自定义技能和自定义问答的添加，其中自定义问答和自定义技能需要在技能工作室中进行配置。

1. 商店技能

AIUI 开放平台的商店技能中内置了平台的所有开放技能，包括每种技能的使用介绍、语义协议。开放的技能覆盖吃、住、行、生活、娱乐等众多垂直领域，帮助开发者快速实现基本需求。例如，通过天气技能，查询天气（"今天的天气怎么样"）；通过音乐技能，播放音乐（"来一首刘德华的歌"）；通过空调技能，控制家居设备空调（"好热呀，打开空调"）。

技能商店中的很多开放技能都可以免费使用，用户可以直接在应用中集成这些技能；在应用配置页面的"语义技能"区域单击下方的"商店技能"按钮，然后单击下方的"添加商店技能"按钮，如图 9.13 所示。

图 9.13 "商店技能"页面

在弹出的"技能添加"界面选择需要添加的商店技能（在本次实验中，添加"天气""航班""笑话"三个商店技能），然后单击界面下方的"确定"按钮，完成技能添加后，需要单击页面左上角的"保存修改"按钮，保存应用的配置信息。

2. 技能工作室

当商店技能无法满足个性化的需求，则需要处理特定的任务。例如，要实现校园卡业务的咨询和办理，日常的带路等任务时，可以利用技能工作室（Skill Studio）完成自定义技能的设计、开发、测试、发布等工作；开发者可以通过可视化的界面快速高效地将自己的创意、产品或服务，通过语音技能传达给智能硬件的用户。可以通过单击 AIUI 开放平台页面上方的"技能工作室"菜单，通过引导用户进入"技能控制台"页面，如图 9.14 所示。

在某些较为简单的场景中，我们希望智能硬件设备在接收到指定问题时能够回答固定的一种或几种答复时，例如，Q："你的名字是什么"，A："我叫小途，是你的贴心秘书"，可以利用"我的问答库"功能实现。

问答库的 QA 没有语法上的要求，按正常表述习惯录入即可。同时，平台支持"一问一答""一问多答"和"多问多答"的配置。

图 9.14 "技能控制台"页面

操作步骤如下。

（1）单击"创建问答库"按钮，填入问答库名称，之后单击"创建"按钮即可完成创建。

（2）继续创建主题，填入想要的问题和答案对即可。

另外，问答对可以通过 Excel 模板编辑后进行批量导入和导出操作。

3．自定义技能和自定义问答

完成技能工作室操作流程知识的学习后，开始为本次实验添加相关的实验语义数据。

首先，在技能工作室的"我的问答库"中添加一个名称为"demo_qa"的问答库，并将表 9.2 的问答数据添加到问答库中。

表 9.2　问答数据

主题	问题	回答
姓名	你是谁	我是小途
	你叫什么名字	我的名字叫小途，很高兴为您服务
能力	你会干吗	我会陪你聊天，为你解答问题，还能唱歌给你听哦
	你能做什么	

添加自定义问答后，继续添加自定义技能的语义数据，参考表 9.3～表 9.5，完成自定义技能、意图和语料的设置。

表 9.3　技能、意图和语料

技能	意图	语料模板
AI_Player	choose_with_player	{want_listen}{songer}的歌
		{want_listen}{songer}唱的歌
	choose_with_song	{want_listen}{song}
cmd	pause	暂停
		停一下
	continue	继续

表 9.4　实体

实体名	词条名	别名
songer	player1	刘德华
	palyer2	周杰伦
	player3	张靓颖
song	song1	黑蝙蝠中队
	song2	双节棍
	song3	我的梦

表 9.5　辅助词

辅助词名	别名
want_listen	我想听
	来一首
	唱一个

　　完成技能工作室中本次实验语义的数据设置后，开始将相应的自定义语义技能和自定义问答库添加到实验应用中。在"应用配置"页面，单击"语义技能"区域的"自定义技能"按钮，然后单击下方的"添加自定义技能"按钮，在弹出的界面中选择在技能工作室中添加的"技能"后单击"确定"按钮。在"应用配置"页面，单击"语义技能"区域的"自定义问答"按钮，然后单击下方的"添加自定义问答"按钮，在弹出的界面中选择在技能工作室中添加的"问答"后单击"确定"按钮。完成自定义技能和自定义问答的添加后，单击"应用配置"页面的"保存修改"按钮使配置生效。

　　项目工程搭建及能力包导入可参考 9.1.2 小节中开发环境搭建的相关内容。完成工程项目的搭建后，需要在项目工程中集成 AIUI 能力，具体步骤如下。

　　（1）导入配置文件，将 aiui.cfg 文件导入应用工程目录 src/main/assets/cfg/（该文件示例工程同目录中可获取）。

　　（2）修改 aiui.cfg 文件中的配置信息。

　　下面完成代码部分的开发。首先参照 9.2.1 小节的介绍在应用工程 MainActivity.java 文件的 onCreate 中进行 AIUI 的能力初始化，并在文件中添加相应的回调方法，接下来修改布局文件，完成一个音频播放器的 UI 界面，具体代码如下。

```xml
<?xml version="1.0" encoding="utf-8"?>
<androidx.constraintlayout.widget.ConstraintLayout
    xmlns:android="http://schemas.android.com/apk/res/android"
    xmlns:app="http://schemas.android.com/apk/res-auto"
    xmlns:tools="http://schemas.android.com/tools"
    android:layout_width="match_parent"
    android:layout_height="match_parent"
    tools:context=".MainActivity">

    <RelativeLayout
        android:id="@+id/answerArea"
        android:layout_width="match_parent"
        android:layout_height="match_parent">

        <TextView
```

```xml
        android:id="@+id/txtArea"
        android:layout_width="wrap_content"
        android:layout_height="wrap_content"
        android:text="Hello World!"
        android:textAlignment="center"
        android:layout_centerInParent="true"/>

</RelativeLayout>

<LinearLayout
    android:id="@+id/playerArea"
    android:layout_width="match_parent"
    android:layout_height="match_parent"
    android:orientation="horizontal"
    >

    <LinearLayout
        android:layout_width="500dp"
        android:layout_height="match_parent"
        android:orientation="vertical"
        android:padding="50dp">

        <ImageView
            android:id="@+id/player_icon"
            android:layout_width="400dp"
            android:layout_height="250dp"
            android:src="@mipmap/ic_launcher"/>

        <TextView
            android:id="@+id/player_txt"
            android:layout_width="match_parent"
            android:layout_height="wrap_content"
            android:textAlignment="center"
            android:layout_marginTop="20dp"
            android:text=""/>
    </LinearLayout>

    <LinearLayout
        android:layout_width="2px"
        android:layout_height="match_parent"
        android:background="@color/colorPrimaryDark">

    </LinearLayout>

    <RelativeLayout
        android:layout_width="match_parent"
        android:layout_height="match_parent">

        <ImageView
            android:id="@+id/play_btn"
            android:layout_width="wrap_content"
            android:layout_height="wrap_content"
            android:layout_centerInParent="true"
            android:src="@mipmap/start"/>
    </RelativeLayout>
```

```
</LinearLayout>


</androidx.constraintlayout.widget.ConstraintLayout>
```

注意，布局文件中引用的图片资源（icon.png，start.png，pause.png）需要在 app/src/main/res/mipmap-hdpi 文件夹中添加。

由于本次实验开发的语音智能播放器包含音频播放功能，所以需要添加一个用于音频文件播放控制的功能类，创建一个 MusicPlayUtils.java 文件，与 MainActivity 类文件同目录位置，代码如下。

```java
/**
 * 音乐播放工具类
 */
public class MusicPlayUtils {

    private Context mContext;

    private MediaPlayer mMediaPlayer;

    /**
     * 监听播放完成
     */
    public interface onPlayCompletedCallback {
        void onCompleted();
    }

    public MusicPlayUtils(Context ctx){
        mContext = ctx;
        mMediaPlayer = new MediaPlayer();
    }

    /**
     * 判断是否正在播放
     * @return
     */
    public boolean isPlaying() {
        try {
            return mMediaPlayer.isPlaying();
        }
        catch (Exception e) {
            return false;
        }
    }

    /**
     * 停止播放
     */
    public void stop() {
        if (null != mMediaPlayer) {
            mMediaPlayer.stop();
```

```java
            mMediaPlayer.reset();
        }
    }

    /**
     * 暂停播放
     */
    public void pause(){
        if(null != mMediaPlayer && mMediaPlayer.isPlaying()){
            mMediaPlayer.pause();
        }
    }

    /**
     * 继续播放
     */
    public void resume(){
        if(null != mMediaPlayer){
            mMediaPlayer.start();
        }
    }

    /**
     * 播放
     * @param fileName 音频文件地址
     * @param mCallback 播完的回调
     * @return
     * @throws JSONException
     */
    public void playLocalMedia(String fileName, final onPlayCompletedCallback
mCallback) {
        if (null == mMediaPlayer) {
            return;
        }
        if(mMediaPlayer.isPlaying()){
            Log.e("MediaPlayer", "MediaPlayer is busying now!");
            return;
        }
        try {
            AssetManager am = mContext.getAssets();
            mMediaPlayer.setDataSource(am.openFd(fileName));
            mMediaPlayer.setOnCompletionListener(new MediaPlayer.OnCompletionListener() {
                @Override
                public void onCompletion(MediaPlayer mp) {
                    mCallback.onCompleted();
                }
            });
            mMediaPlayer.prepare();
            mMediaPlayer.start();
        } catch (IOException e) {
            e.printStackTrace();
        }
    }
}
```

接下来，在 MainActivity 类文件中进行 UI 控件及播放器相关能力的初始化，代码如下。

```java
/**
 * 多媒体播放工具
 */
private MusicPlayUtils mMusicPlayUtils;

/**
 * 歌曲播放状态
 */
private boolean mMusicPlayStatus;

@Override
protected void onCreate(Bundle savedInstanceState) {
    super.onCreate(savedInstanceState);
    setContentView(R.layout.activity_main);
    init();
    //AIUI 能力的初始化
    AIUIAbility.getInstance().initAIUIAbility(this);
    AIUIAbility.getInstance().addNLPListener(this);
    AIUIAbility.getInstance().start();

    //语音合成初始化
    SpeechHelper.getInstance().initSpeech(this);
    SpeechHelper.getInstance().setVoicer("xiaofeng");

    mMusicPlayStatus = false;

    //播放器初始化
    mMusicPlayUtils = new MusicPlayUtils(this);

    initView();

}
```

然后，在 MainActivity 类文件的 onAiuiResponse 方法中进行语义结果的解析，调用新增的方法处理相应的语义指令，完成智能语音音乐播放器功能的逻辑代码，具体代码如下。

```java
@Override
public void onAiuiResponse(String s) {
    Log.i("test", "test:" + s);
    try {
        JSONObject jsonObject = new JSONObject(s);
        JSONObject intentObject = jsonObject.optJSONObject("intent");

        if(intentObject.has("answer")){
            findViewById(R.id.playerArea).setVisibility(View.GONE);
            findViewById(R.id.answerArea).setVisibility(View.VISIBLE);

            JSONObject answerObject = intentObject.optJSONObject("answer");
            String answerText = answerObject.getString("text");

            //界面显示回答
            TextView answerView = (TextView)findViewById(R.id.txtArea);
```

```java
                answerView.setText(answerText);

                //语音回答
                SpeechHelper.getInstance().speak(answerText);
            }
            else if(intentObject.has("service") && TextUtils.equals(intentObject.
            getString("service"), "OS8501282703.AIPlayer")){
                JSONArray semanticArray = intentObject.optJSONArray("semantic");
                    JSONObject semanticObject = (JSONObject)semanticArray.get(0);
                    String intent = semanticObject.getString("intent");
                    switch (intent){
                        case "PlayPlayerMusic"://播放指定歌手的歌曲
                            playMusic(semanticObject);
                            break;
                        case "PlayMusic"://播放指定歌曲

                            playMusic(semanticObject);

                            break;
                        case "PlayPause"://播放暂停
                            if(mMusicPlayStatus) {
                                musicPlayPause();
                            }

                            break;
                        case "PlayResume"://播放继续
                            if(mMusicPlayStatus) {
                                musicPlayResume();
                            }

                            break;
                    }
                }

            }
        catch (Exception e){
            e.printStackTrace();
        }

    }

/**
 * 暂停播放
 */
private void musicPlayPause(){
    mMusicPlayUtils.pause();

    ImageView playBtn = (ImageView)findViewById(R.id.play_btn);
    playBtn.setImageResource(R.mipmap.start);
}

/**
 * 继续播放
 */
```

```java
private void musicPlayResume(){
    mMusicPlayUtils.resume();

    ImageView playBtn = (ImageView)findViewById(R.id.play_btn);
    playBtn.setImageResource(R.mipmap.pause);
}

/**
 * 播放歌曲
 * @param semanticObject
 */
private void playMusic(JSONObject semanticObject){
    try {
        JSONArray slotsArray = semanticObject.optJSONArray("slots");
        JSONObject slotsObject = (JSONObject) slotsArray.get(0);

        String normValue = slotsObject.getString("normValue");
        String value = slotsObject.getString("value");

        playMusic(normValue);

        findViewById(R.id.playerArea).setVisibility(View.VISIBLE);
        findViewById(R.id.answerArea).setVisibility(View.GONE);

        int resId = getResources().getIdentifier(normValue, "mipmap", this.
        getPackageName());
        ImageView playerIcon = (ImageView)findViewById(R.id.player_icon);
        playerIcon.setImageResource(resId);

        TextView playerTxt = (TextView)findViewById(R.id.player_txt);
        if(TextUtils.equals(semanticObject.getString("intent"), "PlayMusic")){
            playerTxt.setText("正在播放歌曲 “" + value + "” ");
        }
        else {
            playerTxt.setText("正在播放" + value + "的歌曲");
        }

        ImageView playBtn = (ImageView)findViewById(R.id.play_btn);
        playBtn.setImageResource(R.mipmap.pause);
    }
    catch (Exception e){
        e.printStackTrace();
    }
}


/**
 * 播放歌曲
 * @param song 歌曲名称
 */
private void playMusic(String song){
    mMusicPlayStatus = true;
    mMusicPlayUtils.playLocalMedia("media/" + song + ".mp3", new MusicPlayUtils.
    onPlayCompletedCallback() {
```

```
            @Override
            public void onCompleted() {
                mMusicPlayStatus =false;

                TextView playerTxt = (TextView)findViewById(R.id.player_txt);
                playerTxt.setText("");

                ImageView playBtn = (ImageView)findViewById(R.id.play_btn);
                playBtn.setImageResource(R.mipmap.start);
            }
        });
    }
```

到这里，我们就完成了所有应用功能代码的开发，接下来，将机器人开发平台与开发计算机通过 USB 进行连接，然后将应用编译到机器人开发平台进行运行，方法可参考 9.1.3 小节中的内容。

应用在机器人开发平台上运行时，当应用启动后，按照如下流程对实验成果进行校验：

（1）对开发平台说"今天天气怎么样？"，开发平台能够将今天的具体天气用语音回答，同时在界面上显示相应的回答文本。

（2）对开发平台说"你能做什么"，开发平台能够语音回答"我会陪你聊天，为你解答问题，还能唱歌给你听哦"，同时在屏幕上显示相应的文本。

（3）对开发平台说"播放刘德华的歌曲"，开发平台的屏幕显示智能播放器界面，播放器显示"刘德华"的图片，按照显示状态播放（需要替换相应的图片以实现）。

（4）对开发平台说"暂停"或"继续"，开发平台会做出响应，播放按钮显示相应状态（需要替换图片以实现）。

如果在平台上可以得到正确的反馈，说明实验已经达到了预期效果。

9.2.3　语义交互综合应用实践

下面的例子将基于机器人开发平台完成一个智能语音客服系统，该系统围绕在线商城的业务咨询场景，可以识别和理解用户通过语音提出的问题，并对问题进行语音回答。

该系统需要支持以下场景的语音交互问答：

（1）闲聊，包括询问天气、维基百科、唐诗宋词。

（2）商品咨询，包括商品描述、价格、库存信息等。

（3）订单查询，包括查询订单状态、物流状态等。

所有这些功能都是通过人机交互的方式由机器人开发平台与用户进行直接的语音沟通进行展现的。下面开始 AIUI 开放平台应用添加及设置。

（1）完成 AIUI 开放平台的应用添加，获取应用的 appid 和 appkey。

（2）在"应用配置"页面开启应用的"语义理解"功能。

（3）添加商店技能，在"应用配置"页面完成商店技能"天气""百科""诗词对答"的添加。

（4）添加自定义问答。

① 在"技能工作室"中添加问答库"shop_qa"。

② 在问答库"shop_qa"中添加问答数据，示例参考表 9.6。

表 9.6　问答数据示例

主题	问题	答案
你好	在吗	您好，请问有什么可以帮您
	你好	亲，很高兴为您服务
	有人吗	在呢，有什么可以为您服务
你会什么	你能做什么	我可以查询商品和订单信息哦
	我可以问什么问题	您可以问商品信息，也可以问订单信息哦

③ 在应用配置页面完成自定义问答"shop_qa"的添加。

（5）添加自定义技能。

① 根据场景在"技能工作室"中添加 AIUI 自定义技能商品咨询"goods_consult"和订单查询"order_inquiry"。

② 如用户进入商品咨询技能，可能想根据商品名称查询对应的商品描述、商品价格、商品库存等意图信息；订单查询技能，需要根据订单号查询订单及物流状态意图信息。可以定义添加对应的意图及语料。

③ 根据下面语义模板的数据（表 9.7～表 9.9），完成自定义技能商品咨询"goods_consult"和订单查询"order_inquiry"的语义数据添加。数据的添加方法可以参考添加自定义问答中的相关操作步骤。

表 9.7　技能、意图和语料

技能	意图	语料
商品咨询 goods_consult	查询商品描述 describe	• 我想了解讯飞翻译机的信息 [{want}{Inquiry}]{goods_name}的信息 • 能介绍下阿尔法蛋吗 • 介绍阿尔法蛋 [能|能否|能够]{introduce}{goods_name} • 阿尔法蛋是什么 {goods_name}是什么 • 讯飞录音笔有哪些功能 • 我想了解讯飞翻译机的功能 [{want}{Inquiry}]{goods_name}{function}
	商品价格 price	• 讯飞录音笔的价格 • 阿尔法蛋 • 我想查询讯飞录音笔的价格 • 讯飞翻译机的价格 [{want}][{Inquiry}]{goods_name}{price} • 能否帮我查一下阿尔法蛋的价格 [{request}][帮我][{Inquiry}] {goods_name}{price} • 阿尔法蛋怎么卖 {goods_name}怎么卖
	商品库存 stock	• 讯飞翻译机有货吗 • 阿尔法蛋有货吗 • 讯飞翻译机有多少库存

技能	意图	语料
商品咨询 goods_consult	商品库存 stock	• 讯飞录音笔还有多少货 • …… [{want}][{Inquiry}]{goods_name}{stock}
	商品名称 goods	• 讯飞翻译机 {goods_name}
订单查询 order_inquiry	查询订单状态 order_status	• 我买的翻译机发货了吗 • 讯飞翻译机有没有发货 [我][买|购买]{goods_name}（发货了吗|有没有发货|发货没有） • 我买的东西发货了吗 • 商品发货没有 [我][买|购买]{goods}（发货了吗|有没有发货|发货没有） • 我想查询订单信息 • 我要查订单 [{want}][{Inquiry}]订单[信息]
	订单号 order	• 订单号 88888888 [订单号]{order_number} • 我要查询订单 88888888 的信息 [{want}][{Inquiry}][订单]{order_number}[的信息]

表 9.8　实体

实体名	词条名	别名
goods_name	trade1	讯飞翻译机
	trade2	阿尔法蛋
	trade3	讯飞录音笔
IFLYTEK.Number	1～20 位数字：支持汉字数字和阿拉伯数字	

订单号的语义槽 {order_number} 为纯数字的数据，直接调用平台的开放实体【IFLYTEK.Number】可以很好地解决。

表 9.9　辅助词

辅助词名	别名	辅助词名	别名
want	我想	inquiry	查询
	我要		查一下
	帮我		问一下
request	请你	price	多少钱
	麻烦你		多少价格
	是否可以		价格
goods	东西	stock	有没有货
	商品		多少货
	物品		多少库存
introduce	介绍	function	哪些功能
	说说		功能有哪些
	讲讲		有些什么功能

④ 在应用配置页面完成自定义技能"goods_consult"和"order_inquiry"的添加。

（6）保存应用配置。

完成应用配置后，参考 9.1 节中的介绍搭建项目工程及导入能力包，然后在项目工程中集成 AIUI 能力，将配置文件 aiui.cfg 导入应用工程目录 src/main/assets/cfg/，接着修改 aiui.cfg 文件中的配置信息。

下面进行功能代码的开发。

1．AIUI 能力集成

在应用工程 MainActivity.java 文件的 onCreate 中进行 AIUI 能力的初始化，并在文件中添加相应的回调方法，具体代码参考 9.2.1 小节中的示例。

2．添加页面布局

添加页面布局文件 content_adapter.xml，用来显示每条消息的信息，代码如下。

```xml
<?xml version="1.0" encoding="utf-8"?>
<RelativeLayout xmlns:android="http://schemas.android.com/apk/res/android"
    android:layout_width="match_parent"
    android:layout_height="match_parent">

    <TextView
        android:id="@+id/msg"
        android:layout_width="wrap_content"
        android:layout_height="wrap_content"
        android:background="@color/colorPrimary"
        android:layout_alignParentRight="true"/>

</RelativeLayout>
```

修改页面布局文件 activity_main.xml，需要在界面上添加相应的控件，展示用户进行问题咨询时的问答信息，具体代码如下。

```xml
<?xml version="1.0" encoding="utf-8"?>
<RelativeLayout xmlns:android="http://schemas.android.com/apk/res/android"
    xmlns:tools="http://schemas.android.com/tools"
    android:layout_width="match_parent"
    android:layout_height="match_parent"
    tools:context=".MainActivity">

    <RelativeLayout
        android:id="@+id/txtArea"
        android:layout_width="match_parent"
        android:layout_height="match_parent">

        <TextView
            android:id="@+id/txtShow"
            android:layout_width="match_parent"
            android:layout_height="wrap_content"
            android:textAlignment="center"
            android:layout_centerInParent="true"/>

    </RelativeLayout>
```

```
<ListView
    android:id="@+id/contentArea"
    android:layout_width="match_parent"
    android:layout_height="match_parent"
    android:visibility="gone">

</ListView >

</RelativeLayout>
```

3．应用数据添加和解析

一般地，在应用开发过程中，应用的业务数据都存储在后台服务器的数据库中，应用通过接口的方式调用后台服务器获取业务数据。在本次实验中，后台服务器相关知识不作为实验内容，所以我们使用本地的数据存储相关业务数据，通过数据解析的方式获取数据。

在项目工程目录/app/src/main/assets 下面添加一个数据文件，命名为 data.cfg，文件代码如下。

```
{
    "products":
    {
        "讯飞翻译机":
        {
            "price":2999,
            "stock":85,
            "desc":"讯飞翻译机 2.0 是科大讯飞于 2018 年 4 月 20 日推出的新一代人工智能翻译产品。它
            采用神经网络机器翻译、语音识别、语音合成、图像识别、离线翻译，以及四麦克风阵列等多项人
            工智能技术，支持语种覆盖近 200 个国家和地区，支持离线翻译、方言识别、拍照翻译、全球上
            网；除了 4 种中文方言的识别，讯飞翻译机 2.0 还能够识别加拿大、英国、澳大利亚、印度、新
            西兰 5 个国家的带有口音的英语。",
            "ability":"讯飞翻译机 2.0 支持的功能包括语音识别、语音合成、图像识别、在线翻译、离线
            翻译等。"
        },
        "阿尔法蛋":
        {
            "price":699,
            "stock":150,
            "desc":"阿尔法蛋将人工智能与儿童教育深度结合，旨在为每个孩子提供人工智能学习助手。
            围绕不同年龄段儿童的成长特性，阿尔法蛋设计了科学的内容体系，为孩子提供精选的成长资源。
            阿尔法蛋依托淘云科技独有的、专为孩子定制的人工智能技术，为孩子提供有趣高效的学习方式，
            以提高其学习兴趣和效率。",
            "ability":"阿尔法蛋支持的功能包括语音唤醒、在线点播、百科问答、定时提醒、生活娱乐、
            学习助手等，很强大哦！"
        },
        "讯飞录音笔":
        {
            "price":1500,
            "stock":210,
            "desc":"讯飞智能录音笔是一款智能录音设备，具有声音的存储、编辑、转写、查看、分享功能。
```

拾音和声音转文字等能力合为一体，录音转为文字呈现在屏幕，并可进行标签添加和编辑。该产品适用于演讲、会议、培训、课堂、取证等多场景，配备有指纹加密功能。使用该产品可提高语音记录和资料整理效率。"
        }
    },
    "orders":
    {
        "13718137491":
        {
            "status":"已发货",
            "logistics":"到达华东物流转运中心",
            "amount":3960
        },
        "22387789132":
        {
            "status":"已支付，未发货",
            "logistics":"",
            "amount":1500
        }
    }
}

然后，在 MainActivity.java 文件中对数据文件进行解析，完成解析后将业务数据存储到全局变量中，具体代码如下。

```java
/**
 * 业务数据
 */
private JSONObject mBusinessData;

/**
 * 解析业务数据并存储
 */
private JSONObject loadBusinessData(){
    String data_path = "data.cfg";
    AssetManager assetManager = getResources().getAssets();
    try {
        InputStream ins = assetManager.open(data_path);
        byte[] buffer = new byte[ins.available()];
        ins.read(buffer);
        ins.close();

        String data_content = new String(buffer);
        JSONObject dataObject = new JSONObject(data_content);
        return dataObject;
    }
catch (Exception e){
    Log.e("MainActivity", "载入业务数据出现异常");
        e.printStackTrace();
    }
    return null;
}
```

在onCreate()方法中调用该数据解析方法，完成业务数据的初始化，代码如下。

```
@Override
protected void onCreate(Bundle savedInstanceState) {
    ... ...

    //业务数据初始化
    mBusinessData = this.loadBusinessData();

}
```

4．添加功能代码

实现语义理解功能比较重要的一个环节是语义结果的解析，与之前的实验不同的是，我们不再使用较为烦琐的 Json 对象转换的方式进行数据解析，而是创建一个专门用于 Json 数据解析的类，用来配合 Gson 工具进行 Json 数据解析。创建一个新的文件 SemanticBean. java，具体代码如下。

```
public class SemanticBean {

    //用户说的话
    private String text = "";
    //响应码
    private String rc = "-1";
    //服务 ID
    private String service = "";
    //语义结果
    private List<Semantic> semantic;
    //回答，有 answer 则无 semantic
    private Answer answer;

    public boolean isValid() {
        return true;
    }

    public void setInputText(String text) {
        this.text = text;
    }

    public String getInputText() {
        return text;
    }

    public String getRc() {
        return rc;
    }

    public String getService() {
        return service;
    }

    public void setService(String ser) {
```

```java
        this.service = ser;
    }

    public String getAnswer() {
        String str = answer != null ? answer.text : "";
        return str;
    }

    public void setAnswer(Answer answer) {
        this.answer = answer;
    }

    public List<Semantic> getSemantic() {
        return semantic;
    }

    public void setSemantic(List<Semantic> semantic) {
        this.semantic = semantic;
    }

    /** end **/

    /**
     * 语义类
     */
    public static class Semantic {

        private String intent;

        private List<Slots> slots;

        public List<Slots> getSlots() {
            return slots;
        }
        public void setSlots(List<Slots> slots) {
            this.slots = slots;
        }
        public String getIntent() {
            return intent;
        }
        public void setIntent(String intent) {
            this.intent = intent;
        }
    }

    public static class Slots {

        public String name;

        public String value;

        public String normValue;

        public String getName() {
            return name;
```

```java
        }
        public void setName(String name) {
            this.name = name;
        }
        public String getValue() {
            return value;
        }
        public void setValue(String value) {
            this.value = value;
        }
        public String getNormValue() {
            return normValue;
        }
        public void setNormValue(String normValue) {
            this. normValue = normValue;
        }
    }

    /**
     * 回答
     */
    public static class Answer {
        //回答的文本
        public String text;

        public String getText() {
            return text;
        }

        public void setText(String text) {
            this.text = text;
        }
    }
}
```

接下来定义一个方法，用来处理商店技能和自定义问答的内容显示，使用页面控件中的 ListView 将问答的对话信息进行展示，同时采用语音的方式进行回答，具体代码的添加流程如下。

（1）定义全局变量。

```java
/**
 * 需要展示的文本数据列表
 */
private List<String[]> mDataList;
/**
 * ListAdapter
 */
private ListAdapter mListAdapter;
/**
 * 界面控件
 */
private ListView mListView;
private RelativeLayout mTextArea;
private TextView mShowTextView;
```

```
/**
 * 延时处理 Handler
 */
private Handler mHandler;
```

（2）在 OnCreate()方法中进行业务数据、UI 界面及语音合成服务的初始化操作。

```
@Override
protected void onCreate(Bundle savedInstanceState) {
    super.onCreate(savedInstanceState);
    setContentView(R.layout.activity_main);

    //业务数据初始化
    mDataList = new ArrayList();
    mHandler = new Handler();
    mBusinessData = this.loadBusinessData();

    init();
    //AIUI 能力初始化
    AIUIAbility.getInstance().initAIUIAbility(this);
    AIUIAbility.getInstance().addNLPListener(this);
    AIUIAbility.getInstance().setAiuiSubType(AIUIAbility.AiuiSubType.NLP);
    AIUIAbility.getInstance().start();

    //语音合成能力初始化
    SpeechHelper.getInstance().initSpeech(this);
    SpeechHelper.getInstance().setVoicer("xiaoyan");

    initView();
}
/**
 * 界面控件初始化
 */
private void initView(){
    mListView = (ListView)findViewById(R.id.contentArea);
    mListAdapter = new ListAdapter(mDataList);
    mListView.setAdapter(mListAdapter);

    mTextArea = (RelativeLayout)findViewById(R.id.txtArea);
    mShowTextView = (TextView)findViewById(R.id.txtShow);

    mShowTextView.setText("您好，请问有什么可以帮您？");
}
```

（3）处理对话信息。

```
/**
 * 处理界面显示和语音回答
 */
private void showAnswerText(String inputText, String answerText){
    mDataList.add(new String[]{"1", inputText});
    mDataList.add(new String[]{"2", answerText});

    //取消等待处理的事件
```

```java
mHandler.removeCallbacksAndMessages(null);

if(mListView.getVisibility() == View.GONE){
    mListView.setVisibility(View.VISIBLE);
    mTextArea.setVisibility(View.GONE);
}
mListAdapter.notifyDataSetChanged();

SpeechHelper.getInstance().speak(answerText);

mHandler.postDelayed(new Runnable() {
    @Override
    public void run() {
        SpeechHelper.getInstance().speak("请问还有什么可以帮您？");
    }
}, 15*1000);

mHandler.postDelayed(new Runnable() {
    @Override
    public void run() {
        mDataList.clear();
        mListAdapter.notifyDataSetChanged();

        mListView.setVisibility(View.GONE);
        mTextArea.setVisibility(View.VISIBLE);
    }
}, 20*1000);

public class ListAdapter extends BaseAdapter{

    List<String[]> mTiles;

    public ListAdapter(List<String[]> titles){
        this.mTiles = titles;
    }

    @Override
    public int getCount() {
        return mTiles.size();
    }

    @Override
    public Object getItem(int i) {
        return mTiles.get(i);
    }

    @Override
    public long getItemId(int i) {
        return i;
    }

    @Override
    public View getView(int i, View view, ViewGroup viewGroup) {
        view = LayoutInflater.from(getApplicationContext()).inflate(R.layout.
        content_adapter, viewGroup, false);
```

```
            TextView titleView = view.findViewById(R.id.msg);

            String type = mTiles.get(i)[0];
            String title = mTiles.get(i)[1];

            titleView.setText(title);

            if(TextUtils.equals("1", type)){
                RelativeLayout.LayoutParams layoutParams = new RelativeLayout.LayoutParams
                (RelativeLayout.LayoutParams.WRAP_CONTENT, RelativeLayout.LayoutParams.
                WRAP_CONTENT);
                layoutParams.addRule(RelativeLayout.ALIGN_PARENT_LEFT);
                titleView.setLayoutParams(layoutParams);
            }

            return view;
        }
}
```

（4）业务逻辑处理（商品咨询及订单查询等）。

定义一个新的方法，用来处理自定义技能的相关功能逻辑，包括用户对商品的咨询和订单查询等语义的处理，具体代码如下。

```
/**
 * 处理自定义技能
 * @param semanticBean
 */
private void handleShopSkill(SemanticBean semanticBean){

    switch (semanticBean.getService()){
        case "OS8501282703.order_inquiry": //订单查询
            handleOrderInquery(semanticBean);
            break;
        case "OS8501282703.goods_consult": //商品咨询
            handleGoodsConsult(semanticBean);
            break;

    }
}

/**
 * 处理商品咨询
 * @param bean
 */
private void handleGoodsConsult(SemanticBean bean){
    SemanticBean.Semantic semantic = bean.getSemantic().get(0);
    SemanticBean.Slots goods_slot = semantic.getSlots().get(0);

    String goods_name = goods_slot.getValue();

    try {
        JSONObject productsObject = mBusinessData.optJSONObject("products");
        if(productsObject.has(goods_name)){
```

```java
            JSONObject dataObject = productsObject.optJSONObject(goods_name);

            switch (semantic.getIntent()){
                case "describe":
                    String desc = dataObject.getString("desc");
                    showAnswerText(bean.getInputText(), desc);
                    break;
                case "price":
                    String price = dataObject.getString("price");
                    showAnswerText(bean.getInputText(), goods_name + "的价格是"+price+"元");
                    break;
                case "stock":
                    String stock = dataObject.getString("stock");
                    showAnswerText(bean.getInputText(), goods_name + "目前的库存还有
                    "+stock+"件");
                    break;
                case "goods":
                    String goods_desc = dataObject.getString("desc");
                    String goods_ability = dataObject.getString("ability");
                    showAnswerText(bean.getInputText(), goods_desc + goods_ability);
                    break;
            }
        }
        else{
            showAnswerText(bean.getInputText(),"对不起，没有查询到您要咨询的商品信息！");
        }
    }
    catch (Exception e){
        e.printStackTrace();
    }
}

/**
 * 订单查询
 * @param bean
 */
private void handleOrderInquery(SemanticBean bean){
    SemanticBean.Semantic semantic = bean.getSemantic().get(0);
    List<SemanticBean.Slots> slots = semantic.getSlots();

    try{
        JSONObject orderObjects = mBusinessData.optJSONObject("orders");

        switch (semantic.getIntent()){
            case "order_status":

                showAnswerText(bean.getInputText(), "好的，请告诉我您要查询的订单号！");

                break;
            case "order":
                String order_id = slots.get(0).getValue();
                if(orderObjects.has(order_id)){
                    JSONObject dataObject = orderObjects.optJSONObject(order_id);
```

```
        if(TextUtils.equals(dataObject.getString("status"), "已发货")){
            showAnswerText(bean.getInputText(), "您的订单已经发货，当前的物流
            状态为: "+dataObject.getString("logistics"));
        }
        else{
            showAnswerText(bean.getInputText(), "您的订单"+dataObject.
            getString("status"));
        }
    }
    else{
        showAnswerText(bean.getInputText(), "对不起，没有查询到您的订单信息，
        请确认订单号是否正确! ");
    }

    break;
    }

}
catch (Exception e){
    e.printStackTrace();
}
}
```

然后，在 AIUI 的 onAiuiResponse 回调方法中进行语义数据解析，对语义指令调用相应的方法进行处理，具体代码如下。

```
/**
 * 解析 AIUI 结果，处理语义指令
 * @param semantic
 */
@Override
public void onAiuiResponse(String s) {
    Log.i("test", "test"+ s);
    try{
        JSONObject jsonObject = new JSONObject(s);
        Gson gson = new Gson();
        SemanticBean semanticBean = (SemanticBean)gson.fromJson(jsonObject.
        GetString("intent"), SemanticBean.class);

        if(null == semanticBean){
            return;
        }

        if(!TextUtils.isEmpty(semanticBean.getAnswer())){
            showAnswerText(semanticBean.getInputText(), semanticBean.getAnswer());
        }
        else if(!TextUtils.isEmpty(semanticBean.getService())){
            //自定义技能处理
            handleShopSkill(semanticBean);
        }


    }
    catch (Exception e){
```

```
        e.printStackTrace();
    }

}
```

到这里，我们就完成了所有应用功能代码的开发，接下来将机器人开发平台与开发计算机通过 USB 进行连接，然后将应用编译到机器人开发平台进行运行。

当应用在机器人开发平台上运行时，按照表 9.10 对应用功能进行校验，查看运行效果。

表 9.10　测试用例

测试方式	测试步骤	期望反馈效果
启动应用	应用启动后，查看应用界面	应用正常运行，界面显示文本"请问有什么可以帮您？"
语音输入	今天天气怎么样	语音回答天气情况，界面以对话方式显示天气情况文本信息
	来一首李白的静夜思	语音阅读诗词"静夜思"，界面显示文本信息
	有人吗	语音回答"在呢，有什么可以为您服务"，界面显示相应的文本信息
	你能做什么	语音回答"我可以查询商品和订单信息哦"，界面显示相应的文本信息
	能介绍下阿尔法蛋吗	语音播放商品"阿尔法蛋"的介绍，界面显示相应的文本信息
	讯飞录音笔有哪些功能	语音播放商品"讯飞录音笔"的功能介绍，界面显示相应的文本信息
	"讯飞翻译机什么价格"	语音回答商品"讯飞翻译机"的价格，界面显示相应的文本信息
	"讯飞翻译机还有货吗"	语音回答商品"讯飞翻译机"的库存信息，界面显示相应的文本信息
	"请问我买的翻译机发货了吗"	语音提示"好的，请告诉我您要查询的订单号"
	"88888888"	提示用户输入订单号的状态，查询订单号为"238172394908"的订单信息，如果没有查找到，语音提示"没有查询到您的订单信息，请确认您的订单号是否正确。"；如果查到订单，语音回答订单状态及物流状态
		非提示用户输入订单号的状态，忽略，无效果
	"我要查询订单 88888888 的信息"	查询订单信息，如果没有查找到，语音提示"没有查询到您的订单信息，请确认您的订单号是否正确。"；如果查到订单，语音回答订单状态及物流状态

根据测试用例的步骤对应用进行相应的功能测试，如果都可以得到正确的反馈，就说明实验已经达到预期效果。

9.3　机器人导航智能应用开发实践

1. 实验内容介绍

作为一个服务机器人，除了需要具备语音交互的能力，移动引导能力也可以为用户带来极大的便利，而机器人的移动能力一般通过特定的机器人底盘硬件能力来支撑。

机器人底盘由各种传感器、机器视觉、激光雷达、电机轮等部件构成，它承载着机器人定位、导航、移动、避障等多种功能，是机器人必不可少的重要部件。

本次实验实现一个控制机器人移动的应用，通过对机器人底盘移动地图的构建和导航点位的管理，采用语音控制机器人的方式，让机器人移动到预定点位，展示机器人 AI 移动的效果。

2．实验目标

（1）能使用开发套件完成机器人智能应用的开发。

（2）能根据开发文档完成机器人移动能力接口的调用。

（3）熟练使用机器人开发平台进行应用开发调试。

（4）了解机器人底盘功能，能够完成底盘基本操作，如开关机、充电、急停等。

（5）能配合机器人开发套件工具，实现底盘移动地图的构建，熟悉如扫图、修图、打点等操作流程。

（6）能基于能力接口调用底盘的相关能力，实现机器人的移动和转向等功能。

（7）能通过人机交互的方式，控制机器人进行预定点位的移动。

3．实验环境

（1）硬件环境要求。

① PC 设备。

PC 硬件配置见表 9.11。

表 9.11　PC 硬件配置

硬件	型号
CPU	酷睿 i3 四代 2.0GHz 以上
内存	4GB 以上

② 智能机器人开发平台。

（2）软件工具和版本。

① JDK 1.8。

② Android Studio 3.0.1。

③ ADB 1.0.40。

（3）依赖库。

① 机器人基础能力包：commonAbility-release.aar。

② 机器人日志包：starrobot-logability.aar。

③ 机器人 AIUI 能力包：aiuilibrary-release.aar。

9.3.1　机器人地图的构建与导航点位

1．建图

（1）单击浏览器左下方区域的"地图管理"按钮，如图 9.15 所示。

（2）选择"创建地图"标签，输入地图名和楼层，如图 9.16 所示。"地图名"与"楼层"用来区分不同的地图，如果是同一个场所，不同的楼层，以不同的"楼层"区分；如果机器人会变动不同的场所，就需要以不同的"地图名"＋"楼层"区分；地图名用英文简写，楼层用数字。

（3）单击"创建地图"按钮，然后选择地图的大小（见图 9.17），即可进入扫图模式。地图大小的选择，在创建地图的按钮上会有提示（小图 $0\sim3600m^2$，中图 $3600\sim10\ 000m^2$，大图为大于 $10\ 000m^2$），需要按照实际的机器人移动场地面积来选择。

图 9.15　远程监控界面

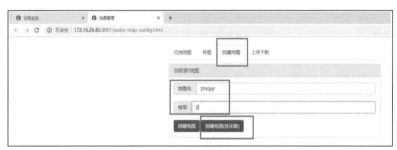

图 9.16　地图管理界面

图 9.17　创建地图界面

2．标点位

完成机器人底盘的校正后，需要将机器人移动引导的目的点位在地图上进行标注，又称地图"打点"，选中右上方的"标点位"选项，如图 9.18 所示。

图 9.18　编辑点位界面

操作步骤如下：

（1）选中"标点位"按钮。

（2）在图中选中坐标后，单击拖拉出一个锚点（绿色箭头）。

（3）在"编辑点位"对话框中设置点位名称与属性。

（4）单击"确定"按钮。

（5）取消选中"标点位"按钮，避免误操作。

双击已经标记的点位，在"编辑点位"对话框中单击"删除"按钮即可将点位删除。下面是对操作步骤的几点说明。

（1）点位名称。点位名称由英文、数字或英文和数字的组合构成，它有最大长度限制（操作时会有提示）。给点位取一些有意义的名字，可以直观地反映出这个点位的作用。

（2）点位属性。0代表"导航点"，11 代表"充电桩"，7 代表"闸机"。

（3）点位方向。点位方向即机器人导航到该点后，机器人的朝向。标记点位时注意点位的方向。

（4）删除点位。只要双击某个点位，即可将此点位删除，如图 9.19 所示。

图 9.19　"编辑点位"对话框

（5）点位标记完成后，将右上方的"标点位"选中状态去除，得到图 9.20 所示的点位显示结果。

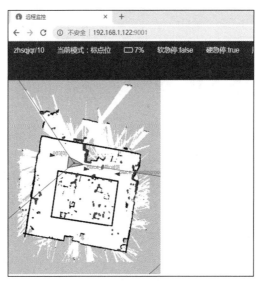

图 9.20　点位显示结果

9.3.2　机器人底盘移动能力集成

1．实验步骤

（1）项目工程的搭建及能力包的导入。

可参考 9.1.2 小节中关于"开发环境搭建"的内容。

（2）功能代码的开发。完成应用工程的搭建后，需要在 MainActivity 类中进行机器人能力的初始化。然后，对应用的界面元素进行初始化，通过单击界面按钮实现对机器人移动的控制，代码如下。

```
/**
 * 初始化界面功能
 * 单击按钮控制机器人移动
 */
private void initUIView(){
    //前进
    Button button = findViewById(R.id.fowardBtn);
    button.setOnClickListener(new View.OnClickListener() {
        @Override
        public void onClick(View view) {
            Log.i("test", "fowardBtn");
            HardwareServer.getInstance().moveLinear(1f);
        }
    });
    //后退
    findViewById(R.id.backBtn).setOnClickListener(new View.OnClickListener() {
        @Override
        public void onClick(View view) {
            Log.i("test", "backBtn");
            HardwareServer.getInstance().moveLinear(-1f);
        }
```

```
    });
    //左转
    findViewById(R.id.rotateLeftBtn).setOnClickListener(new View.OnClickListener() {
        @Override
        public void onClick(View view) {
            Log.i("test", "rotateLeftBtn");
            HardwareServer.getInstance().rotateAngular(90f);
        }
    });
    //右转
    findViewById(R.id.rotateRightBtn).setOnClickListener(new View.OnClickListener() {
        @Override
        public void onClick(View view) {
            Log.i("test", "rotateRightBtn");
            HardwareServer.getInstance().rotateAngular(-90f);
        }
    });
}
```

到这里，我们就完成了机器人移动控制代码的开发，接着将机器人与开发计算机通过 USB 进行连接，直接将应用编译到机器人上运行。

当应用正确运行后，单击界面上的按钮，查看机器人是否根据我们的意图进行了正确的移动和转向。

2．常见问题

（1）应用在机器人上运行时，单击按钮后机器人不移动，日志显示"底盘服务未连接"。

解决方法：如果机器人是刚刚启动的，则机器人本体与底盘的自动连接需要一个过程，需要等待一会儿，可以进入"技术支持"确认底盘是否与机器人本体已经建立连接。

（2）单击应用界面按钮，机器人不移动，调试日志也没有错误输出。

解决方法：检查机器人后背的急停按钮是否松开，如果机器人的急停按钮是按下去的状态，则机器人是无法移动的。

9.3.3　智能导航应用

1．实验步骤

本次实验采用语音交互的方式，用户通过对机器人的语音指令控制接待导览流程，所以在完成语义平台的数据设置之后，需要在应用中集成相关功能。

（1）将 AIUI 能力进行注册，代码如下。

```
/*语音识别 AIUI 能力初始化*/
private void initAIUI() {
    //初始化机器人 AIUI 能力
    AIUIAbility.getInstance().initAIUIAbility(getApplicationContext());
    //初始化语音合成能力 SpeechHelper.getInstance().initSpeech(getApplicationContext());
    AIUIAbility.getInstance().addNLPListener(this); AIUIAbility.getInstance().start();
}
```

另外，还需要在应用停止时将 AIUI 能力进行释放，代码如下。

```
@Override
protected void onPause() {
    super.onPause();
    //停止 AIUI 服务
    AIUIAbility.getInstance().release();
}
```

由于设置了 AIUI 能力回调在当前类中实现，所以要在类声明时进行接口实现，示例如下。

```
public class MainActivity implements NLPListener
```

（2）在 OnStart()方法中进行引用，在之前的 OnStart()方法中加上 AIUI 能力注册方法的调用，代码如下。

```
@Override
protected void onStart() {
    super.onStart();
    initAIUI();
}
```

同时，在当前类中对所有的 AIUI 回调方法进行实现，代码如下所示。

```
/*解析 AIUI 结果，处理语义指令 @param semantic*/
@Override
public void onAiuiResponse(String semantic) {
}
@Override
public void onAiuiWakeUp() {
}
@Override
public void onAiuiSleep() {
}
@Override
public void onAiuiEvent(AIUIEvent aiuiEvent) {
}
@Override
public void onError(int code) {
}
```

到这里，我们就完成了机器人移动控制代码的开发，接着将机器人与开发计算机通过 USB 进行连接，直接将应用编译到机器人上面运行。

当应用正确运行后，通过语音交互的方式对机器人说出指令词，如"前进""后退""左转""右转"，查看机器人是否根据我们的意图进行了正确的移动和转向。

2．常见问题

应用运行期间对机器人说指令词时，机器人无任何响应，并且在调试日志中无 AIUI 反馈信息。

解决方法：首先确保机器人已经连接网络，并且有外网的访问权限，然后查看应用的 AIUI 配置是否正确。

9.4 图像识别智能应用开发实践

1．实验内容介绍

人脸识别作为一项热门的计算机技术，是利用分析比较的计算机技术识别人脸，其中包括追踪侦测人脸、自动调整影像放大、侦测夜间红外、自动调整曝光强度等技术。

人脸识别技术属于生物特征识别技术，是根据生物体（一般特指人）本身的生物特征区分生物体个体的。

人脸识别技术已经深入各个行业的实际智能业务中，比如机场、高铁站的人证合一技术应用（通过比对身份证照片与拍摄的人脸照片，判断是否为本人）等。

本次实验就是通过一个智能人脸识别应用的开发，展示人脸识别技术在智能 AI 应用中的具体实现方法和呈现的效果体验。

2．实验目标

（1）能够完成讯飞开放平台人脸识别能力注册。

（2）能够基于机器人开发能力接口及机器人开发套件完成项目框架搭建。

（3）能够基于开放平台提供的能力包和机器人开发能力包完成人脸识别功能的开发。

（4）能够使用机器人开发套件的摄像头进行照片拍摄，获取照片信息。

（5）能够通过能力接口配合机器人开发平台的身份证扫描仪硬件进行身份证信息的获取。

（6）能够在身份证信息中获取个人的头像信息。

（7）能够了解人证合一技术具体的应用方式和功能实现方法。

3．实验环境

（1）硬件环境要求。

① PC 设备。

PC 硬件配置如表 9.12 所示。

表 9.12　PC 硬件配置

硬件	型号
CPU	酷睿 i3 四代 2.0GHz 以上
内存	4GB 以上

② 机器人开发平台。

（2）软件工具和版本。

① JDK 1.8。

② Android Studio 3.0.1。

③ ADB 1.0.40。

（3）依赖库。

① 机器人基础能力包：commonAbility-release.aar。

② 机器人 MSC 能力包：mscability-release.aar。

③ 机器人日志包：starrobot-logability.aar。

④ 讯飞开放平台 SDK 包：Msc.jar。

9.4.1　人脸识别能力集成

1．开放平台账号申请及能力注册

由于本次实验开发的人脸识别功能应用使用的是科大讯飞开放平台提供的人脸识别能力，因此我们需要先到讯飞的开放平台申请账号，并完成平台上相关能力注册，具体流程如下。

（1）在讯飞开放平台进行账号注册（见图 9.21），地址为：https://www.xfyun.cn/。

图 9.21　登录界面

（2）完成注册后，登录开放平台，单击右上角的"控制台"，如图 9.22 所示。

图 9.22　登录讯飞开放平台

（3）单击"创建新应用"按钮，如图 9.23（a）所示。完成应用相关信息的输入后，单击"提交"按钮，如图 9.23（b）所示。

（a）创建新应用

（b）提交新应用

图 9.23 创建新应用界面

（4）进入"我的应用"界面，可以看到添加的应用信息，包括 APPID 等（见图 9.24（a））。单击"其他"选项，在弹出的界面中选择"人脸验证与检索"的服务管理（见图 9.24（b）），然后选择对应的服务完成 SDK 的下载，如图 9.24（c）所示。

（a）"我的应用"界面

图 9.24 添加服务界面

（b）"其他"界面

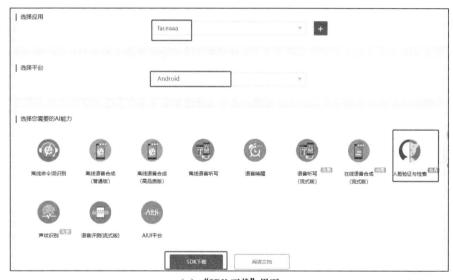

（c）"SDK 下载"界面

图 9.24　添加服务界面（续）

（5）单击"SDK 下载"按钮后，下载开放平台的 MSC 能力包。

2．项目工程的搭建及能力包的导入

具体方法参考 9.1.3 小节的内容。

3．项目 MSC 能力的导入

完成工程项目的搭建后，需要在项目工程中集成开放平台的 MSC 能力，具体步骤如下。
首先，将 MSC 能力包文件 mscability-release.aar 复制到项目工程的/app/libs 目录下。

然后，解压从讯飞开放平台下载的人脸识别 SDK 能力包，在 libs 目录下找到 Msc.jar 文件并复制到项目工程目录/app/libs 下。

接着，将 SDK 能力包 libs 目录下的所有 armeabi 目录复制到工程目录/app/src/main/jniLibs 下（若没有这个目录，则自己创建）。

整体目录结构如图 9.25 所示。

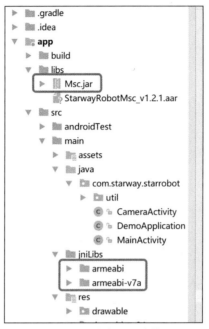

图 9.25　整体目录结构

完成 SDK 的集成后，需要在编译配置文件中进行能力包的导入配置。打开 App 目录下的 build.gradle 文件，添加图 9.26 中框内部分的代码。

```
dependencies {
    implementation fileTree(dir: 'libs', include: ['*.jar'])
    implementation 'com.android.support:appcompat-v7:28.0.0'
    implementation 'com.android.support.constraint:constraint-layout:1.1.3'
    testImplementation 'junit:junit:4.12'
    androidTestImplementation 'com.android.support.test:runner:1.0.2'
    androidTestImplementation 'com.android.support.test.espresso:espresso-core:3.0.2'
    implementation(name: 'commonAbility-release1.0.3.4', ext: 'aar')
    implementation(name: 'aiuilibrary-release1.0.1', ext: 'aar')
    implementation(name: 'mscability-release1.0.1', ext: 'aar')
    implementation files('libs/Msc.jar')
```

图 9.26　build.gradle 文件的代码

4．应用的编译、调试与运行

完成应用的功能代码开发后，要对应用进行调试，将机器人开发平台与开发计算机通过 USB 进行连接，然后将应用编译到机器人开发平台进行运行。

当应用编译到机器人开发平台，启动运行后，调试应用的运行效果，具体流程如下。

（1）单击"创建 Group"按钮，创建人脸组。完成人脸组的创建后，界面上会显示组

ID 信息。

（2）单击"拍照"按钮，使用机器人开发平台的摄像头对准脸部进行拍照，之后界面上会显示照片信息，确保照片包含完整的人脸图片。

（3）在用户标识输入框输入人脸标识信息，使用字母+数字的方式，然后单击"人脸注册"按钮，注册成功后会弹出提示信息。

（4）熟悉人脸注册的方法后，可以找不同的人按照同样的方式多注册几个人脸信息。

（5）完成人脸信息的注册后，使用摄像头拍照，然后单击"人脸识别"按钮，查看对已经注册过的人脸信息是否能够准确地进行识别。

5．常见问题

（1）应用调试运行时出错，提示错误码 10407，如何解决？

解决方法：10407 错误是用户校验失败，是因为没有下载与应用名称对应的 SDK，讯飞语音一个应用对应一个 SDK，所以要下载与开发的应用名称相对应的 SDK，将其 lib 库复制到 project 的 libs 文件夹下，也就是对照注册的 appid 与 Application 初始化中的 appid 是否一样。

（2）拍摄人脸照片后，注册或识别时提示没有人脸信息。

解决方法：检查拍摄的照片，确保照片中包含完整的人脸部分，并且不要佩戴明显遮住面部的饰物，如墨镜等。

（3）人脸已经注册，但一直提示没有识别。

解决方法：可能是因为注册人脸信息时拍摄时的角度与识别时拍摄的角度差别过大，人脸识别返回的结果阈值达不到匹配要求。可以适当调整拍摄角度重新识别，或者重新注册一次。

9.4.2 "人证合一"应用的实现

"人证合一"应用的实验步骤如下。

（1）开发平台应用的添加及能力注册。

参考 9.4.1 小节的内容完成讯飞开放平台的应用添加、"人脸验证与检索"服务应用的添加，获取应用 appid 并下载对应的 MSC 能力包。

（2）项目工程的搭建及能力包的导入。

（3）项目 MSC 能力的导入。

完成项目工程的搭建后，需要在项目工程中集成开放平台的 MSC 能力，具体步骤如下。

① 将 MSC 能力包文件 mscability-release.aar 复制到项目工程的/app/libs 目录下。

② 解压从讯飞开放平台下载的人脸识别 SDK 能力包，在 libs 目录下找到 Msc.jar 文件并复制到项目工程目录/app/libs 下。

③ 将 SDK 能力包 libs 目录下的所有 armeabi 目录复制到工程目录/app/src/main/jniLibs 下（若没有这个目录，则自己创建）。

整体目录结构如图 9.27 所示。

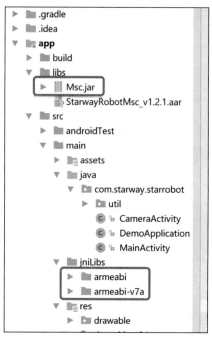

图 9.27　整体目录结构

完成 SDK 的集成后，需要在编译配置文件中进行能力包的导入配置。打开 App 目录下的 build.gradle 文件，添加图 9.28 框内部分的代码。

```
dependencies {
    implementation fileTree(dir: 'libs', include: ['*.jar'])
    implementation 'com.android.support:appcompat-v7:28.0.0'
    implementation 'com.android.support.constraint:constraint-layout:1.1.3'
    testImplementation 'junit:junit:4.12'
    androidTestImplementation 'com.android.support.test:runner:1.0.2'
    androidTestImplementation 'com.android.support.test.espresso:espresso-core:3.0.2'
    implementation(name: 'commonAbility-release1.0.3.4', ext: 'aar')
    implementation(name: 'aiuilibrary-release1.0.1', ext: 'aar')
    implementation(name: 'mscability-release1.0.1', ext: 'aar')
    implementation files('libs/Msc.jar')
```

图 9.28　build.gradle 文件代码

（4）应用的编译、调试与运行。

完成应用的功能代码开发后，要对应用进行调试，将机器人开发平台与开发计算机通过 USB 进行连接，然后将应用编译到机器人开发平台进行运行。

当应用编译到机器人开发平台，启动运行后，调试应用的运行效果，具体流程如下。

① 单击"创建 Group"按钮，创建人脸组。完成人脸组的创建后，界面上会显示组 ID 信息。

② 将身份证放置在机器人开发平台的身份证扫描仪上，自动读取身份证信息，并将身份证照片进行人脸注册，注册成功后，会显示提示信息。

③ 完成信息的注册后，使用摄像头拍照，然后单击"人脸识别"按钮，查看是否能够与注册过的身份信息进行有效比对识别。

9.5 智能应用开发综合实践

9.5.1 综合开发流程

本项目是智能服务机器人实验项目，为智能服务机器人教学及研究提供基线版本，并支持自主开发其他扩展功能，不仅能够使学生对智能机器人有系统的了解，而且可以基于产品平台完成智能应用的定制开发，达到系统地学习与实践应用的目的。

作为一个综合性实验项目，涉及人工智能机器人领域多项 AI 技术的搭配使用，对语音交互、语义理解、图像识别、智能导航等技术应用场景起了一个很好的技术示范作用，并且对智能应用软件的实施过程也有一个综合性的阐述。

产品实现了一个以语音交互服务为基础的机器人智能应用，能够为用户提供咨询、带路、"借书证"办理、闲聊等服务，并且能够做到自我学习。通过完成本项目，学生不仅可以在软件开发技术能力上得到很大的提升，对 AI 技术的特点及使用场景也有更加直观的认识，而且对智能应用软件的整体实施过程有系统的了解，对今后的软件项目实施可以起到很好的参考作用。

9.5.2 综合应用需求

图书馆作为学校里学生的一个主要活动场所，每年新生入学后，都有大批的"借书证"办理需求，同时，对图书馆相关知识的咨询讲解也需要大量的人力支持，通过本项目完成的机器人智能应用配合机器人本体，不仅可以为学生提供相关咨询讲解服务，还可以进行证件的办理工作，具有很强的实用价值。

在目前的市场上，一般只通过智能一体机提供简单的查询服务，而本项目的产品不仅可以提供语音交互咨询问题的功能，还可以进行场所的带路引导，极大地方便了学生，所以具有明显的优势。本项目的目标客户不仅是各类学校，对社会上的各类图书馆同样具有实用价值，具有很好的市场情景。

本项目采用了多种人工智能技术，包括语音交互、图像识别、智能导航等，并且具有自主学习能力，实用价值大，而且在场景适用上通用程度较高，完全可以做到一次研发多地适用，经过推广批量部署，完全可以做到低成本、高收益。

为满足 AI Lab 实验的教学需求、学生机器人项目程序开发的学习需求，以及教师对学生机器人 AI Lab 综合实验的教学目的，借助讯飞 AIUI 语音识别与交互平台和星途机器人智能硬件系统，实现人工智能自助办事系统；在校园服务机器人的背景下，实现校园卡补办、咨询、闲聊、带路等各个模块场景的功能，提供不同的服务，从而达到简化项目式教学过程的效果。

9.5.3 综合应用的设计与集成

1．应用初始化

应用启动后进入初始化界面，主要完成机器人应用能力的初始化及业务数据的载入。

启动初始化流程如图 9.29 所示。

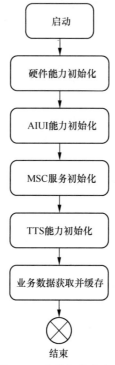

图 9.29　启动初始化流程

初始化流程的步骤说明如下。

（1）硬件能力初始化。调用机器人基础硬件能力包中的能力初始化接口，完成硬件能力初始化。

（2）AIUI 能力初始化。调用 AIUI 能力包中的初始化接口，完成 AIUI 服务的连接并注册监听回调方法。

（3）MSC 服务初始化。调用 MSC 包中的初始化接口，完成 MSC 服务的连接并注册监听回调方法。

（4）TTS 能力初始化。调用 SpeechHelper 中的初始化接口，完成语音合成能力的注册。

（5）业务数据获取并缓存。读取本地数据文件中的业务数据，并将数据结构化处理后缓存在应用内存中。

2．待唤醒页面

应用在启动初始化完成后，进入待唤醒界面。待唤醒界面是无交互状态下或者用户再见后的休眠页面；在该页面中，机器人不会响应用户任何的问话，只有唤醒后，机器人才正式处于工作状态。我们提供三种唤醒模式：单击唤醒、语音唤醒、人脸唤醒，并且可转向声源方向。具体说明如下。

（1）单击唤醒。用户单击待唤醒页面屏幕上的任意位置，即可唤醒机器人。

（2）语音唤醒。用户喊机器人唤醒词"小途小途"可唤醒机器人。若机器人不处于急停状态，将自动转向声源方向。

（3）人脸唤醒。用户站在机器人前方，机器人将进行人脸识别判断，若识别成功，则可唤醒机器人。

3. 首页

首页包括办事、咨询、带路三个场景的选项入口和一个隐藏闲聊模块入口。首页模块的主要功能如下。

（1）管理各个场景模块的切换跳转。

（2）接收 AIUI 语义结果，进行语义解析，分发。

（3）全局 cmd 命令的处理。

（4）初始默认页的展示，各个场景模块入口。

首页语音分发流程如图 9.30 所示。

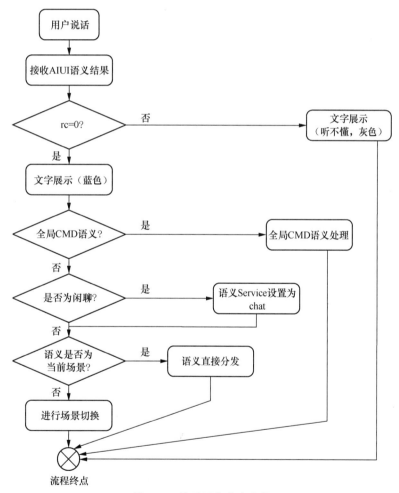

图 9.30　首页语音分发流程

4. 闲聊页面

闲聊页面是对一些问答、对话的展示页面，如 AIUI 平台上配置的商店技能：天气、古诗词、火车等，以及一些自定义问答。

（1）语音输入业务关键字（如"天气怎么样""哈哈哈"）。

（2）通过 AIUI 服务，将语音流传递给语义后台，获得聊天对应的服务 ID，即进入聊天流程，返回语义结果。

（3）根据语义平台返回的结果调用语音能力层方法，将返回结果进行语音播报（如问"今天天气怎么样"，答"芜湖今天晴，17℃～18℃"）。

（4）语音播报结束后，即退出本次流程。语音聊天过程中，支持双工上下文理解和打断。

语音闲聊流程如图 9.31 所示。

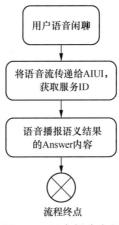

图 9.31　语音闲聊流程

5．咨询页面

咨询与闲聊基本相似，区别在于咨询为指定事项的问答，并且问答内容可后台配置。这里使用 Excel 配置数据。

（1）语音输入业务关键字（如"我要咨询"）。

（2）通过 AIUI 服务，将语音流传递给语义后台，获得业务咨询对应的服务 ID，即进入业务咨询流程，同时获得可咨询办事项列表。

（3）显示事项列表，即步骤（2）中获得的事项列表。

（4）通过语音或触摸屏幕，选择需要咨询的办事项。

（5）通过选中的办事项对应的办事项 ID，获得该办事项所有的问题列表和对应的答案列表。

（6）显示问题列表，即步骤（5）中的问题列表。

（7）选择需要咨询的问题（问题列表中的问题小项），支持语音咨询和触摸屏幕。

（8）语音播报与问题对应的答案，咨询结束。

（9）如果在步骤（1）中语音输入的业务关键字有明确的办事项指向（如"我要咨询高龄补贴"），步骤（2）中会直接返回办事项 ID，跳过步骤（3）、步骤（4）进入步骤（5）。

语音咨询流程如图 9.32 所示。

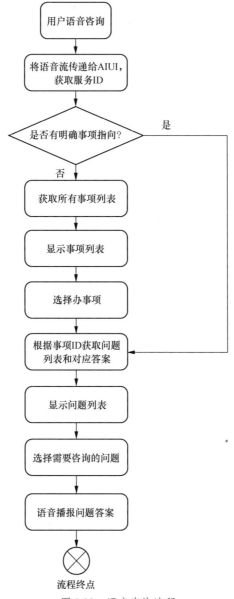

图 9.32　语音咨询流程

6. 带路页面

　　顾名思义，带路就是机器人的移动引导，可以根据用户的不同意愿，引导用户到达目的地。

　　强意愿：如"带我去办公室"，机器人会直接带你去办公室，带路结束后会有地点引导结束语。

　　弱意愿：如"办公室在哪"，机器人不明确用户是否需要过去，会直接告诉用户地点位置，询问用户是否需要带路；如果需要，就进入带路场景。

　　（1）语音输入业务关键字（如"我要去办公室""办公室在哪"）。

　　（2）通过 AIUI 服务，将语音流传递给语义后台，获得场所引导对应的服务 ID，即进入场所引导流程，同时返回目的地地址。

（3）根据语义返回的目的地地址编码进行查找，获取目的地相关地点信息。

（4）如可以带路，根据语义返回的是否强意愿带路的标志，判断接下来的动作；如是强意愿带路（如"我要去办公室"），则直接给底盘发送移动命令，实现带路；如是弱意愿带路（如"办公室在哪"），则进入下一步判断。

（5）如是弱意愿带路，屏幕显示路线图，并语音播报路线，之后询问是否需要带路。机器人得到肯定的答复，给底盘发送移动命令，实现带路；若得到否定的答复或规定时间内未得到答复，则流程结束，回到欢迎界面。

（6）到达目的地后，机器人语音提醒目的地已经到达，播报引导结束语。

语音带路流程如图 9.33 所示。

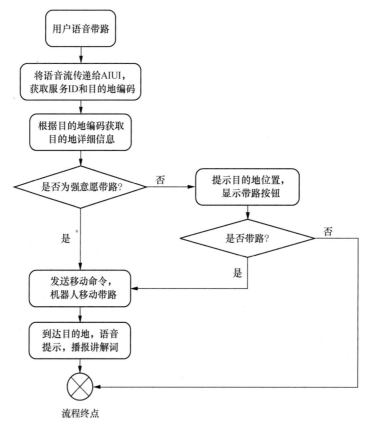

图 9.33　语音带路流程

7．业务办理

在机器人处于唤醒状态下，可以进行业务咨询的流程。业务办理模块包括事项列表展示、事项业务办理，并且业务办理时可分为多个步骤：材料展示、身份证读取、证件拍摄、联系电话和业务单据打印。

具体业务办理流程如下：

（1）语音输入业务关键字（如"办理借书证"）。

（2）通过 AIUI 服务，将语音流传递给语义服务，获得业务办理对应的服务 ID，即进入业务办理流程，同时获得办事项 ID。

（3）根据办事项 ID，获得该办事项相关业务数据，包括展示材料 ID、演示材料 ID、业务表数据结构等。

（4）前端界面展示业务办理所需材料。

（5）身份证信息录入。缓存身份证信息，进入下一步。

（6）录入办事材料。根据业务所需办理材料的数据，循环调用录入材料对应业务流程，将录入的材料缓存在本地。若全部材料录入成功，则进入下一步；若录入失败，则提示用户重新录入。

（7）办事材料录入完成后，提示输入联系电话（联系电话为办事重要信息），之后缓存本地。

（8）选择是否打印业务单据，默认不打印。

（9）办理成功，返回欢迎界面。

业务办理流程如图 9.34 所示。

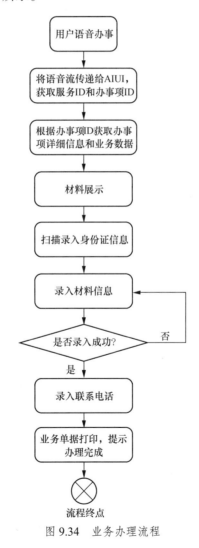

图 9.34　业务办理流程

9.5.4 综合应用的测试与发布

综合应用的测试步骤如下。

（1）待唤醒，展示欢迎界面。界面显示唤醒相关的提示信息。

（2）首页检查，检查首页功能是否正常。

（3）闲聊，进入闲聊界面，与机器人语音交流。

（4）办理证件，通过语音、界面交互的方式实现用户的业务办理需求。

（5）咨询问题，以语音的方式展示适当的提示信息。

（6）带路，引导用户到达目的地。

综合测试步骤见表 9.13。

表 9.13　综合测试步骤

测试步骤	期望结果
待唤醒	
检查机器人屏幕在唤醒前的页面显示	有引导动画，操作提示
首页检查	
1. 检查机器人屏幕唤醒后的页面显示	屏幕中央区域：显示业务办理、咨询、带路模块
2. 检查首页的页面显示和语音播报	随机播报：有什么可以帮您
3. 语音/单击"业务办理"	进入业务办理一级页面
4. 语音/单击"咨询问题"	进入咨询引导一级页面
5. 在首页时说再见，然后手指狂点屏幕 6. 在待唤醒页面单击屏幕进入首页 7. 来回循环多次操作	机器人无异常现象发生，能正常识别语音
闲聊	
1. 与机器人进行闲聊，如：今天天气怎么样	回答超过 15 个字，以及回答天气、交通时，文字左对齐显示
2. 与机器人进行闲聊，如：学校有几个食堂	回答在 AIUI 配置的内容
办理证件	
1. 首页单击业务办理 2. 单击"借书证"	直接进入借书证
3. 首页语音说"借书证" 4. 在首页和办理事项间快速来回切换，检查页面跳转是否正常	1. 直接进入借书证办理流程 2. 正常切换
咨询问题	
1. 在首页语音"我要咨询，咨询问题"或单击首页里的"咨询问题"	1. 机器人能正常识别语音在 2. 进入咨询问题流程
2. 语音或单击其中一个类目	进入二级类目
3. 在首页和一级类目页面间快速来回切换，检查页面跳转是否正常	正常切换
4. 语音说"不问了"	返回首页
5. 语音说"再见"	返回待唤醒状态

测试步骤		期望结果
带路		
1. 机器人带路	单击带路或者语音，"你可以为我带路吗"	语音播报：好的，你要去哪里呀
2. 不知道的地点	说出不知道的地点	停留在带路界面
3. 强意愿	1. 人说：请带我去××× 2. 到达目的地后查看系统反应	语音提示：好的，请跟我来。机器人移动到正确地点 机器人语音播报：这里就是×××××了
4. 弱意愿，机器人可以到达的情况	1. 人说：请问×××（地点/办公室）在哪 2. 人说：好的或给我带一下路等语句，或单击或者语音带路 3. 到达目的地后查看系统反应	1. 机器人语音播报：××××在×××××，需要我带您去吗？ 2. 机器人语音播报：好的，请跟我来，移动到正确地点 3. 机器人语音播报：这里就是×××××了

9.6 本章小结

本章基于科大讯飞的 AIUI 人机智能平台，首先介绍了应用开发环境的搭建与配置，以及应用程序的编译与调试方法，然后描述了在语音交互智能应用、机器人导航智能应用、图像识别智能应用这三个场景中如何实现智能机器人语音识别、人脸识别与智能导航等功能的集成，最后通过综合实践案例对智能应用软件的实施过程进行全面阐述，使读者能够了解完整的开发流程，掌握具体的开发方法，以提高实际系统的开发能力。

9.7 习题

1. 简述服务机器人的特点及应用场景。
2. 如何开启 AIUI 人机智能平台？
3. 如何配置 AIUI 人机智能平台的开发环境？
4. 使用 AIUI 语音合成功能的主要步骤是什么？
5. 思考地图在智能机器人中起到了什么作用？
6. 机器人是如何理解语义的？
7. 思考激光雷达生成地图的主要步骤。
8. 现有的机器人使用的驱动方式有哪些？
9. 思考影响人脸识别准确率的要素。
10. 调研人脸识别技术的发展现状，并熟悉其基本原理。

参考文献

[1] 蔡自兴，谢斌. 机器人学[M].3 版. 北京：清华大学出版社，2015.

[2] 阮勇，董永贵. 微型传感器[M].2 版. 北京：清华大学出版社，2018.

[3] 曲道奎. 中国机器人产业发展现状与展望[J]. 中国科学院院刊，2015，3: 342-346.

[4] 梁明杰，闵华清，罗荣华. 基于图优化的同时定位与地图创建综述[J]. 机器人，2013，35(4): 118-130.

[5] 王忠立，赵杰，蔡鹤皋.大规模环境下基于图优化 SLAM 的后端优化方法[J]. 哈尔滨工业大学学报，2015，47(7): 20-25.